工控经典应用实例

# 三菱 FX$_{2N}$ 系列 PLC 应用 100 例

## （第 2 版）

郑凤翼　主编

电子工业出版社

**Publishing House of Electronics Industry**

北京·BEIJING

# 内 容 简 介

本书以三菱 $FX_{2N}$ 系列 PLC 为例,从识图的角度出发,以基本 PLC 应用的梯形图为实例,详细介绍了识读 PLC 梯形图的方法和技巧,以帮助广大电气技术人员、电工人员提高识读 PLC 梯形图的能力。掌握识读 PLC 梯形图的方法和技巧是本书的重点,主要内容包括三相异步电动机的 PLC 控制,PLC 在一般机械设备控制中的应用,物料传送车、传送带的 PLC 控制,PLC 在建筑设备控制中的应用,机械手、大小铁球分选系统和交通信号灯的 PLC 控制,灯光、密码锁、抢答器、饮料机、洗衣机和报时器的 PLC 控制。

本书适合广大初、中级电气技术人员和电工人员阅读,也可供相关专业高等院校、职业技术学校的师生阅读参考。

**图书在版编目(CIP)数据**

三菱 FX2N 系列 PLC 应用 100 例/郑凤翼主编 .—2 版 .—北京:电子工业出版社,2017.9

(工控经典应用实例)

ISBN 978 - 7 - 121 - 32227 - 3

Ⅰ. ①三…  Ⅱ. ①郑…  Ⅲ. ①PLC 技术  Ⅳ. ①TM571.61

中国版本图书馆 CIP 数据核字(2017)第 170099 号

责任编辑:富  军

印    刷:北京捷迅佳彩印刷有限公司

装    订:北京捷迅佳彩印刷有限公司

出版发行:电子工业出版社

    北京市海淀区万寿路 173 信箱    邮编 100036

开    本:787×1 092    1/16    印张:17.75    字数:455 千字

版    次:2013 年 3 月第 1 版

    2017 年 9 月第 2 版

印    次:2022 年 8 月第 10 次印刷

定    价:49.00 元

凡所购买电子工业出版社图书有缺损问题,请向购买书店调换。若书店售缺,请与本社发行部联系,联系及邮购电话:(010)88254888,88258888。

质量投诉请发邮件至 zlts@ phei. com. cn,盗版侵权举报请发邮件至 dbqq@ phei. com. cn。

本书咨询联系方式:fujun@ phei. com. cn。

# 前　言

可编程序控制器通常简称 PLC，是近年来发展迅速的工业控制装置，已广泛应用于工业企业的各个领域。PLC 是以微处理器为基础，综合现代计算机技术、自动控制技术和通信技术发展起来的一种新型通用工业自动控制装置。因此，PLC 技术是广大电气技术人员、电工人员必须掌握的一门专业技术。

本书以三菱 $FX_{2N}$ 系列 PLC 为例，从识图的角度出发，以基本 PLC 应用的梯形图为实例，详细介绍了识读 PLC 梯形图的方法和技巧，以帮助广大电气技术人员、电工人员提高识读 PLC 梯形图的能力。掌握识读 PLC 梯形图的方法和技巧是本书的重点。本书的识图实例实用性强，覆盖面宽，通过识图实例的引导，达到举一反三、触类旁通的效果，使读者通过识图练习，能够读懂更多更新的 PLC 梯形图。

本书内容包括三相异步电动机的 PLC 控制，PLC 在一般机械设备控制中的应用，物料传送车、传送带的 PLC 控制，PLC 在建筑设备控制中的应用，机械手、大小铁球分选系统和交通信号灯的 PLC 控制，灯光、密码锁、抢答器、饮料机、洗衣机和报时器的 PLC 控制。

本书语言精练、内容丰富，分析详细、清晰，在内容上力求简明实用，采用深入浅出、图文并茂的表达方式，通俗易懂，适合广大初、中级电气技术人员和电工人员阅读，也可供相关专业高等院校、职业技术学校的师生参考。

本书由郑凤翼任主编，参加编写的还有耿立文、郑丹丹、孟庆涛、李艳、李红霞、王晓琳、温永库、苏阿莹、徐占国、冯建辉、张萍、苏明政、左英春等。

在本书的编写过程中，编者参考了一些书刊杂志，并引用了其中的一些资料，难以一一列举，在此一并向有关作者表示衷心的感谢！

编　者

# 目　　录

V

# 第1章
## 三相异步电动机的 PLC 控制

## 第1节 导 读

本书的写作特点如下。

### 1. 在 PLC 的 I/O 接线图、梯形图和语句表中添加注解说明

在不改变原有 PLC 的 I/O 接线图、梯形图和语句表的基础上，对每个编程元件（电器元件）都添加注解说明，解释和说明该编程元件的作用。由于已在 PLC 的 I/O 接线图、梯形图和语句表中对每个编程元件都添加了注解说明，因此，一般来讲，在文字叙述中，就不再介绍该编程元件的作用了。

### 2. 编程元件线圈、动合触点、动断触点的表示

每个编程元件都有线圈、动合触点、动断触点，它们均用同一文字符号表示，在梯形图中可由图形符号来区别，在语句表中可由指令助记符来区别，但在文字叙述中，就不易区别了。为此，由在文字符号前加前缀来区别三者，不加前缀表示线圈，加"◎"前缀表示动合触点，加"#"前缀表示动断触点。例如，"X0"表示输入继电器线圈，"◎X0"表示输入继电器 X0 的动合触点，"#X0"表示输入继电器 X0 的动断触点。

### 3. 编程元件在梯形图和语句表中位置的表示

在梯形图中分梯级（或称段），在语句表中分段（或称逻辑行）。在语句表中，逻辑行由自然行组成，并且段与梯级相对应。梯级与段用方括号"[ ]"表示，方括号内的阿拉伯数字表示梯形图的梯级，也表示语句表的段。

可在编程元件的线圈、触点的后面加方括号，如#X0[1]、Y1[5]、◎T0[8]。其中，#X0[1]表示输入继电器 X0 的动断触点在梯形图的第 1 梯级和语句表的第 1 段；Y1[5]表示输出继电器 Y1 的线圈在梯形图的第 5 梯级和语句表的第 5 段；◎T0[8]表示定时器 T0 的动合触点在梯形图的第 8 梯级和语句表的第 8 段。

### 4. 扫描过程顺序的描述

识读 PLC 梯形图和语句表的过程同 PLC 扫描用户过程一样，应按扫描过程顺序来

进行描述，按从左到右、自上而下的梯级（段）识图。并且在每个扫描周期中，应按输入采样、程序执行、输出刷新的顺序来进行描述。在程序的执行过程中，在同一周期内，前面的逻辑运算结果影响后面的触点，即执行的程序用到前面的最新的中间运算结果；但在同一周期内，后面的逻辑运算结果不影响前面的逻辑关系。在某扫描周期内除输入继电器以外的所有内部继电器的最终状态（线圈导通与否、触点通断与否），将影响下一个扫描周期各触点的通与断。例如，在某扫描周期输出继电器 Y0 得电后，其动合触点在下一个扫描周期是闭合自锁的，但在以下章节叙述中，简化为 "Y0 得电并自锁"。

值得注意的是，只有在一个扫描周期的输出刷新阶段，CPU 才将输出映像寄存区中的状态信息转存到输出锁存器中，刷新其内容，改变输出端子上的状态，然后再通过输出驱动电路驱动被控的输出设备（负载），这才是 PLC 的实际输出，这是一种集中输出的方式。输出设备的状态要保持一个扫描周期。

梯形图中的基本控制程序举例如下。

### 【例 1-1-1】 应用 1 个定时器编写的瞬时接通、延时断开控制程序

#### 1. 控制要求

该电路能实现在外部输入信号为 ON 时，立即产生相应的输出信号，而当外部输入信号变为 OFF 时，需要延时一段时间，输出信号才为 OFF。

#### 2. 梯形图、语句表和时序图

用 1 个定时器的瞬时接通、延时断开控制的梯形图、语句表和时序图如图 1-1-1 所示。

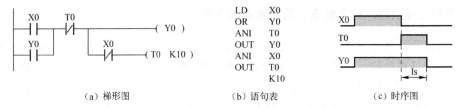

（a）梯形图　　　　　（b）语句表　　　　　（c）时序图

图 1-1-1　用 1 个定时器的瞬时接通、延时断开控制的梯形图、语句表和时序图

#### 3. 电路工作过程

1）瞬时接通

当输入继电器 X0 为 ON 时 → ⎰ ◎X0 闭合 → Y0 得电 → 实现瞬时接通
　　　　　　　　　　　　　　　　　　　　　→ ◎Y0 闭合，自锁
　　　　　　　　　　　　⎱ #X0 断开，使 T0 不能得电

2）延时断开

当输入继电器 X0 为 OFF 时 → ⎰ ◎X0 断开
　　　　　　　　　　　　　　⎱ #X0 闭合 → T0 得电，开始计时 → T0 计时时间到 ——

—→ #T0 断开 → Y0 失电 → 实现延时断开
　　　　→ T0 失电

## 【例 1-1-2】　应用两个定时器编写的延时接通、延时断开控制程序

### 1. 梯形图和时序图

用两个定时器的延时接通、延时断开控制的梯形图和时序图如图 1-1-2 所示。电路用 X0 控制 Y1，要求在 X0 变为 ON，再过 3s 后，Y1 才变为 ON，即延时接通；X0 变为 OFF，再过 5s 后，Y1 才变为 OFF，即延时断开。Y1 用启保停电路（见本章第 2 节）来控制。

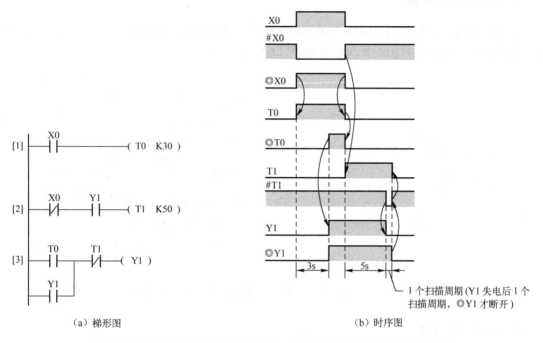

（a）梯形图　　　　　　　　　　　　（b）时序图

图 1-1-2　用两个定时器的延时接通、延时断开控制的梯形图和时序图

### 2. 电路工作过程

1）延时接通

当 X0 为 ON 时 $\left\{\begin{array}{l}\text{#X0 [2]断开，使 T1 [2]不能得电}\\ \text{◎X0 [1]闭合→T0[1]得电，开始 3s 计时→T0[1]计时时间到}\end{array}\right.$

→◎T0[3]接通→Y1[3]得电→延时接通→◎Y1[2]闭合，为 T1 得电做准备
　　　　　　　　　　　└──→◎Y1[3]闭合，使 Y1 自锁，实现 Y1 延时接通

2）延时断开

当 X0 为 OFF 时→ $\left\{\begin{array}{l}\text{◎X0[1]断开→T0 [1]失电}\\ \text{# X0[2]闭合→T1[2]得电，开始 5s 计时}\end{array}\right.$

→T1[2]计时时间到→#T1[3]断开→ Y1[3]失电→实现 Y1 延时断开
　　　　　　　　　　　　　　└──→◎Y1[2]断开→T1 [2]失电

### 【例 1-1-3】 两个定时器联合使用的长计时控制程序

#### 1. 控制要求

每一种 PLC 的定时器都有它自己的最大计时时间，如果需要计时的时间超过了定时器的最大计时时间，就可以考虑将多个定时器联合使用，以延长其计时时间。

#### 2. 梯形图和时序图

两个定时器联合使用的长计时控制的梯形图和时序图如图 1-1-3 所示。如图 1-1-3（a）所示的梯形图程序其总的计时时间为各计时器计时时间之和。

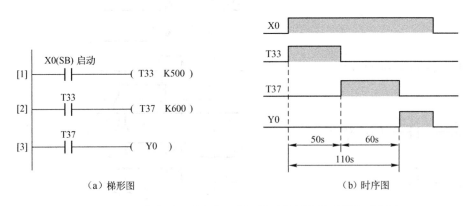

（a）梯形图　　　　　　　　　（b）时序图

图 1-1-3　两个定时器联合使用的长计时控制的梯形图和时序图

#### 3. 电路工作过程

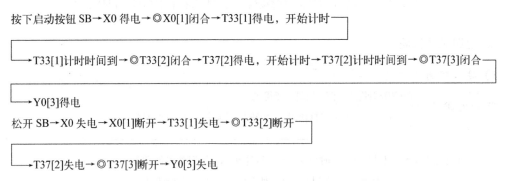

### 【例 1-1-4】 1 个定时器和 1 个计数器联合使用的长计时控制程序

#### 1. 梯形图和时序图

1 个定时器和 1 个计数器联合使用的长计时控制的梯形图和时序图如图 1-1-4 所示。

#### 2. 识读要点

如图 1-1-4（a）所示的梯形图程序为定时器和计数器连接形成等效倍乘计时控制，将 1 个定时器和 1 个计数器连接，形成等效倍乘的定时器，其时序如图 1-1-4（b）所示。T37[1]组成一个设定值为 10s 的自复位定时器，定时器的触点◎T37[2]每 10s 接通一次，每次接通为 1 个扫描周期。计数器 C0[2]对定时器的触点◎T37[2]脉冲进行计数，当计数值达到设定值 100 次后，计数器的动合触点 C0[4]闭合，使 Y0 动作，经过的计时时间为（定时器设定时间 $t_1$ + 扫描周期 $\triangle t$）×计数器设定次数 $n$。由于 $\triangle t$ 很短，可以近似认为输出 Y0 的延时时间为 $t_1 \times n$，即一个定时器和一个计数器连接，等效定时器的计时时间为定时器的设定值和计数器设定值之积。

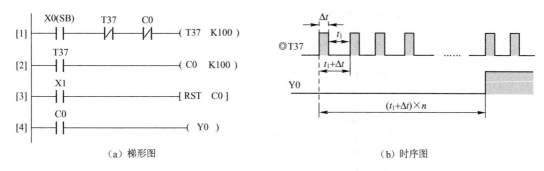

(a) 梯形图　　　　　　　　　　　　　(b) 时序图

图 1-1-4　1 个定时器和 1 个计数器联合使用的长计时控制的梯形图和时序图

### 3. 电路工作过程

1）T37[1]组成自复位定时器

PLC 上电后，按下启动按钮 SB→X0 得电→◎X0[1]闭合→T37[1]得电，开始 10s 计时→T37[1]计时时间到→#T37[1]断开→T37[1]失电——

→#T37[1]闭合→T37[1]再次得电，开始计时→……

T37[1]的动合触点◎T37[2]每 10s 闭合 1 个扫描周期。

2）计数器 C0[2]的工作过程

T37[1]每 10s 输出 1 个扫描周期的时钟脉冲◎T37[2]送计数器 C0[2]，计数器 C0[2]加 1——

→当计数器 C0[2]加到当前值为 100 时，C0[2]动作——

{ ◎C0[4]闭合→Y0[4]得电
{ #C0[1]断开→T37[1]失电

### 【例 1-1-5】 1 个定时器和多个计数器联合使用的长计时控制程序

### 1. 梯形图

1 个定时器和多个计数器联合使用的长计时控制的梯形图如图 1-1-5 所示。

### 2. 识读要点

在输入信号 X0 接通后，T38[1]每 1min 产生 1 个脉冲，是分钟计时器。C0[2]每 1h 产生 1 个脉冲，是小时计时器。当 5h 计时到时，C1[4]为 ON，这时 C2[6]再计时 20min，

Y0[8]为 ON，即总计时时间为 5h20min。经过 5h20min 后将输出继电器 Y0 置位。

初始化脉冲 M8002 和外部复位按钮 X1 对计数器起复位作用。

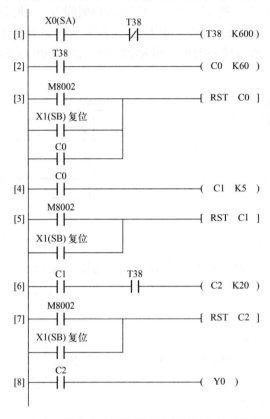

图 1-1-5　1 个定时器和多个计数器联合使用的长计时控制的梯形图

## 3. 电路工作过程

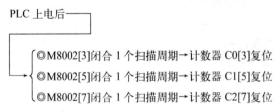

### 1）1min 计时

启动开关 SA 闭合→X0 得电→◎X0[1]闭合→1min 自复位定时器 T38[1]得电，开始计时→T38[1]每 1min 输出 1 个持续时间为 1 个扫描周期的时钟脉冲，即◎T38[2]每 1min 闭合 1 个扫描周期→计数器 C0[2]加 1

### 2）1h 计时

当 C0[2]的当前值为 60 时，即计时为 1h(=60×1min)后，C0[2]动作 ┐

｛◎C0[4]闭合→计数器 C1[4]加 1

｛◎C0[3]闭合→C0[3]复位→◎C0[4]断开→C1[4]准备再次计数

　　　　　→C0[2]重新计数

## 3) 5h 计时

当 C1[4]的当前值为 5 时，即计时为 5h(5×1h)后，C1[4]动作→◎C1[6]闭合 ⟶

## 4) 20min 计时

在◎T38[6]的 1min 时钟脉冲作用下 ⟶

⟶ 计数器 C2[6]加 1→当 C2[6]的当前值为 20 时，即计时为 5h20min 后，C2[6]动作 ⟶

⟶ ◎C2[8]闭合→Y0[8]得电

## 5）停止工作与复位

断开 SA→X0 失电→◎X0[1]断开→T38[1]失电，整个电路停止工作

复位按钮 SB 闭合→X1 得电 ⟶

⟶ { ◎X1[3]闭合→计数器 C0[3]复位
◎X1[5]闭合→计数器 C1[5]复位
◎X1[7]闭合→计数器 C2[7]复位

## 【例 1-1-6】　应用基本指令编写的单一故障报警控制程序

### 1. 控制要求

当故障发生时，报警灯闪烁，报警电铃（或蜂鸣器）鸣响。操作人员知道故障发生后，按消铃按钮，把电铃关掉，报警灯从闪烁变为长亮。故障消失后，报警灯熄灭。另外，还应设置试灯、试铃按钮，用于平时检测报警灯和电铃的好坏。

### 2. PLC 的 I/O 配置、梯形图和时序图

PLC 的 I/O 配置如表 1-1-1 所示。报警控制的梯形图和时序图如图 1-1-6 所示。

表 1-1-1　PLC 的 I/O 配置

| 输 入 设 备 | | 输入继电器 | 输 出 设 备 | | 输出继电器 |
|---|---|---|---|---|---|
| 代　号 | 功　　能 | | 代　号 | 功　　能 | |
| SA | 报警输入条件 | X0 | HL | 报警灯 | Y0 |
| SB$_1$ | 报警响应消铃按钮 | X1 | HA | 蜂鸣器 | Y1 |
| SB$_2$ | 报警灯、蜂鸣器检测信号 | X2 | | | |

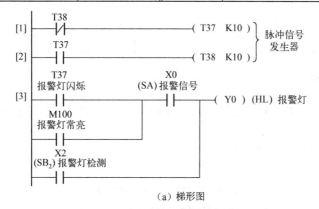

（a）梯形图

图 1-1-6　报警控制的梯形图和时序图

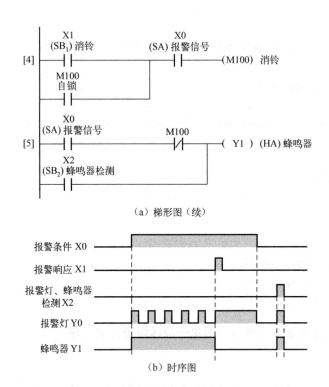

（a）梯形图（续）

（b）时序图

图 1-1-6　报警控制的梯形图和时序图（续）

由梯形图可看出，T37[1] 和 T38[2] 组成脉冲信号发生器，由 T37 的动合触点◎T37[2] 提供周期为 2s、脉宽为 1s 的脉冲信号。根据梯形图可得出 Y0、Y1 的得电条件、失电条件，如表 1-1-2 所示。

输出 Y0 为报警灯，Y1 为蜂鸣器。输入点 X0 为报警输入条件，即 X0 为 ON 时要求报警。输入条件 X1 为报警响应。X1 接通后 Y0 报警灯从闪烁变为常亮，同时 Y1 报警蜂鸣器关闭。输入条件 X2 为报警灯、蜂鸣器检测信号。X2 接入则 Y0 和 Y1 接通。

表 1-1-2　Y0、Y1 的得电条件、失电条件

| 输出继电器 | 得 电 条 件 | 失 电 条 件 | 功　能 |
|---|---|---|---|
| Y0 | ◎T37 和◎X0 均闭合 | ◎T37 或◎X0 断开 | 报警灯闪烁 |
|  | ◎M100 和◎X0 均闭合 | ◎M100 或◎X0 断开 | 报警灯常亮 |
|  | ◎X2 闭合 | ◎X2 断开 | 报警灯检测 |
| Y1 | ◎X0 和#M100 均闭合 | ◎X0 或#M100 断开 | 报警信号 |
|  | ◎X2 闭合 | ◎X2 断开 | 蜂鸣器检测 |

### 3. 电路工作过程

根据表 1-1-2 可看出，有 3 种情况可使 Y0 得电，有两种情况可使 Y1 得电。

1）报警

当有报警信号时，SA 闭合→X0 得电─┐

└→{ ◎X0[3]闭合→通过◎T37[3]使 Y0[3]间歇得电→报警灯闪烁
　　◎X0[5]闭合→通过#M100[5]使 Y1[5]得电→蜂鸣器响

2）按下消铃按钮

按下消铃按钮 SB$_1$→X1 得电→◎X1[4]闭合→M100[4]得电并自锁

$\begin{cases} \text{\#M100[5]断开→Y1[5]失电→蜂鸣器停响} \\ \text{◎M100[3]闭合（◎X0[3]已闭合）→ Y0[3]得电→报警灯常亮} \end{cases}$

3）检测

按下检测按钮 SB$_2$→X2 得电

$\begin{cases} \text{◎X2 [3]闭合→Y0 [3]得电→报警灯亮} \\ \text{◎X2 [5]闭合→Y1 [5]得电→蜂鸣器响} \end{cases}$

## 【例 1-1-7】 多故障报警控制程序

### 1. 控制要求

在实际工程应用中，出现的故障可能不只有 1 个，而是多个，在声光多故障报警控制程序中，一种故障对应一个报警灯，多种故障共用 1 个蜂鸣器。

当任何一种故障发生时，按下消铃按钮后，不能影响其他故障发生时蜂鸣器的正常鸣响。8 种故障报警控制的梯形图如图 1-1-7 所示。

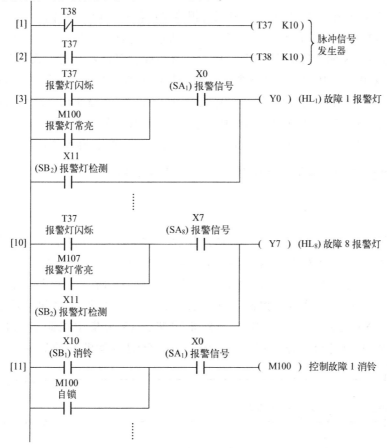

图 1-1-7　8 种故障报警控制的梯形图

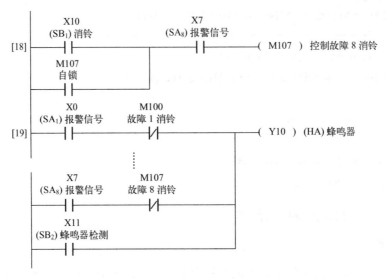

图 1-1-7　8 种故障报警控制的梯形图（续）

### 2. 识读要点

由于需要处理 8 个故障，因此使用了 8 个故障报警灯电路[3～10]与 8 个消铃电路[11～18]。

比较图 1-1-7 和图 1-1-6 可看出，图 1-1-7 所示的脉冲信号发生器、故障 1～8 的报警灯电路及故障 1～8 的消铃电路与图 1-1-6 完全相同，只是蜂鸣器电路有所不同，由于只使用 1 个蜂鸣器电路，因此需要将控制各故障消铃的电路支路相并联，控制 Y10[19]。

在图 1-1-7 中，故障 1 用输入信号 X0[3、11、19]表示；故障 8 用 X7[10、18、19]表示；X10[11～18]为消铃按钮；X11[3～10、19]为报警灯、蜂鸣器检测按钮；故障 1 报警灯用信号 Y0[3]输出；故障 8 报警灯用信号 Y7[10]输出；Y10[19]为蜂鸣器输出信号。

### 【例 1-1-8】 应用基本指令编写的集中与分散控制程序

### 1. 梯形图

在多台单机组成的自动线上，有在总操作台上的集中控制和在单机操作台上分散控制的联锁。集中与分散控制的梯形图如图 1-1-8 所示。X2 为选择开关，以其触点为集中控制与单机分散控制的的联锁触点。当 X2 为 ON 时，为单机分散启动控制；当 X2 为 OFF 时，为集中总启动控制。在两种情况下，单机操作台和总操作台都可以发出停止命令。X1 为总停止或集中控制停止按钮，X3 为集中控制启动按钮，X10、X11 分别为单机 A 的启动、停止按钮，X20、X21 分别为单机 B 的启动、停止按钮。

图 1-1-8　集中与分散控制的梯形图

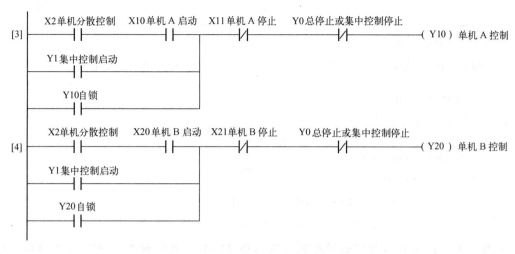

图 1-1-8 集中与分散控制的梯形图（续）

## 2. 电路工作过程

### 1）集中控制

（1）启动：当 X2 为 OFF 时→
- ◎X2[3]保持断开，使 Y10[3]不能得电
- ◎X2[4]保持断开，使 Y20[4]不能得电
- #X2[2]闭合→

当 X3 为 ON 时→◎X3[2]闭合——} Y1[2]得电

- ◎Y1[3]闭合→Y10[3]得电
  - →◎Y10[3]闭合，自锁 } 同时启动，集中控制
- ◎Y1[4]闭合→Y20[4]得电
  - →◎Y20[4]闭合，自锁

（2）同时停止：当 X1 为 ON 时→◎X1[1]闭合→Y0[1]得电

- #Y0[3]断开→Y10[3]失电 } 同时停止，集中控制
- #Y0[4]断开→Y20[4]失电

（3）分别停止：当 X11[3]为 ON 时→#X11[3]断开→Y10[3]失电

当 X21[4]为 ON 时→#X21[4]断开→Y20[4]失电

### 2）分散控制

（1）启动：当 X2 为 ON 时→
- #X2[2]断开→Y1[2]不能得电，不能集中控制
- ◎X2[3]闭合→可对单机 A 分散控制
- ◎X2[4]闭合→可对单机 B 分散控制

（2）单机 A 分散控制：当 X10 为 ON 时→◎X10[3]闭合（由于◎X2[3]已闭合）→Y10[3]得电

Ⓐ

Ⓐ

→◎Y10[3]闭合，自锁

单机 **B** 分散控制：当 X20 为 ON 时→◎X20[4]闭合（由于◎X2[4]已闭合）→ Y20[4]得电

→◎Y20[4]闭合，自锁

（3）总停止：当 X1 为 ON 时→◎X1[1]闭合→Y0[1]得电

$\left\{\begin{array}{l} \text{#Y0[3]断开→Y10[3]失电→} \\ \text{#Y0[4]断开→Y20[4]失电→} \end{array}\right\}$同时停止，集中控制

（4）分别停止：当 X11[3]为 ON 时→#X11[3]断开→ Y10[3]失电

　　　　　　　当 X21[4]为 ON 时→#X21[4]断开→Y20 [4]失电

**【例 1-1-9】 从继电器接触器控制（接线程序控制）系统到 PLC 控制（存储程序控制）系统**

### 1. 继电器接触器控制（接线程序控制）系统

任何一个继电器接触器控制系统都是由主电路和控制电路组成的。图 1-1-9（a）就是电动机单向运行继电器接触器控制系统的主电路和控制电路，从功能上都可以分为 3 个基本

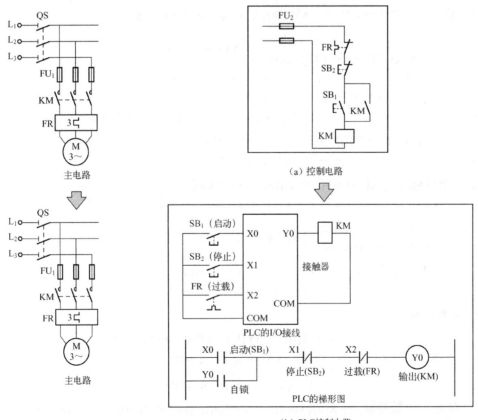

图 1-1-9　从继电器接触器控制（接线程序控制）系统到 PLC 控制（存储程序控制）系统

部分：输入部分、控制（逻辑）部分、输出部分，如图 1-1-10 所示。

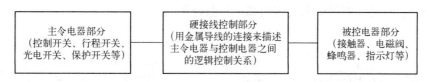

图 1-1-10  继电器接触器控制（接线程序控制）系统控制电路的基本结构

继电器接触器控制（接线程序控制）系统控制电路的输入部分用于向系统送入控制信号，控制信号为来自被控对象的各种开关信息或操作台上的操作命令（控制按钮、操作开关、行程开关、传感器信号等）。

控制部分：按照被控对象和生产工艺流程要求动作的各种继电器接触器控制电路，其逻辑编程已固定在接线中。

输出部分：如电磁阀、接触器等执行元件，用于控制生产机械和生产过程中的各种被控对象（电动机、电炉、电磁阀门、信号指示灯等）。

可见，继电器接触器控制系统是用导线将继电器接触器连接起来以实现控制程序的，属于接线程序控制系统。其输入对输出的控制通过接线程序来实现，控制程序的修改必须通过改变接线来实现。

### 2. PLC 控制（存储程序控制）系统

用 PLC 控制（存储程序控制）系统替代继电器控制系统就是替代电气控制电路中的控制电路部分，主电路基本保持不变，如图 1-1-9（b）所示。因此，PLC 控制（存储程序控制）系统由主电路和 PLC 控制电路组成，PLC 控制电路又由 PLC 的 I/O 接线和 PLC 的梯形图组成，这样 PLC 控制系统（以下简称 PLC 控制）就由主电路、I/O 接线和梯形图组成。有些 PLC 控制主电路的负载较轻，可由输出继电器直接驱动，因此主电路就包含在 I/O 接线中。

### 3. PLC 控制电路的等效电路

为了便于说明 PLC 的工作原理，对于开关量顺序控制（逻辑运算）的 PLC，可将图 1-1-9（b）所示 PLC 控制电路的 I/O 接线和梯形图再加上输入继电器等画在一起，就可得到图 1-1-11 所示 PLC 控制电路的等效电路，用该等效电路来分析 PLC 控制电路的工作过程就比较方便了，如图 1-1-12 所示。

由图 1-1-11 可看出，输入部分采集输入信号，输出部分就是系统的执行部分，这两部分与继电器控制系统基本相同。PLC 内部电路是由编程实现的逻辑电路，用软件编程代替继电器的功能。对于使用者来讲，在编制应用程序时，可不必考虑微处理器和存储器的复杂结构及使用计算机语言，而把 PLC 看成是内部由许多"软继电器"组成的控制器，用近似继电器控制电路图的编程语言进行编程。这样从功能上讲，就可以把 PLC 的控制部分看作是由许多"软继电器"组成的等效电路。值得注意的是，PLC 等效电路中的继电器并不是实际的物理继电器（硬继电器），它实际上是存储器中的一位触发器。该触发器为"1"状态，相当于继电器接通；该触发器为"0"状态，相当于继电器断开。在 PLC 提供的所有继电器中，输入继电器用来反映输入设备的状态；输出继电器用来直接驱动用户的输出设备；其他继电器与用户设备没有关系，在控制程序中仅起传递中间信号的作用，统称为内部继电器，如辅助继电器、特殊功能继电器、定时器、计数器等。

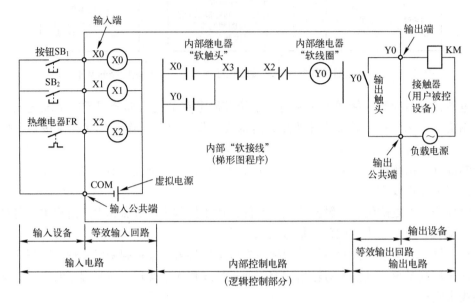

图 1-1-11   PLC 控制电路的等效电路

在等效工作电路图中，PLC 控制电路可以分为输入电路、内部控制电路与输出电路三部分。其中，输入电路代表实际 PLC 的输入接口电路、输入采样、输入缓冲等部分；内部控制电路代表实际 PLC 的控制程序执行过程；输出电路代表实际 PLC 的输出接口电路、输出刷新、输出缓冲等部分。

（1）输入电路

输入电路由外部输入信号、PLC 输入接线端子、等效输入继电器三部分组成。外部输入信号包括各类按钮、转换开关、行程开关、接近开关、光电开关等。外部输入信号经 PLC 的输入接线端与输入继电器线圈连接，与各输入点对应线圈的触点在内部控制电路中。每个输入继电器与输入信号一一对应，当外部输入为"1"时，输入继电器"线圈"得电，内部控制电路中对应的输入触点"动作"。

任何一个等效线圈所对应的触点有无数多个可供使用。此外，等效电路中的输入继电器只能受外部输入信号的控制，在内部控制电路中只能使用它们的"触点"。

（2）内部控制电路

内部控制电路是由用户程序形成的，即用软件代替硬件电路。其作用是按照程序规定的逻辑关系，对输入、输出信号的状态进行计算、处理和判断，然后得到相应的输出，再经过输出端输送给负载。用户程序通常采用梯形图编制，梯形图在形式上类似于继电器接触器控制电路，两者在电路结构及线圈与触点的控制关系上大致相同，只是梯形图中的元件符号及其含义与继电器接触器控制电路中的元件不同。

（3）输出电路

输出电路由内部输出触点、PLC 输出接线端子、输出执行元件三部分组成。输出执行元件包括各种电磁阀线圈、接触器，信号指示灯等。内部输出触点经 PLC 的输出接线端子与输

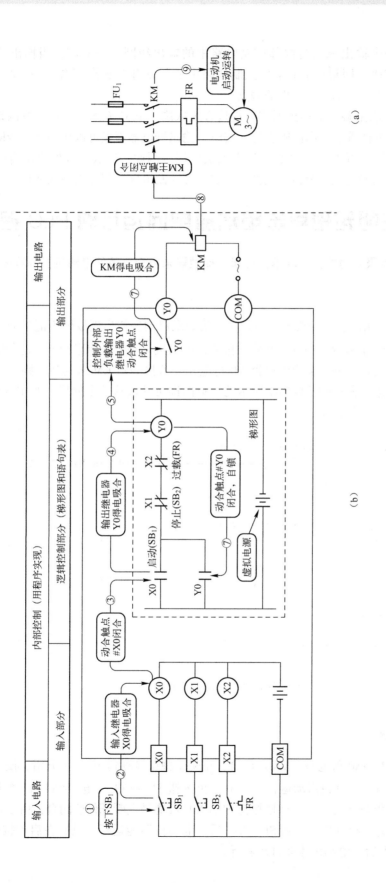

图1-1-12 电动机单向运行PLC控制的工作过程

出执行元件连接，每个输出触点与内部控制电路中的输出线圈一一对应，当输出线圈为"1"时，输出触点接通（即相当于继电器控制线路中的"常开"触点闭合），且每一输出线圈只能有一个用于驱动外部执行元件的触点。

在实际 PLC 中，输出触点的输出形式与连接方式取决于 PLC 输出的类型，可以是继电器的触点，也可以是晶体管、双向晶闸管等。同时，输出继电器不仅可以作为输出线圈驱动实际输出，而且在程序中可以作为"触点"无限次使用。因此，应假设等效输出电路中的输出触点，对于外部只能连接一个执行元件，但在内部控制电路中却可无限次使用。

# 第 2 节　三相笼形异步电动机单向运行的 PLC 控制

**【例 1-2-1】** 克服启动按钮出现不能弹起、接触器未吸合故障的电动机控制程序

## 1. 梯形图

当按下启动按钮 SB₁ 后，电动机开始运行，但是如果启动按钮出现故障不能弹起，按下停止按钮电动机能够停止运行，一旦松开停止按钮，电动机又马上开始运行了。这种情况在实际生产时是不允许的。另外，输出继电器 Y0 得电后，若接触器 KM 未动作，则应发出报警信号，并使 Y0 失电。采用如图 1-2-1 所示的梯形图即可解决这两个问题。其中 X2 为接在 X2 端子的 KM 的辅助动合触点。

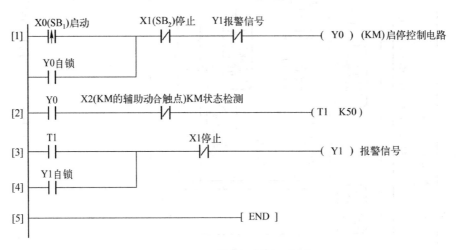

图 1-2-1　梯形图控制程序

## 2. 电路工作过程

按下启动按钮 SB₁→X0 得电→◎X0[1]闭合，正跳变触点检测到 X0 的上升沿，使 Y0[1]得电并自锁，KM 得电，电动机启动运行。按下停止按钮 SB₂→X1 得电→#X1[1]断开，使 Y0[1]失电，电动机停止运行。此时即使按钮 SB₁（X0）没能马上断开仍然闭合，由于检测不到 X0 的上升沿，因此，松开停止按钮 SB₂（X1）后，电动机不能运行，只有在启动按钮 SB₁（X0）断开并再次按下后，电动机才能再次运行。

Y0[1]得电后，若 KM 得电后已动作，则其辅助动合触点闭合，使 X2 得电，# X2[2]断开，使 T1[2]、Y1[3]不能得电，致使# Y1[1]保持闭合状态，Y0[1]保持得电。若 KM 得电后未动作，则其辅助动合触点未闭合，使 X2 未得电，#X2[2]保持闭合状态，因此，Y0[1]得电后，◎Y0[2]闭合，使 T1[2]、Y1[3]相继得电，发出报警信号，同时使# Y1[1]断开，Y0[1]失电。

## 【例 1-2-2】　用置位、复位指令编程的控制程序

在实际应用中也可以用置位、复位指令来等效启保停电路的功能，如图 1-2-2 所示，它能实现自锁功能。其电路工作过程与图 1-2-1 相同，不再赘述。

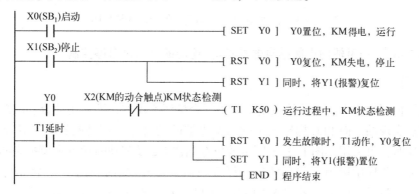

图 1-2-2　用置位、复位指令编程的梯形图

## 【例 1-2-3】　用跳变指令编程的电动机启停控制

用跳变指令编程的电动机启停控制的梯形图和时序图如图 1-2-3 所示。从图 1-2-3 可以清楚地看到，脉冲上升沿触发指令检测到触点◎X0[1]状态变化的正跳变时，M0[1]接通 1 个扫描周期，使 Y0[2]线圈保持接通状态；而脉冲下降沿触发指令检测到触点◎X1[3]状态变化的负跳变时，M1[4]接通 1 个扫描周期，使 Y0[4]线圈保持断开状态。

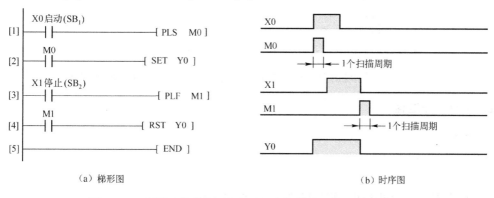

（a）梯形图　　　　　　　　　　　　　（b）时序图

图 1-2-3　用跳变指令编程的电动机启停控制的梯形图和时序图

## 【例 1-2-4】　点动/连动的电动机启停控制

有些设备运动部件的位置常常需要进行调整，这就要用到具有点动调整的功能。点动/连动的电动机启停控制的梯形图如图 1-2-4 所示。SB₃(X3)为点动按钮，SB₁(X1)为连动的启动按钮，SB₂(X2)为连动的停止按钮。按下点动按钮 SB₃时，◎X3 闭合，Y0 得电，电动机启动运行，但#

X3 断开，即断开 KM 的自锁支路，因此，松开点动按钮 $SB_3$ 时，Y0 失电，电动机停止运行。

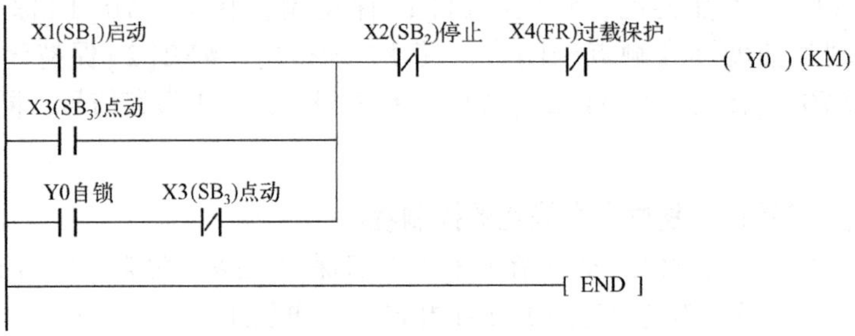

图 1-2-4　点动/连动的电动机启停控制的梯形图

## 【例 1-2-5】 利用辅助中间继电器的点动/连动的电动机启停控制

### 1. 梯形图

在继电器控制电路中，点动的控制是采用复合按钮实现的，即利用动合、动断触点的先断后合的特点实现的。而 PLC 梯形图中的软继电器的动合触点和动断触点的状态转换是同时发生的，这时，可采用如图 1-2-5 所示的位存储器 M2 及其动断触点来模拟先断后合型电器的特性。在该程序中运用了 PLC 的周期循环扫描工作方式造成的输入、输出延迟响应来达到先断后合的效果。注意，若将 M2 内部线圈与 Y0 输出线圈两个线圈的位置对调一下，则不能产生先断后合的效果。

图 1-2-5　利用辅助中间继电器的点动/连动的电动机启停控制的梯形图

### 2. 电路工作过程

1）点动

按下点动按钮 $SB_3$→X2 得电→

◎X2 [1]闭合→Y0 [1]得电→KM 得电吸合→电动机启动运行

　　　　　　　　└→◎Y0 [1]闭合→

◎X2 [2]闭合→M2[2]得电→#M2[1]断开→

→断开 Y0 自锁支路，使 Y0 不能保持

松开点动按钮 $SB_3$→X2 失电→
◎X2 [1]断开→Y0[1]失电→KM 失电→电动机停止运行
◎X2 [2]断开→M2[2]失电

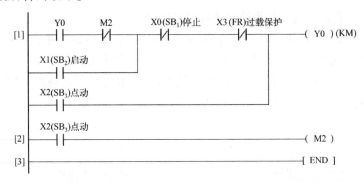

2）连续运行

按下启动按钮 SB₂→X1 得电→◎X1[1]闭合 ────┐

┌────────────────────────────────────────┘

└──→ Y0[1] 得电→KM 得电吸合→电动机启动运行

　　　└──→◎Y0[1]闭合，通过动断触点#M2[1]使 Y0[1]保持得电

## 【例 1-2-6】 用置位、复位指令编程的具有过载报警的电动机单向运行的 PLC 控制

### 1. 主电路和 PLC 的 I/O 接线及梯形图

主电路和 PLC 的 I/O 接线及梯形图如图 1-2-6 所示。

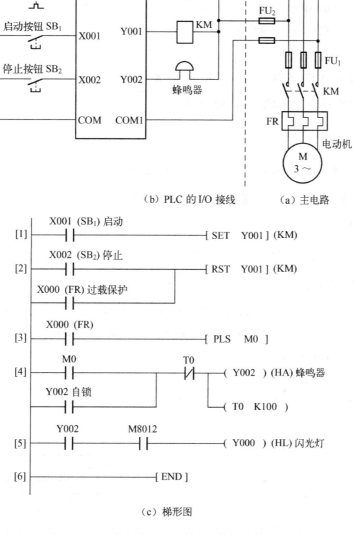

图 1-2-6　主电路和 PLC 的 I/O 接线及梯形图

## 2．电路工作过程

### 1）启动

按下 SB$_1$→X001 得电→◎X001［1］闭合→Y001［1］置位并保持→KM 得电→电动机启动运行

### 2）停止

按下 SB$_2$→X002 得电→◎X002［2］闭合→Y001［2］复位并保持→KM 失电→电动机停止运行

### 3）过载保护及声光报警

过载时，FR 闭合→X000 得电

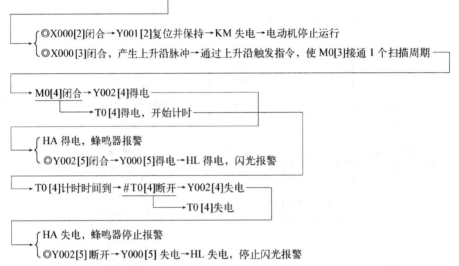

## 【例 1-2-7】 电动机单向间歇运行的 PLC 控制

### 1．控制要求

电动机运行一段时间后自动停止，停止一段时间后自动启动，如此循环。

### 2．梯形图和时序图

电动机单向间歇运行 PLC 控制的梯形图和时序图如图 1-2-7 所示。从图 1-2-7 可以看出，电动机的运行时间由定时器 T38 的设定值控制，停止时间由定时器 T37 的设定值控制。设定时间可根据实际要求确定。

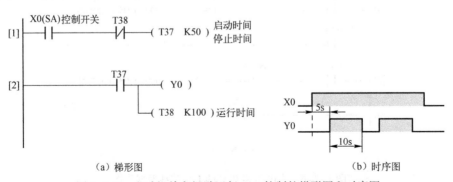

（a）梯形图　　　　　　　　　　　　（b）时序图

图 1-2-7 电动机单向间歇运行 PLC 控制的梯形图和时序图

### 3. 电路工作过程

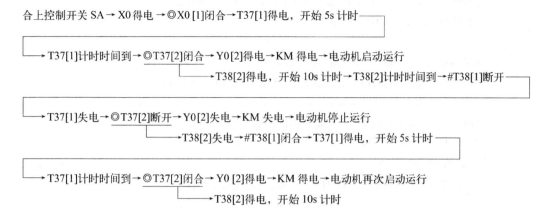

合上控制开关 SA→X0 得电→◎X0 [1]闭合→T37[1]得电，开始 5s 计时──┐

└→T37[1]计时时间到→◎T37[2]闭合→Y0[2]得电→KM 得电→电动机启动运行

└→T38[2]得电，开始 10s 计时→T38[2]计时时间到→#T38[1]断开──┐

└→T37[1]失电→◎T37[2]断开→Y0[2]失电→KM 失电→电动机停止运行

└→T38[2]失电→#T38[1]闭合→T37[1]得电，开始 5s 计时──┐

└→T37[1]计时时间到→◎T37[2]闭合→Y0 [2]得电→KM 得电→电动机再次启动运行

└→T38[2]得电，开始 10s 计时

## 【例 1-2-8】 用上升沿 （正跳变） 触发指令编程的单按钮控制电动机启停

### 1. 控制要求

在继电器－接触器控制系统中，控制电动机的启停往往需要两个按钮，这样当 1 台 PLC 控制多个这种具有启停操作的设备时，势必占用很多输入点。有时为了节省输入点，通过利用 PLC 软件编程，实现用单按钮控制启停。

操作方法是：按一下该按钮，输入的是启动信号，再按一下该按钮，输入的则是停止信号……，即单数次为启动信号，双数次为停止信号。

### 2. 梯形图和时序图

图 1-2-8 所示为利用上升沿触发指令编程的梯形图和时序图。X0 作为启动、停止按钮相对应的输入继电器，第 1 次按下时 Y1 有输出，第 2 次按下时 Y1 无输出，第 3 次按下时 Y1 又有输出。

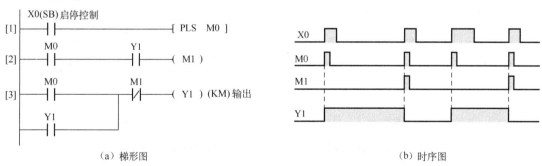

（a）梯形图　　　　　　　　　（b）时序图

图 1-2-8　利用上升沿触发指令编程的梯形图和时序图

### 3. 电路工作过程

1）第 1 次按下 SB 启动

按下按钮 SB→X0 得电→◎X0 [1]闭合→其上升沿使 M0[1]得电──┐

Ⓐ

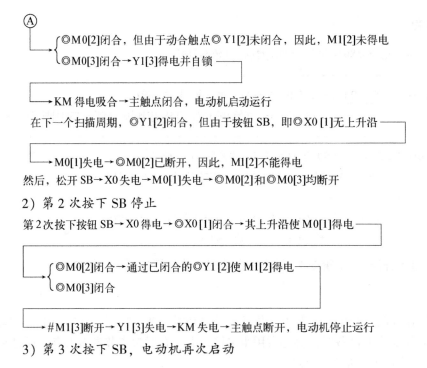

Ⓐ
⎰ ◎M0[2]闭合，但由于动合触点◎Y1[2]未闭合，因此，M1[2]未得电
⎱ ◎M0[3]闭合→Y1[3]得电并自锁

→KM 得电吸合→主触点闭合，电动机启动运行

在下一个扫描周期，◎Y1[2]闭合，但由于按钮 SB，即◎X0 [1]无上升沿

→M0[1]失电→◎M0[2]已断开，因此，M1[2]不能得电
然后，松开 SB→X0 失电→M0[1]失电→◎M0[2]和◎M0[3]均断开

**2）第 2 次按下 SB 停止**

第 2 次按下按钮 SB→X0 得电→◎X0[1]闭合→其上升沿使 M0[1]得电

⎰ ◎M0[2]闭合→通过已闭合的◎Y1 [2]使 M1[2]得电
⎱ ◎M0[3]闭合

→#M1[3]断开→Y1 [3]失电→KM 失电→主触点断开，电动机停止运行

**3）第 3 次按下 SB，电动机再次启动**

### 【例 1-2-9】 用计数器指令编程的单按钮控制

#### 1. 梯形图和时序图

用计数器指令编程的单按钮控制的梯形图和时序图如图 1-2-9 所示。

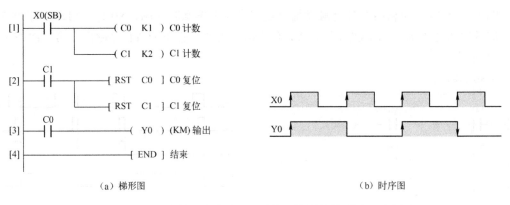

（a）梯形图                （b）时序图

图 1-2-9 用计数器指令编程的单按钮控制的梯形图和时序图

#### 2. 电路工作过程

**1）第 1 次按下 SB 启动**

按下 SB→X0 得电→◎X0[1]闭合→计数器 C0[1]加 1
                    →计数器 C1[1]加 1

→计数器 C0[1]的当前值为 1，◎C0[3]闭合→Y0[3]得电→KM 得电→电动机启动运行

2）第 2 次按下 SB 停止

第 2 次按下 SB→X0 得电→◎X0[1]闭合→计数器 C0[1]的计数值保持不变

→计数器 C1[1]再加 1

→计数器 C1[1]的当前值为 2，◎C1[2]闭合→C0[2]、C1[2]复位并保持

→◎C0[3]断开→Y0[3]失电→KM 失电→电动机停止运行

3）第 3 次按下 SB，电动机再次启动

## 【例 1-2-10】　定时器与计数器组合编程的电动机 PLC 控制

### 1. 主电路和 PLC 的 I/O 接线及梯形图

定时器与计数器组合编程的电动机 PLC 控制的主电路和 PLC 的 I/O 接线及梯形图如图 1-2-10 所示。

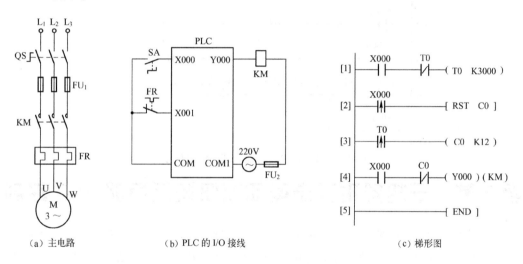

（a）主电路　　　　　　　（b）PLC 的 I/O 接线　　　　　　　（c）梯形图

图 1-2-10　定时器与计数器组合编程的电动机 PLC 控制的主电路和 PLC 的 I/O 接线及梯形图

### 2. 识读要点

在图 1-2-10 中，定时器 T0 的计时单位为 0.1s（100ms），它与计数器 C0 组合使用后，其计时时间为 3000×0.1s×12 = 3600s = 1h。若需要重新计时，可将开关 SA 断开，然后再闭合 SA，让 RST　C0 指令执行，对计数器 C0 进行复位，则会重新开始 1h 计时。

### 3. 电路工作过程

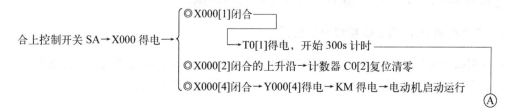

Ⓐ

→ T0[1]计时时间到 → { ◎ T0[3]闭合的上升沿 → 计数器 C0[3]加 1
                    # T0[1]断开 → T0[1]失电，复位

→ # T0[1]闭合（由于 SA 已闭合，◎ X000[1]保持闭合）→ T0[1]又开始 300s 计时，重复以上的工作过程

当计数器 C0[3]的当前值到 12 时，C0[3]动作 → # C0[4]断开 → Y000[4]失电 → KM 失电 → 电动机停止运行

## 【例 1-2-11】 停电后再通电禁止输出程序

在实际工作中，由于停电（突然中断供电）而停止生产是常有的事。在恢复供电时，有些设备是不允许立即恢复工作的，否则会发生严重事故。此时可采用如图 1-2-11 所示的停电后再通电禁止输出程序。M8002 为特殊辅助存储器，仅在开机时接通 1 个扫描周期，因此，在开机后立即使 M40[1]置 1，# M40[3]断开，使 Y0[3]不能得电。只有接通恢复按钮 X0[2]，M40[2]被复位，使 #M40[3]闭合，Y0[3]才能得电。

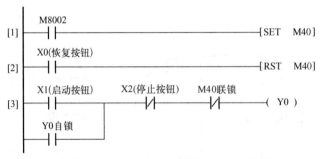

图 1-2-11　停电后再通电禁止输出程序

# 第 3 节　三相笼形异步电动机可逆运行的 PLC 控制

电动机可逆运行方向的切换是通过两个接触器 KM₁、KM₂ 的切换来实现的。切换时要改变电源的相序。在设计程序时，必须防止由于电源换相所引起的短路事故。例如，在由正向运转切换到反向运转时，当正转接触器 KM₁ 断开时，由于其主触点内瞬时产生的电弧，使这个触点仍处于接通状态，如果这时使反转接触器 KM₂ 闭合，就会使电源短路。因此，必须在完全没有电弧的情况下才能使反转接触器闭合。

可逆运行控制，是互以对方不工作作为自身工作的前提条件的，即无论先接通哪一个输出继电器，另外一个输出继电器都将不能接通，也就是说两者之中任何一个启动之后都把另一个启动控制回路断开，从而保证了任何时候两者都不能同时启动。因此，在控制环节中，该电路可实现信号互锁。

## 【例 1-3-1】 用一般指令编程的电动机正、反转控制

### 1. 主电路和 PLC 的 I/O 接线及梯形图

用一般指令编程的电动机正、反转控制的主电路和 PLC 的 I/O 接线及梯形图如图 1-3-1所示。在图 1-3-1 中，用两个启停电路分别控制电动机的正转和反转。

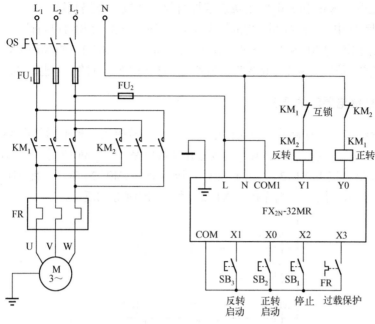

（a）主电路和 PLC 的 I/O 接线

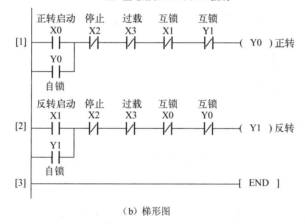

（b）梯形图

图 1-3-1　用一般指令编程的电动机正、反转控制的主电路和 PLC 的 I/O 接线及梯形图

在梯形图中，将 Y0 和 Y1 的# Y0[2]、# Y1[1] 分别串联在对方的线圈回路中，可以保证它们不能同时为 ON，即 KM₁ 和 KM₂ 的线圈不会同时通电，实现与继电器－接触器电路中电气互锁相似的效果。此外，在梯形图中还设置了按钮互锁，即将反转启动按钮 X1 的 #X1[1] 与控制正转的 Y0[1] 线圈串联，将正转启动按钮 X0 的# X0[2] 与控制反转的 Y1[2] 线圈串联。这样既方便了操作，又保证了 Y0 和 Y1 不会同时接通。

需要注意的是，虽然在梯形图中已经有了软继电器的互锁触点，但在外部硬件输出电路中还必须使用 KM₁、KM₂ 的动断触点进行互锁，以避免主电路短路造成 FU 熔断。由于 PLC 的循环扫描周期中的输出处理时间远小于外部硬件接触器触点的动作时间（例如，虽然 Y0 迅速断开，但 KM₁ 的触点尚未断开或由于断开时电弧的存在，在没有外部硬件互锁的情况下，KM₂ 的触点可能已接通，从而引起主电路短路），因此必须采用软、硬件双重互锁，同时也避免了因接触器 KM$_1$ 和 KM$_2$ 的主触点熔焊引起电动机主电路短路。

在互锁控制程序中，几组控制元件的优先权是平等的，它们互相可以封锁。先动作的具有优先权。两个输入控制信号 X0 和 X1 分别控制两路输出信号 Y0 和 Y1。当 X0 和 X1 中的某一个先按下时，这一路控制信号就取得了优先权，另外一个即使按下，这路信号也不会动作。

**2. 使用辅助继电器时的情况**

使用辅助继电器（位存储器）互锁的电动机正、反转控制的梯形图如图 1-3-2 所示。在图 1-3-2 中，当 X0[1] 先按下时，M0[1] 接通并进行自保，其◎M0[3] 接通，Y0[3] 接通产生输出。此时，如果再按下 X1[2]，由于 M0[1] 接通而使 #M0[2] 断开，使 M1[2] 不会动作，Y1[4] 不会产生输出。同理，当先按下 X1[2] 时，情况刚好相反。

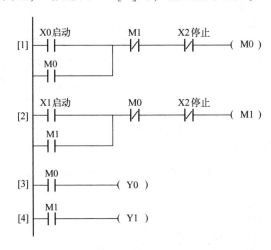

图 1-3-2　使用辅助继电器（位存储器）互锁的电动机正、反转控制的梯形图

**【例 1-3-2】** 用上升沿触发指令编程的电动机正、反转控制

**1. 梯形图**

用上升沿触发指令编程的电动机正、反转控制的梯形图如图 1-3-3 所示。

**2. 电路工作过程**

1）电动机正转控制

X0[1] 接通，取其上升沿，使 M0[1] 接通 1 个扫描周期，◎M0[2] 闭合，Y0[2] 得电并自锁，电动机正转运行；#Y0[4] 断开，Y1[4] 不能得电，互锁。只有接通 X2[2]（停止按钮）后，#X2[2] 断开，Y0[2] 失电，电动机才停止运行。

2）电动机反转控制

X1[3] 接通，取其上升沿，使 M1[3] 接通 1 个扫描周期，◎M1[4] 闭合，Y1[4] 得电并自锁，电动机反转运行；#Y1[2] 断开，Y0[2] 不能得电，互锁。只有接通 X2[4]（停止按钮）后，#X2[4] 断开，Y1[4] 失电，电动机才停止运行。

电动机正转运行时，按下反转启动按钮 X1[3]，电动机不能反转，只有按下停止按钮 X2[2] 使 Y0[2] 失电后，再按下反转启动按钮 X1[3]，电动机才能反转运行。同理，电动机在反转运行时，也不能直接进入正转运行。

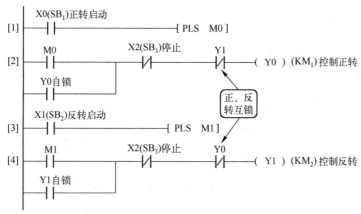

图 1-3-3　用上升沿触发指令编程的电动机正、反转控制的梯形图

## 【例 1-3-3】　电动机正、反转的 PLC 控制

### 1. 控制要求

图 1-3-4 中，电动机 M 由接触器 $KM_1$ 控制其正转，由接触器 $KM_2$ 控制其反转。$SB_1$ 为正转启动按钮，$SB_2$ 为反转启动按钮，$SB_3$ 为停止按钮。

必须保证在任何情况下，正、反转接触器不能同时接通。电路上采取将正、反转启动按钮 $SB_1$、$SB_2$ 互锁及接触器 $KM_1$、$KM_2$ 互锁的措施。

### 2. PLC 的 I/O 配置、主电路和 PLC 的 I/O 接线及梯形图

PLC 的 I/O 配置如表 1-3-1 所示。电动机正、反转 PLC 控制的主电路和 PLC 的 I/O 接线如图 1-3-4 所示，将热继电器 FR 的常闭触点串接到 $KM_1$、$KM_2$ 线圈供电回路中，保护功能不变，节省了一个输入点。电动机正、反转 PLC 控制的梯形图如图 1-3-5 所示。

表 1-3-1　PLC 的 I/O 配置

| 输 入 设 备 | 输入继电器 | 输 出 设 备 | 输出继电器 |
| --- | --- | --- | --- |
| 正转启动按钮 $SB_1$ | X0 | 正转接触器 $KM_1$ | Y0 |
| 反转启动按钮 $SB_2$ | X1 | 反转接触器 $KM_2$ | Y1 |
| 停止按钮 $SB_3$ | X2 | | |

### 3. 识读要点

（1）PLC 采用的是周期性循环扫描的工作方式，在一个扫描周期中，其输出刷新是集中进行的，即输出继电器 Y0、Y1 的状态变换是同时进行的。当电动机由正转切换到反转时，$KM_1$ 的断电和 $KM_2$ 的得电同时进行。因此，对于功率较大且为电感性的负载，有可能在 $KM_1$ 断开其触点且电弧尚未熄灭时，$KM_2$ 的触点已闭合，使电源相间瞬时短路。为此，设置了两个定时器 T50[3] 和 T51[6]，使正、反转切换时，被切断的接触

器瞬时动作，被接通的接触器延时一段时间才动作，从而避免了两个接触器同时切换造成的电源相间短路。

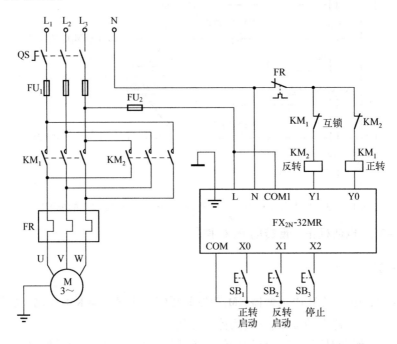

图 1-3-4　电动机正、反转 PLC 控制的主电路和 PLC 的 I/O 接线

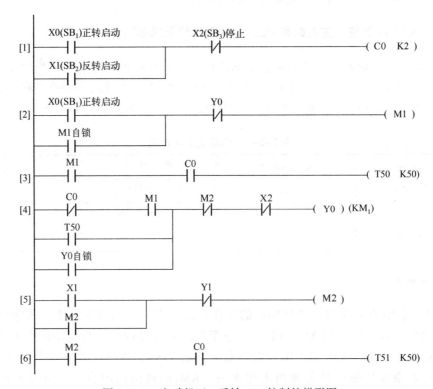

图 1-3-5　电动机正、反转 PLC 控制的梯形图

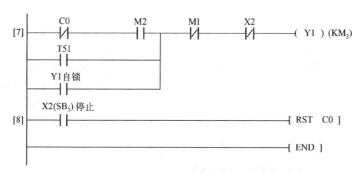

图 1-3-5 电动机正、反转 PLC 控制的梯形图（续）

（2）设置两个定时器解决了正、反转切换时可能出现的电源相间短路问题，但初次启动时，不论是按下正转启动按钮 $SB_1$ 还是按下反转启动按钮 $SB_2$，电动机都不能马上启动运行，需要经过一段延时才能启动，为此，设置了计数器 C0［1］。

### 4. 电路工作过程

1）正转启动

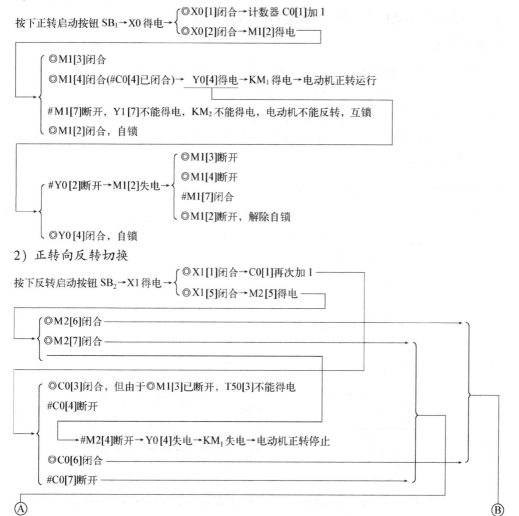

2）正转向反转切换

Ⓐ          Ⓑ

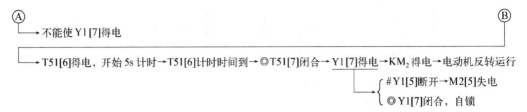

Ⓐ└→ 不能使 Y1[7]得电　　　　　　　　　　　　　　　　　　　　　　Ⓑ

└→ T51[6]得电，开始 5s 计时→T51[6]计时时间到→◎T51[7]闭合→ Y1[7]得电→KM$_2$ 得电→电动机反转运行

{ #Y1[5]断开→M2[5]失电

◎Y1[7]闭合，自锁

3）停止

按下停止按钮 SB$_3$→X2 得电→ { #X2 [1]断开→C0[1]失电

#X2 [4]断开→Y0[4]失电

#X2 [7]断开→Y1[7]失电

◎X2 [8]闭合→C0[8]清零

4）反转启动

反转启动与正转启动相似。

5）反转向正转切换

反转向正转切换与正转向反转切换相似。

## 【例 1-3-4】 电动机正、反转间歇运行的 PLC 控制

### 1. 控制要求

（1）用两个按钮控制启停，按下启动按钮后，电动机开始正转。

（2）正转 5min 后，停 3min，然后再开始反转。

（3）反转 5min 后，停 5min，再正转，以此循环。

（4）如果按下停止按钮，则不管电动机处在哪个状态（正转或反转），电动机都要停止运行，不再循环运行。

### 2. 主电路和 PLC 的 I/O 接线及梯形图

电动机正、反转间歇运行 PLC 控制的主电路和 PLC 的 I/O 接线如图 1-3-6 所示。电动机正、反转间歇运行 PLC 控制的梯形图如图 1-3-7 所示。

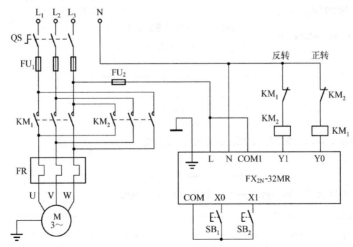

图 1-3-6　电动机正、反转间歇运行 PLC 控制的主电路和 PLC 的 I/O 接线

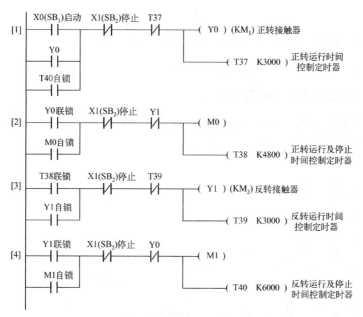

图 1-3-7　电动机正、反转间歇运行 PLC 控制的梯形图

## 3. 电路工作过程

### 1) 启动

按下启动按钮 SB₁→X0 得电→◎X0 [1]闭合─┐

┌─→Y0 [1]得电→◎Y0 [2]闭合→M0[2]得电→◎M0[2]闭合,自锁
│　　　　　　　　　　　└─→T38[2]得电,开始正转时间(运行+停止)计时
│　　└─→KM₁得电→电动机开始正转运行
└─T37[1]得电,开始正转运行 5min(3000÷600)计时→T37[1]计时时间到→#T37[1]断开─┐

┌─┤Y0 [1]失电→◎Y0 [2]断开
│　└─→KM₁失电→电动机正转停止
└─T37[1]失电

└─→T38[2]计时时间 8min(4800÷600)到,即电动机正转停止 3min 后,T38[2]动作→◎T38[3]闭合─┐

┌─→Y1[3]得电→◎Y1[4]闭合→M1[4]得电→◎M1[4]闭合,自锁
│　　　　　　　　　　└─→T40[4]得电,开始反转时间(运行+停止)计时
│　　└─→KM₂得电→电动机开始反转运行
└─T39[3]得电,开始反转运行 5min(3000÷600)计时→T39[3]计时时间到→#T39[3]断开─┐

┌─┤Y1[3]失电→◎Y1[4]断开
│　└─→KM₂失电→电动机反转停止
└─T39[3]失电

└─→T40[4]计时时间 10min(6000÷600)到,即电动机反转停止 5min 后,T40[4]动作→◎T40[1]闭合─┐

┌─┤Y0 [1]得电─┐
│　└─T37[1]得电─┘→开始新一轮循环

2）停止

按下停止按钮 SB$_2$→X1 得电→#X1[1～4]闭合→KM$_1$、KM$_2$、T37～T40 失电

## 【例 1-3-5】 行程开关控制的自动循环控制

### 1. 主电路和 PLC 的 I/O 接线及梯形图

行程开关控制的自动循环控制的主电路和 PLC 的 I/O 接线如图 1-3-8 所示。行程开关控制的自动循环控制的梯形图如图 1-3-9 所示。

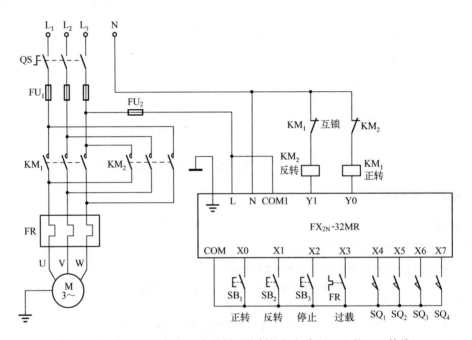

图 1-3-8　行程开关控制的自动循环控制的主电路和 PLC 的 I/O 接线

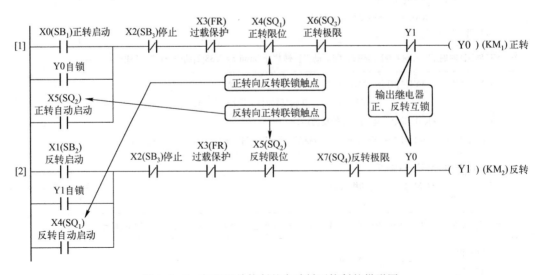

图 1-3-9　行程开关控制的自动循环控制的梯形图

## 2. 电路工作过程

### 1) 正转运行控制

按下正转启动按钮 SB₁→X0 得电→◎X0[1]闭合

Y0[1]得电 { #Y0[2]断开，断开反转运行控制电路，Y1[2]不能得电，软互锁
◎Y0[1]闭合，自锁

→ KM₁得电吸合

→ 电动机接通电源，正转启动运行 → 运行到正转限位位置，SQ₁受压闭合→X4 得电

{ ◎X4 [2]闭合
#X4 [1]断开→Y0[1]失电→#Y0[2]闭合
→ KM₁失电释放

→ KM₁主触点断开→电动机断开电源，正转运行停止

Y1[2]得电 { #Y1[1]断开，互锁
◎Y1[2]闭合，自锁

→ KM₂得电吸合→电动机接通电源，反转启动运行

### 2) 反转运行控制

反转运行控制的工作过程与正转运行控制的工作过程相似，不再赘述。

## 【例 1-3-6】 三相电动机正、反转运行的 PLC 控制

### 1. 控制要求

电动机正转运行 3s 后，停 2s；再反转运行 3s 后，停 2s。循环 5 次后，电动机停止运行。

### 2. PLC 的 I/O 配置、主电路和 PLC 的 I/O 接线及梯形图

PLC 的 I/O 配置为：输入 X000 为启动按钮 SB₁，X001 为停止按钮 SB₂，X002 为过载保护继电器 FR；输出 Y000 为正转接触器 KM₁，Y001 为反转接触器 KM₂。

三相电动机正、反转运行 PLC 控制的主电路和 PLC 的 I/O 接线如图 1-3-10 所示。三相电动机正、反转运行 PLC 控制的梯形图如图 1-3-11 所示。

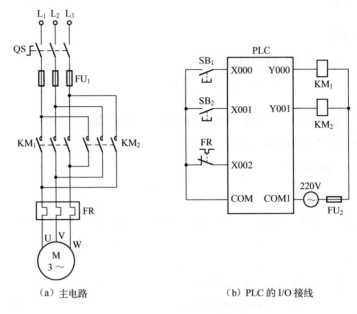

（a）主电路　　　　　　　　（b）PLC 的 I/O 接线

图 1-3-10　三相电动机正、反转运行 PLC 控制的主电路和 PLC 的 I/O 接线

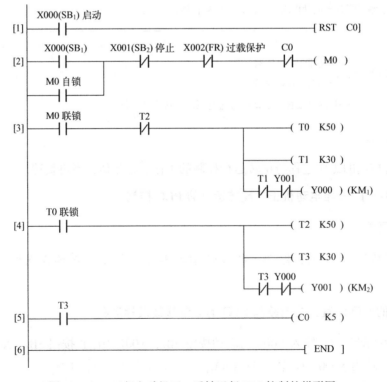

图 1-3-11　三相电动机正、反转运行 PLC 控制的梯形图

### 3. 电路工作过程

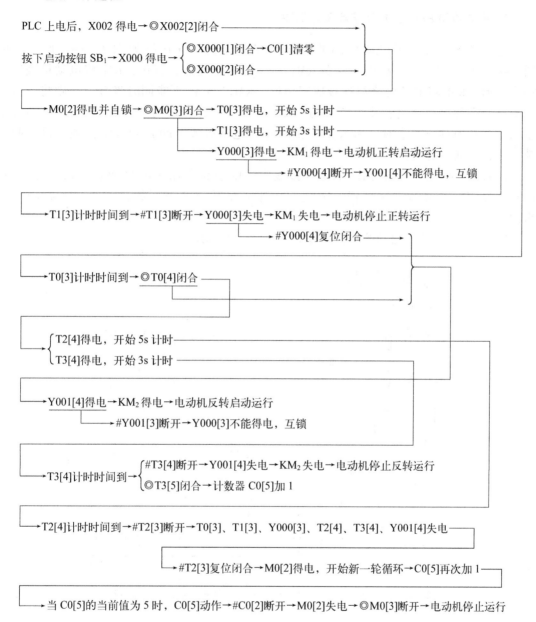

PLC 上电后，X002 得电→◎X002[2]闭合

按下启动按钮 SB₁→X000 得电→{◎X000[1]闭合→C0[1]清零
　　　　　　　　　　　　　　{◎X000[2]闭合

→M0[2]得电并自锁→◎M0[3]闭合→T0[3]得电，开始 5s 计时
　　　　　→T1[3]得电，开始 3s 计时
　　　　→Y000[3]得电→KM₁ 得电→电动机正转启动运行
　　　　　　→#Y000[4]断开→Y001[4]不能得电，互锁

→T1[3]计时时间到→#T1[3]断开→Y000[3]失电→KM₁ 失电→电动机停止正转运行
　　　　　　→#Y000[4]复位闭合

→T0[3]计时时间到→◎T0[4]闭合

{T2[4]得电，开始 5s 计时
{T3[4]得电，开始 3s 计时

→Y001[4]得电→KM₂ 得电→电动机反转启动运行
　　→#Y001[3]断开→Y000[3]不能得电，互锁

→T3[4]计时时间到{#T3[4]断开→Y001[4]失电→KM₂ 失电→电动机停止反转运行
　　　　　　　{◎T3[5]闭合→计数器 C0[5]加 1

→T2[4]计时时间到→#T2[3]断开→T0[3]、T1[3]、Y000[3]、T2[4]、T3[4]、Y001[4]失电
　　　　→#T2[3]复位闭合→M0[2]得电，开始新一轮循环→C0[5]再次加 1

→ 当 C0[5]的当前值为 5 时，C0[5]动作→#C0[2]断开→M0[2]失电→◎M0[3]断开→电动机停止运行

# 第 4 节　三相笼形异步电动机减压启动的 PLC 控制

### 【例 1-4-1】 电动机 Y–△降压启动控制

### 1. 控制要求

对于较大容量的交流电动机，启动时可采用 Y–△降压启动。电动机开始启动时为星形连接，延时一定时间后，自动切换到三角形连接运行。Y–△降压启动用两个接触器切换完

成，由 PLC 输出点控制。

### 2. 主电路和 PLC 的 I/O 接线及梯形图

电动机 Y - △降压启动控制的主电路和 PLC 的 I/O 接线如图 1-4-1 所示。由图 1-4-1 可看出，电动机由接触器 $KM_1$、$KM_2$、$KM_3$ 控制，其中，$KM_2$ 将电动机绕组连接成星形，$KM_3$ 将电动机绕组连接成三角形。$KM_3$ 与 $KM_2$ 不能同时吸合，否则将产生电源短路。在程序设计过程中，应充分考虑由星形向三角形切换的时间，即当电动机绕组从星形切换到三角形时，由 $KM_2$ 完全断开（包括灭弧时间）到 $KM_3$ 接通这段时间应锁定住，以防电源短路。

在如图 1-4-1 所示的 PLC 的 I/O 接线中，由于在实际使用时 PLC 的执行速度快，而外部交流接触器动作速度慢，因此，在外电路必须考虑互锁，防止发生瞬间短路事故。

电动机 Y - △降压启动控制的梯形图如图 1-4-2 所示。

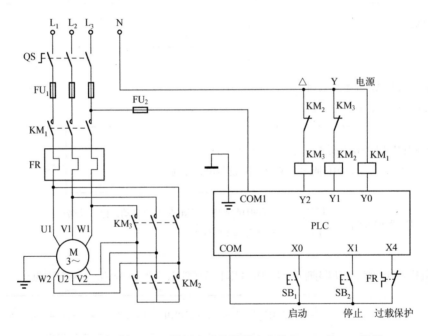

图 1-4-1　电动机 Y - △降压启动控制的主电路和 PLC 的 I/O 接线

### 3. 电路工作过程

按下启动按钮 $SB_1$（X0），Y0 和 Y1 得电并自锁，主接触器 $KM_1$ 和星形连接接触器 $KM_2$ 吸合，电动机以星形连接启动；同时 T37 得电计时，5s 后星形连接接触器 $KM_2$ 失电，三角形连接接触器 $KM_3$ 吸合，电动机以三角形连接运行。按停止按钮 $SB_2$（X1），电动机停止运行。

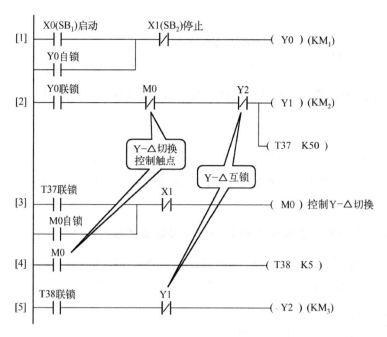

图 1-4-2　电动机 Y - △降压启动控制的梯形图

## 1）启动

按下启动按钮 SB₁→X0 得电→◎X0[1]闭合——

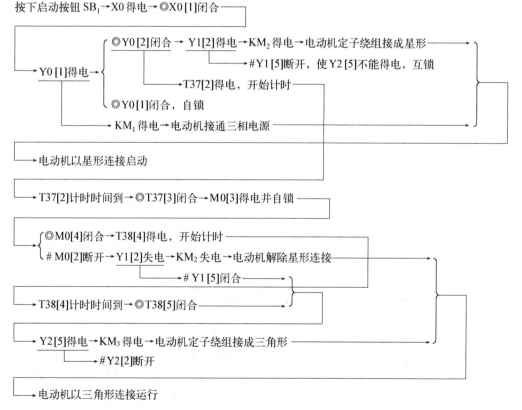

2）停止

按下停止按钮 SB$_2$→X1 得电 $\begin{cases} \#X1[1]断开→KM_1 失电 \\ \#X1[3]断开→KM_3 失电→电动机停止运行 \end{cases}$

### 【例 1-4-2】 电动机 Y-△减压启动控制 （Y-△切换失电控制）

#### 1. 控制要求

合上电源刀开关，按下启动按钮 SB$_1$ 后，电动机以星形连接启动，开始转动 5s 后，KM$_2$ 断电，星形启动结束。为了有效防止电弧短路，要延时 300ms 后，KM$_3$ 得电，电动机以三角形连接运行。不考虑过载保护。

#### 2. PLC 的 I/O 配置、主电路和 PLC 的 I/O 接线及梯形图

PLC 的 I/O 配置如表 1-4-1 所示。主电路和 PLC 的 I/O 接线同例 1-4-1。电动机 Y-△切换失电控制的梯形图如图 1-4-3 所示。

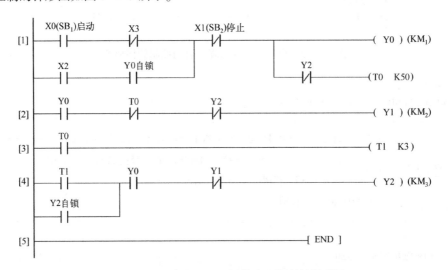

图 1-4-3 电动机 Y-△切换失电控制的梯形图

在图 1-4-3 中，将电路主接触器 KM$_1$ 和星形连接接触器 KM$_2$ 的辅助动合触点作为输入信号接于 PLC 的输入端 X2、X3，便于在程序中对这两个接触器的实际动作进行监视，通过程序保证电动机实际运行的安全。PLC 输出端保留星形和三角形连接接触器线圈的硬互锁环节，程序中也要另设软互锁。

表 1-4-1 PLC 的 I/O 配置

| 输入信号 | | 输入继电器 | 输出信号 | | 输出继电器 |
|---|---|---|---|---|---|
| 功 能 | 代 号 | | 功 能 | 代 号 | |
| 启动按钮 | SB$_1$ | X0 | 主交流接触器 | KM$_1$ | Y0 |
| 停止按钮 | SB$_2$ | X1 | 星形连接交流接触器 | KM$_2$ | Y1 |
| 接触器 KM$_1$ 动合触点 | KM$_1$ | X2 | 三角形连接交流接触器 | KM$_3$ | Y2 |
| 接触器 KM$_2$ 动合触点 | KM$_2$ | X3 | | | |

主接触器 $KM_1$ 和星形连接接触器 $KM_2$ 的辅助触点连接到 PLC 的输入端 X2、X3，将启动按钮的动合触点◎X0[1]和 X3 的动断触点#X3[1]串联，作为电动机开始启动的条件，其目的是为防止电动机出现三角形连接直接全压启动。因为当接触器 $KM_2$ 发生故障时，如主触点烧死或衔铁卡死打不开，PLC 输入端的 $KM_2$ 动合触点闭合，也就使输入继电器 X3 处于导通状态，其动断触点处于断开状态，这时即使按下启动按钮 $SB_1$（X0 得电），输出 Y0 也不会导通，作为负载的 $KM_1$ 就无法通电。

### 3. 电路工作过程

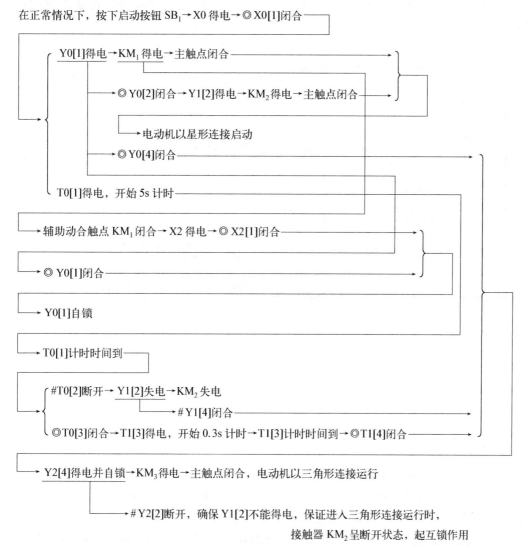

在正常情况下，按下启动按钮 $SB_1$→X0 得电→◎X0[1]闭合

Y0[1]得电→$KM_1$ 得电→主触点闭合

◎Y0[2]闭合→Y1[2]得电→$KM_2$ 得电→主触点闭合

电动机以星形连接启动

◎Y0[4]闭合

T0[1]得电，开始 5s 计时

辅助动合触点 $KM_1$ 闭合→X2 得电→◎X2[1]闭合

◎Y0[1]闭合

Y0[1]自锁

T0[1]计时时间到

#T0[2]断开→Y1[2]失电→$KM_2$ 失电

#Y1[4]闭合

◎T0[3]闭合→T1[3]得电，开始 0.3s 计时→T1[3]计时时间到→◎T1[4]闭合

Y2[4]得电并自锁→$KM_3$ 得电→主触点闭合，电动机以三角形连接运行

#Y2[2]断开，确保 Y1[2]不能得电，保证进入三角形连接运行时，
接触器 $KM_2$ 呈断开状态，起互锁作用

T0[1]计时时间到的同时，也就是星形连接启动结束后，为防止电弧短路，需要延时接通 $KM_3$，因此，定时器 T1[3]起延时 0.3s 的作用。

T1[3]导通后，Y2[4]导通，$KM_3$ 主触点动作，电动机以三角形连接运行。这里的动断触点#Y2[2]也起到软互锁作用。由于 Y2[4]导通使 T0[1]失电，T1[3]也因 T0[1]而失电，因此，程序用 Y0 控制的 $KM_1$ 的动合触点，通过 X2 的动合触点◎X2[1]对 Y0[1]

自锁。

按下停止按钮 SB$_2$，Y0 失电，从而使 Y1 和 Y2 失电，也就是在任何时候，只要按下停止按钮，电动机都将停转。

### 【例 1-4-3】 电动机的 Y - △ 控制

#### 1. 控制要求、主电路和 PLC 的 I/O 接线及梯形图

控制要求、主电路和 PLC 的 I/O 接线同例 1-4-1。电动机的 Y - △ 控制梯形图如图 1-4-4 所示。启动按钮 SB$_1$（X0）、停止按钮 SB$_2$（X1）通过位存储器控制系统的启动、停止。

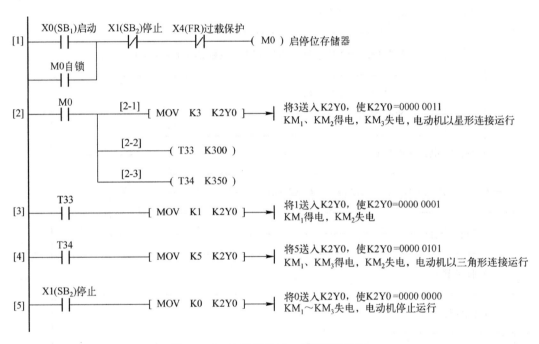

图 1-4-4  电动机的 Y - △ 控制梯形图

#### 2. 数据传送指令

输出继电器 K2Y0 由数据传送指令控制。

（1）数据传送指令 MOV[2-1]，将 3 送入 K2Y0，使 K2Y0 = 0000 0011，即 Y0 = 1，Y1 = 1，Y2 = 0，致使 KM$_1$、KM$_2$ 得电吸合，电动机以星形连接启动。

（2）数据传送指令 MOV[3]，将 1 送入 K2Y0，使 K2Y0 = 0000 0001，即 Y0 = 1，Y1 = Y2 = 0，致使 Y1 失电，KM$_2$ 失电，电动机解除星形连接，而 Y0 = 1，致使 KM$_1$ 仍得电。而 MOV[3] 由 ◎T33[3] 启动。

（3）数据传送指令 MOV[4]，将 5 送入 K2Y0，使 K2Y0 = 0000 0101，即 Y0 = 1，Y1 = 0，Y2 = 1，致使 KM$_1$、KM$_3$ 得电吸合，电动机以三角形连接运行。而 MOV[4] 由 ◎T34[4] 启动。

（4）数据传送指令 MOV[5]，将 0 送入 K2Y0，使 K2Y0 = 0000 0000，即 Y0 = Y1 = Y2 = 0，致使 $KM_1 \sim KM_3$ 失电，电动机停止运行。而 MOV[5] 由停止按钮 $SB_2$（X1）控制。

（5）定时器 T33[2-2] 通过 MOV[3] 控制 Y – △ 延时切换。定时器 T34[2-3] 通过 MOV[4] 控制 Y – △ 切换时，Y1 失电 0.5s 后，再使 Y2 得电。

### 3. 电路工作过程

1）启动

按下启动按钮 $SB_1$→X0 得电→◎X0 [1] 闭合→M0[1] 得电 ┐

  ┌ ◎M0[2] 闭合 ┐
  │  ┌ 执行 MOV[2-1] 指令→将 3 送入 K2Y0，使 K2Y0=0000 0011 ┐
  │  ├ Y0、Y1 得电→$KM_1$、$KM_2$ 得电→电动机以星形连接启动
  │  ├ T33[2-2] 得电，开始 3s 计时 ┐
  │  └ T34[2-3] 得电，开始 3.5s 计时 ┐
  └ ◎M0[1] 闭合，自锁

→T33[2-2] 计时 3s 时间到→◎T33[3] 闭合→执行 MOV[3] 指令 ┐

→将 1 送入 K2Y0，使 K2Y0=0000 0001→Y0=1，Y1=0 ┐

→$KM_1$ 保持得电，$KM_2$ 失电→电动机解除星形连接

→T34[2-3] 计时 3.5s 时间到→◎T34[4] 闭合→执行 MOV[4] 指令 ┐

→将 5 送入 K2Y0，使 K2Y0=0000 0101→Y0=1，Y1=0，Y2=1 ┐

→$KM_1$、$KM_3$ 得电→电动机以三角形连接运行

2）停止

按下停止按钮 $SB_2$→X1 得电 ┤◎X1[5] 闭合→执行 MOV[5] 指令 ┐
            └ #X1[1] 断开→M0[1] 失电

→将 0 送入 K2Y0，使 K2Y0=0000 0000→Y0=Y1=Y2=0→$KM_1 \sim KM_3$ 失电→电动机停止运行

### 【例 1-4-4】 减小星形连接接触器启动电流冲击的电动机 Y – △ 控制

#### 1. 控制要求、主电路和 PLC 的 I/O 接线及梯形图

控制要求、主电路和 PLC 的 I/O 接线同例 1-4-1。减小星形连接接触器启动电流冲击的电动机 Y – △ 控制的梯形图如图 1-4-5 所示。

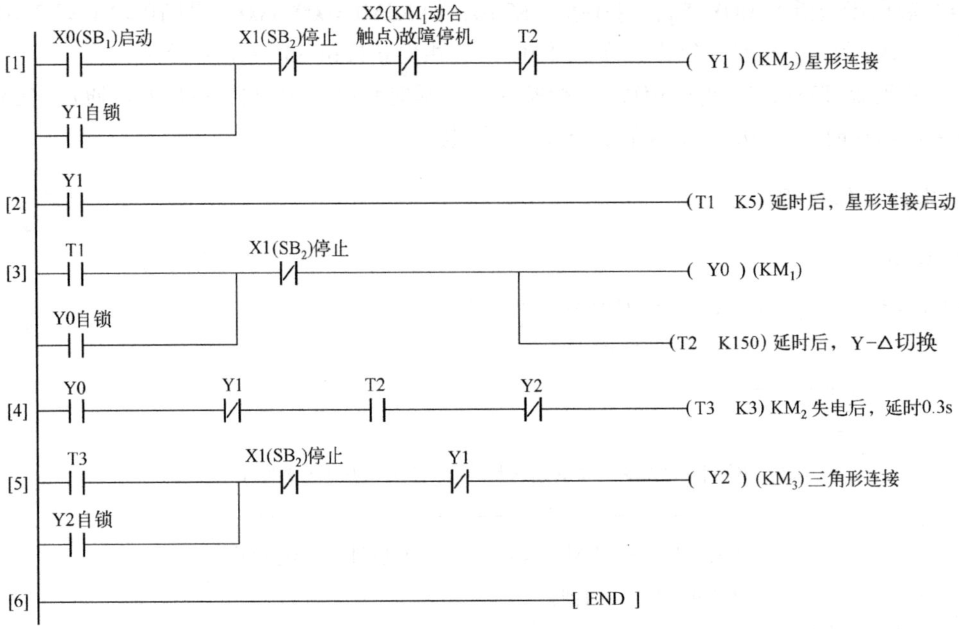

图 1-4-5　减小星形连接接触器启动电流冲击的电动机 Y-△控制的梯形图

## 2. 电路工作过程

按下启动按钮 SB₁→X0 得电→◎X0[1]闭合→Y1[1]得电并自锁

KM₂ 得电→主触点闭合，电动机为星形连接

◎Y1[2]闭合→T1[2]得电，开始 0.5s 计时→T1[2]计时时间到→◎T1[3]闭合

#Y1[4]断开，使 T3[4]不能得电，进而使 Y2[5]不能得电，互锁

Y0[3]得电并自锁→KM₁ 得电→主触点闭合，电动机接通三相电源

T2[3]得电，开始 15s 计时

◎Y0[4]闭合

电动机以星形连接启动

T2[3]计时时间到→◎T2[4]闭合

#T2[1]断开→Y1[1]失电→KM₂ 失电→电动机解除星形连接

#Y1[4]闭合

T3[4]得电，开始 0.3s 计时→T3[4]计时时间到→◎T3[5]闭合→Y2[5]得电并自锁

#Y2[4]断开→T3[4]失电

KM₃ 得电→主触点闭合，电动机以三角形连接运行

## 【例 1-4-5】　三相异步电动机 Y – △ 减压控制

### 1. 控制要求

按下启动按钮 $SB_1$，主接触器 $KM_1$ 接通，经过 1s 后，星形连接接触器 $KM_2$ 接通，电动机从星形连接启动；再经过 5s，星形连接接触器断开，再经过 0.5s，三角形连接接触器 $KM_3$ 接通，Y – △ 切换时间为 0.5s，电动机以三角形连接运行。

### 2. 主电路和 PLC 的 I/O 接线及梯形图

主电路和 PLC 的 I/O 接线同例 1-4-1。三相异步电动机 Y – △ 减压控制的梯形图如图 1-4-6 所示。

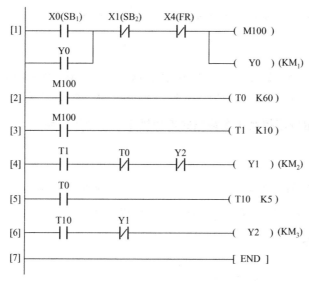

图 1-4-6　三相异步电动机 Y – △ 减压控制的梯形图

### 3. 电路工作过程

1）启动

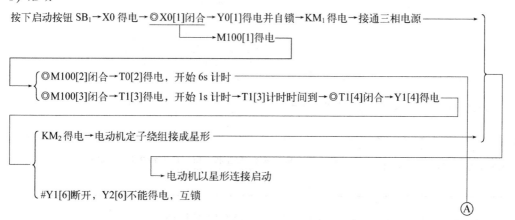

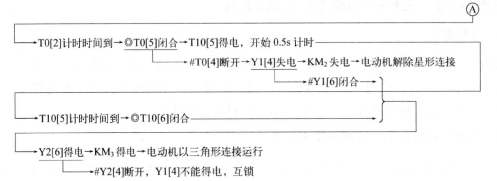

Ⓐ

→T0[2]计时时间到→◎T0[5]闭合→T10[5]得电，开始 0.5s 计时————

    →#T0[4]断开→Y1[4]失电→KM₂失电→电动机解除星形连接

        →#Y1[6]闭合→

→T10[5]计时时间到→◎T10[6]闭合————

→Y2[6]得电→KM₃得电→电动机以三角形连接运行

    →#Y2[4]断开，Y1[4]不能得电，互锁

**2）停止**

按下停止按钮 SB₂→X1 得电→#X1[1]断开→M100[1]、T0[2]、T1[3]、T10[5]失电→Y0[1]、Y1[4]、Y2[6] 都失电→KM₁～KM₃ 失电→电动机停止运行

**3）过载保护**

当电动机过载时，接入 X4 端子的 FR 的动合触点闭合→X4 得电→#X4[1]断开→M100[1]、T0[2]、T1[3]、T10[5]失电→Y0[1]、Y1[4]、Y2[6]失电→KM₁～KM₃ 失电→电动机也停止运行

## 【例 1-4-6】 用顺序控制指令编程的电动机 Y-△减压控制

### 1. 控制要求

按下启动按钮 SB₁ 后，电动机以星形连接启动，延时 6s 后解除星形连接，再延时 1s 后以三角形连接运行。按下停止按钮 SB₂ 后，电动机停止运行。

### 2. 顺序控制指令

FX₂ₙ 的顺序控制指令如表 1-4-2 所示。

表 1-4-2　FX₂ₙ 的顺序控制指令

| 指令名称 | STL | LAD | 功　能 | 操作对象 |
|---|---|---|---|---|
| 装载顺序控制指令 | STL | S□─STL<br>图 A | 在左母线上连接步进触点。步进开始，当前状态被置位执行时，上一状态被复位 | S |
| 顺序控制转移指令 | RET | ─[ RET ]─<br>图 B | 步进束，放在最后一个步进状态的最后一行，不需要执行条件，使能有效时，返回左母线 | S |
| 连续状态转移 | SET | ─[ SET S□ ]─<br>图 C | 停止状态由上向下转移时，对状态继电器应用 SET 指令 | 无 |
| 不连续状态转移 | OUT | ─( )─<br>图 D | 停止状态由下向上转移时，对状态继电器应用 OUT 指令 | |

由表 1-4-2 可总结出每一个 SCR 程序步一般有以下几种功能。

（1）驱动处理：即在该步状态继电器有效时，要做什么工作，有时也不做任何工作。

（2）指定转移条件和目标：即满足什么条件后，活动步转移到何处。

（3）转移目标自动复位功能：发生转移后，在使下一步变为活动步的同时，自动复位原步。

（4）对每个状态编程时，先负载驱动，后转移处理。

### 3. 主电路和 PLC 的 I/O 接线及顺序功能图、梯形图

主电路和 PLC 的 I/O 接线同例 1–4–1。用顺序控制指令编程的电动机 Y – △减压控制的顺序功能图和梯形图分别如图 1–4–7 和图 1–4–8 所示。

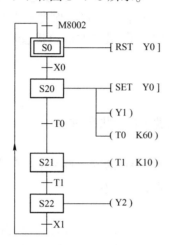

图 1–4–7　用顺序控制指令编程的电动机 Y – △减压控制的顺序功能图

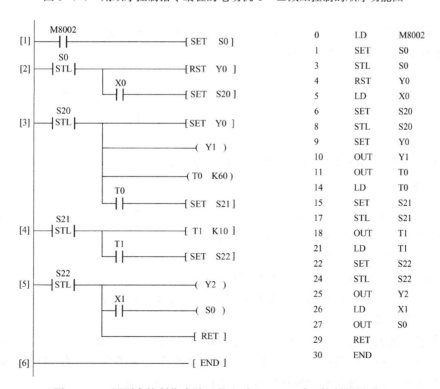

图 1–4–8　用顺序控制指令编程的电动机 Y – △减压控制的梯形图

### 4. 识读要点

在顺序功能图中共使用 4 个状态继电器，其中 S0 为初始状态继电器，S20 为星形连接启动状态继电器，S21 为延时 1s 状态继电器，S22 为三角形连接运行状态继电器。X0、T0、T1、X1 的动合触点为各状态间的转移条件。

根据如图 1-4-7 所示的顺序功能图编写的电动机 Y－△减压控制程序如图 1-4-8 所示。由于 Y0 在 S20 ～ S22 状态中都要通电，所以在 S20 状态中应用保持型的线圈置位指令将 Y0 置 1，这样，当 S21、S22 为活动状态时，Y0 仍将保持通电状态不变。而 Y1、Y2 则应用非保持型的输出线圈指令 OUT，当 Y1、Y2 处于非活动状态时自动断电。

### 5. 电路工作过程

1）程序段［1］

初始脉冲 M8002 使程序自动进入初始状态 S0。

2）程序段［2］

Y0 复位。按下启动按钮 SB$_1$ 后，X0 的触点◎X0［2］闭合，转移至 S20 状态。S20 状态为活动状态，S0 状态自动复位为非活动状态。

3）程序段［3］

Y0 置位通电，Y1 通电，电动机以星形连接启动。T0 延时。T0 延时 6s 后，其动合触点◎T0［3］闭合，转移至 S21 状态。S20 状态自动复位为非活动状态，Y1 断电。

4）程序段［4］

Y0 仍保持通电状态，T1 延时。T1 延时 1s 后，其动合触点◎T1［4］闭合，转移至 S22 状态。S21 状态自动复位为非活动状态。

5）程序段［5］

Y0 仍保持通电，Y2 通电，电动机以三角形连接运行。按下停止按钮 SB$_2$ 后，X1 的动合触点◎X1［5］闭合，向上转移至 S0 状态。S22 状态自动复位为非活动状态，Y2 断电。

在 S0 状态，Y0 复位断电，等待下次启动。

### 【例 1-4-7】 具有开机复位、报警等功能的电动机 Y－△控制

#### 1. 控制要求

（1）电源接通后，首先将电动机接成星形，实现减压启动。然后经过延时，电动机从星形连接切换成三角形连接，此时电动机全压运行。

（2）在电动机从星形连接切换成三角形连接的过程中，为保证主电路可靠工作，避免发生主电路短路故障，应有相应的联锁和延时保护环节。

（3）要在已经设计出的梯形图的基础上添加星形连接接触器动作确认功能、报警功能，以及系统上电复位功能。

- 星形连接接触器动作确认功能的添加：KM$_2$ 因故没有动作，那么在延时后电动机将全压运行，这种情况是不允许的。因此，为了防止上述现象发生，在 PLC 的输入端 X3 接入 KM$_2$ 的动合触点作为确认信号，如图 1-4-9 中的［8］。
- 报警功能的添加：报警功能可以保证系统在启动后 30s 内无法切换到三角形连接时系

统产生报警信号，驱动报警灯，如图 1-4-9 中的[11 ～ 14]。

- 系统上电复位功能的添加：为防止系统在断电后重新上电产生误动作，系统一般都要有上电复位的功能，可以利用特殊继电器 M8002 作为上电脉冲，利用复位指令将需要复位的元器件进行复位操作，如图 1-4-9 中的[1]。

### 2. PLC 的 I/O 配置和梯形图

PLC 的 I/O 配置如表 1-4-3 所示。具有开机复位、报警等功能的电动机 Y - △ 控制的梯形图如图 1-4-9 所示。

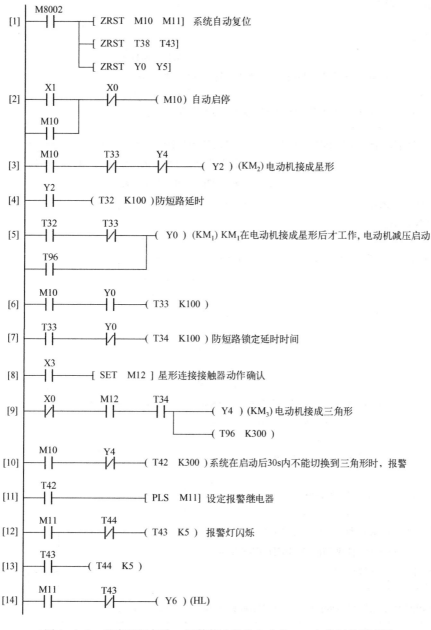

图 1-4-9　具有开机复位、报警等功能的电动机 Y - △ 控制的梯形图

表 1-4-3　PLC 的 I/O 配置

| 输入信号 | | | 输出信号 | | |
|---|---|---|---|---|---|
| 功　能 | 代　号 | 输入继电器 | 功　能 | 代　号 | 输出继电器 |
| 停止按钮 | SB₁ | X0 | 主接触器 | KM₁ | Y0 |
| 启动按钮 | SB₂ | X1 | 星形连接接触器 | KM₂ | Y2 |
| 星形连接接触器动作确认 | KM₂ 的动合触点 | X3 | 三角形连接接触器 | KM₃ | Y4 |
| | | | 报警灯 | HL | Y6 |

### 3. 电路工作过程

1）正常工作

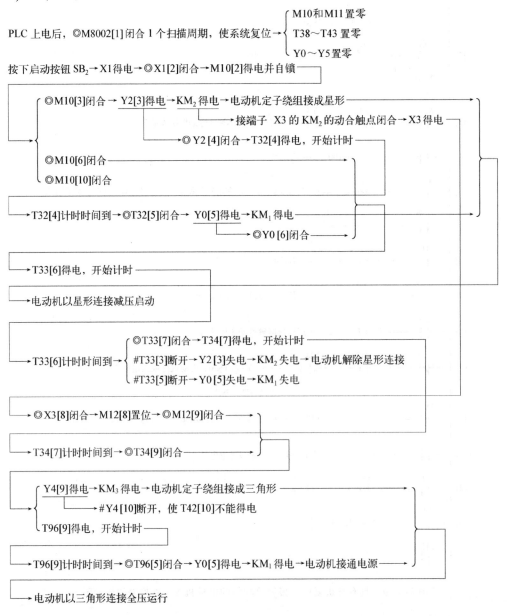

2）系统报警

系统在启动后 30s 内不能切换到三角形时，即 Y4[9]不能得电，则#Y4[10]闭合，由于◎M10[10]已闭合，因此 T42[10]得电，开始计时，T42[10]计时时间到，◎T42[11]闭合，则 M11[11]得电，◎M11[12]闭合，T43[12]得电。T43[12]和 T44[13]组成脉冲发生器，使 Y6[14]得电，报警。

## 【例 1-4-8】　三相感应电动机的串电阻减压启动控制

### 1. 主电路和 PLC 的 I/O 接线及梯形图

三相感应电动机串电阻减压启动控制的主电路和 PLC 的 I/O 接线如图 1-4-10 所示。三相感应电动机串电阻减压启动控制的梯形图如图 1-4-11 所示。

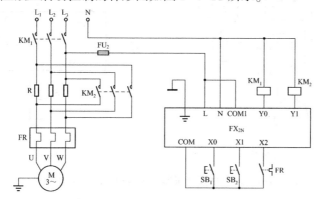

图 1-4-10　三相感应电动机串电阻减压启动控制的主电路和 PLC 的 I/O 接线

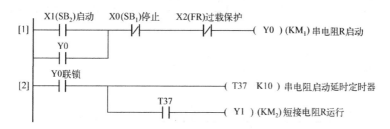

图 1-4-11　三相感应电动机串电阻减压启动控制的梯形图

### 2. 电路工作过程

按下启动按钮 SB$_2$→X1 得电→◎X1[1]闭合→Y0[1]得电→KM$_1$ 得电→电动机串电阻 R 启动 ——

——→ { ◎Y0[2]闭合→T37[2]得电，开始计时 ——
　　　 ◎Y0[1]闭合，自锁

——→ T37[2]计时时间到→◎T37[2]闭合→Y1[2]得电→KM$_2$ 得电→电动机短接电阻 R 运行

## 【例 1-4-9】 三相感应电动机的串自耦变压器减压启动控制

### 1. 主电路和 PLC 的 I/O 接线及梯形图

三相感应电动机串自耦变压器减压启动控制的主电路和 PLC 的 I/O 接线如图 1-4-12 所示。三相感应电动机串自耦变压器减压启动控制的梯形图如图 1-4-13 所示。

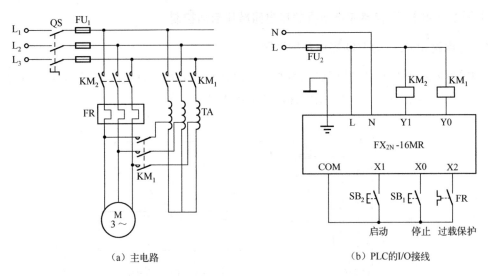

（a）主电路　　　　　　　　　　（b）PLC的I/O接线

图 1-4-12　三相感应电动机串自耦变压器减压启动控制的主电路和 PLC 的 I/O 接线

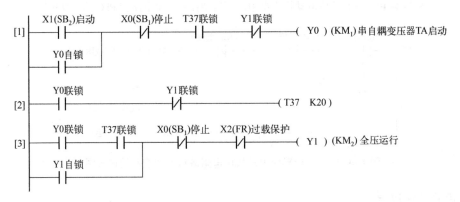

图 1-4-13　三相感应电动机串自耦变压器减压启动控制的梯形图

### 2. 电路工作过程

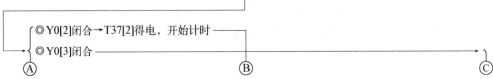

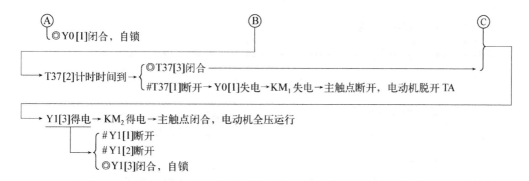

# 第 5 节　三相笼形异步电动机制动的 PLC 控制

**【例 1-5-1】**　电动机可逆运行反接制动控制

**1. 控制要求**

（1）按下正转启动按钮 $SB_1$，电动机串电阻正转启动。在接触器 $KM_1$ 得电的同时，接触器 $KM_3$ 经 5s 延时后得电，主电路电阻被短接，电动机在全电压下进入正常稳定运行状态。

（2）按下反转启动按钮 $SB_2$，电动机串电阻反转启动。在接触器 $KM_2$ 得电的同时，接触器 $KM_3$ 经 5s 延时后得电，主电路电阻被短接，电动机在全电压下进入正常稳定运行状态。

（3）按下停止按钮 $SB_3$，在停止时能自动进入反接制动状态。

**2. 主电路和 PLC 的 I/O 接线及梯形图**

电动机可逆运行反接制动控制的主电路和 PLC 的 I/O 接线如图 1-5-1 所示。电动机可逆运行反接制动控制的梯形图如图 1-5-2 所示。

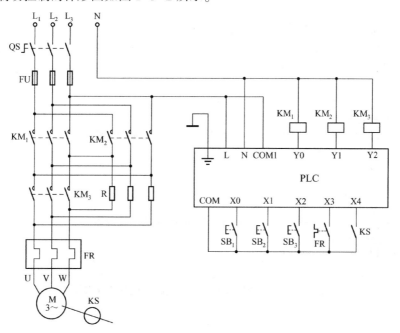

图 1-5-1　电动机可逆运行反接制动控制的主电路和 PLC 的 I/O 接线

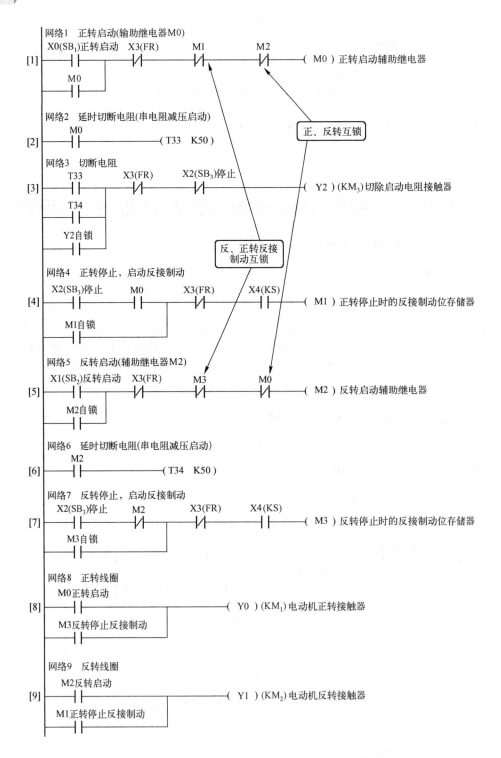

图 1-5-2　电动机可逆运行反接制动控制的梯形图

## 3. 电路工作过程

### 1）正转启动

按下正转启动按钮 SB$_1$→X0 得电→M0[1]得电

◎M0[2]闭合→T33[2]得电，开始 5s 计时

◎M0[4]闭合，为 M1[4]得电即正转停止时反接制动做准备

#M0[5]断开，M2[5]不能得电，互锁

◎M0[8]闭合→Y0[8]得电→KM$_1$ 得电→电动机串电阻正转启动

◎M0[1]闭合，自锁

T33[2]计时时间到→◎T33[3]闭合→Y2[3]得电→KM$_3$ 得电→切除启动电阻，电动机全压运行

当电动机运行速度大于 100r/min 时，KS 闭合→X4 得电→◎X4[4、7]闭合

### 2）正转停止反接制动

按下停止按钮 SB$_3$→X2 得电

#X2[3]断开

◎X2[4]闭合

◎X2[7]闭合

M1[4]得电

◎M1[9]闭合→Y1[9]得电→KM$_2$ 得电

#M1[1]断开→M0[1]失电→◎M0[8]断开→Y0[8]失电→KM$_1$ 失电

◎M1[4]闭合，自锁

电动机进行反接制动，当运行速度小于 100r/min 时，KS 断开→X4 失电→◎X4[4、7]断开→

M1[4]失电→◎M1[9]断开→KM$_2$ 失电→电动机停止运行，反接制动结束

### 3）反转启动和反转停止反接制动

反转启动和反转停止反接制动与正转启动和正转停止反接制动相似，不再赘述。

## 【例 1-5-2】　电动机单管能耗制动控制

### 1. 主电路和 PLC 的 I/O 接线及梯形图

电动机单管能耗制动控制的主电路和 PLC 的 I/O 接线如图 1-5-3 所示。电动机单管能耗制动控制的梯形图如图 1-5-4 所示。

### 2. 电路工作过程

### 1）运行

按下启动按钮 SB$_2$→X1 得电→◎X1[1]闭合→Y0[1]得电并自锁→KM$_1$ 得电→主触点闭合，电动机启动运行

#Y0[2]断开，T37[2]不能得电

#◎Y0[3]断开，Y1[3]不能得电，互锁

2）能耗制动

按下停止按钮 SB₁→X0 得电

{ #X0 [1]断开→ Y0[1]失电→KM₁ 失电→电动机断开交流电源

{ #Y0[2]闭合→T37[2]得电，开始计时
#◎Y0[3]闭合
◎ X0[3]闭合 }

→ Y1[3]得电→KM₂ 得电→主触点闭合，接通直流制动电源
→◎Y1[3]闭合，自锁

→进行能耗制动

→T37[2]计时时间到→#T37[3]断开→Y1[3]失电→KM₂ 失电→能耗制动结束

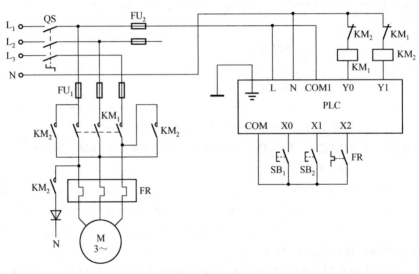

图 1-5-3　电动机单管能耗制动控制的主电路和 PLC 的 I/O 接线

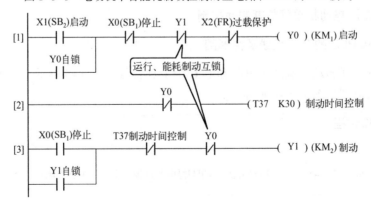

图 1-5-4　电动机单管能耗制动控制的梯形图

# 第 6 节　三相绕线转子异步电动机的 PLC 控制

三相绕线转子异步电动机的优点之一是转子回路可以通过滑环串电阻来达到减小启动电流、增大转子功率因数和启动转矩的目的。在一般要求启动转矩较大的场合，绕线转子异步电动机得到广泛的应用。

## 【例 1-6-1】　三相绕线转子异步电动机串电阻启动控制

三相绕线转子异步电动机串电阻启动控制电路如图 1-6-1 所示。

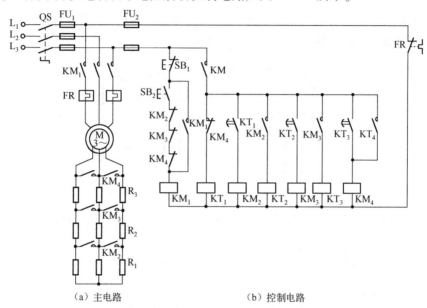

（a）主电路　　　　　　　　　（b）控制电路

图 1-6-1　三相绕线转子异步电动机串电阻启动控制电路

### 1. 控制要求

从图 1-6-1 可知，启动过程中有 3 节电阻 $R_1$、$R_2$、$R_3$ 分别通过延时经 $KM_2$、$KM_3$、$KM_4$ 依次被短接。在继电器 - 接触器控制中使用了 3 个通电延时时间继电器。

（1）初始状态：电动机停机，$KM_1 = KM_2 = KM_3 = KM_4 = OFF$，$SB_1 = SB_2 = OFF$。

（2）启动操作：按下启动按钮 $SB_2$，$KM_1$ 得电，电阻 $R_1$、$R_2$、$R_3$ 分别串接在转子绕组中，按照时间 $t_1$、$t_2$、$t_3$ 要求分别依次把 $R_1$、$R_2$、$R_3$ 切除完成启动。

（3）在启动前要求保证电阻 $R_1$、$R_2$、$R_3$ 一定要串接在电动机的转子电路中。

### 2. 主电路 PLC 的 I/O 配置、PLC 的 I/O 接线和梯形图

主电路同图 1-6-1（a）。PLC 的 I/O 配置如表 1-6-1 所示。三相绕线转子异步电动机串电阻启动控制的 PLC 的 I/O 接线如图 1-6-2 所示。三相绕线转子异步电动机串电阻启动控制的梯形图如图 1-6-3 所示。

表 1-6-1　PLC 的 I/O 配置

| 输入设备 | | 输入继电器 | 输出设备 | | 输出继电器 |
|---|---|---|---|---|---|
| 代号 | 功能 | | 代号 | 功能 | |
| $SB_1$ | 停止按钮 | X1 | $KM_1$ | 定子绕组主接触器 | Y1 |

续表

| 输入设备 | | 输入继电器 | 输出设备 | | 输出继电器 |
|---|---|---|---|---|---|
| 代 号 | 功 能 | | 代 号 | 功 能 | |
| SB<sub>2</sub> | 启动按钮 | X2 | KM<sub>2</sub> | 切断第 1 节启动电阻 | Y2 |
| | | | KM<sub>3</sub> | 切断第 2 节启动电阻 | Y3 |
| | | | KM<sub>4</sub> | 切断第 3 节启动电阻 | Y4 |

### 3. 识读要点

根据控制要求，由图 1-6-3 可知，要在启动过程中依次切除电阻，则必须在按下启动按钮后，依次启动 3 个时间继电器 KT<sub>1</sub>、KT<sub>2</sub>、KT<sub>3</sub>。

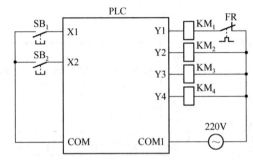

图 1-6-2　三相绕线转子异步电动机串电阻启动控制的 PLC 的 I/O 接线

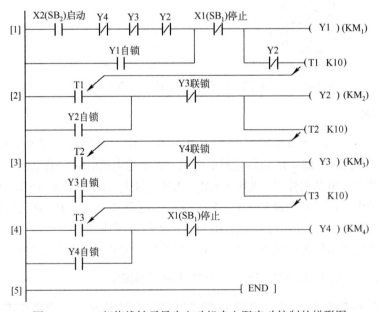

图 1-6-3　三相绕线转子异步电动机串电阻启动控制的梯形图

如果在启动中出现意外的情况（如接触器无法返回），R<sub>1</sub>、R<sub>2</sub>、R<sub>3</sub> 没有接入启动电路，则无法使电动机启动。为此将#Y2、#Y3、#Y4 串接在电动机的主接触器 Y1 的线圈电路中。当电动机启动后，用◎Y1 将之短接。

在完善控制电路时，考虑了在运行中尽量减少运行元件，用 Y2、Y3、Y4 的动断触点分别去断开 T1、T2、T3 线圈。

## 4. 电路工作过程

### 1）启动

按下启动按钮 $SB_2$→X2 得电→◎X2[1]闭合——

┌ Y1[1]得电 →$KM_1$得电→主触点闭合，电动机串 $R_3$、$R_2$、$R_1$ 启动
│          └→◎Y1[1]闭合，自锁，并将#Y2[1]、#Y3[1]、#Y4[1]短接
└ T1[1]得电，开始计时→T1[1]计时时间到→◎T1[2]闭合——

┌ Y2[2]得电→$KM_2$得电→主触点闭合，短接启动电阻 $R_1$
│          ┌ #Y2[1]断开→T1[1]失电
│          └ ◎Y2[2]闭合，自锁
└ T2[2]得电，开始计时→T2[2]计时时间到→◎T2[3]闭合——

┌ Y3[3]得电→$KM_3$得电→主触点闭合，短接启动电阻 $R_2$
│          ┌ #Y3[2]断开→Y2[2]、T2[2]失电
│          └ ◎Y3[3]闭合，自锁
└ T3[3]得电，开始计时→T3[3]计时时间到——

→◎T3[4]闭合→Y4[4]得电→$KM_4$得电→主触点闭合，短接启动电阻 $R_3$
                      ┌ #Y4[3]断开→Y3[3]、T3[3]失电
                      └ ◎Y4[4]闭合，自锁

### 2）停止

按下停止按钮 $SB_1$→X1 得电→┌ ◎X1[1]断开→Y1[1]失电→$KM_1$ 失电→┐
                          └ ◎X1[4]断开→Y4[4]失电→$KM_4$ 失电→┘

→电动机停止运行

## 【例 1-6-2】 三相绕线型感应电动机串频敏变阻器启动控制

### 1. 主电路和 PLC 的 I/O 接线及梯形图

三相绕线型感应电动机串频敏变阻器启动控制的主电路和 PLC 的 I/O 接线如图 1-6-4 所示。三相绕线型感应电动机串频敏变阻器启动控制的梯形图如图 1-6-5 所示。

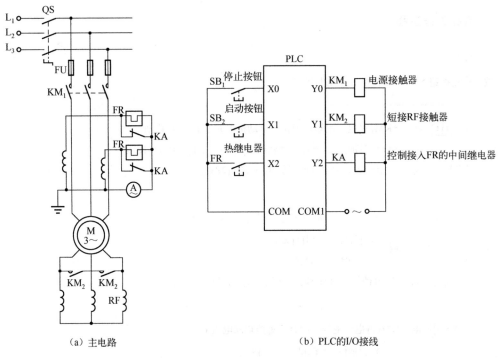

（a）主电路 　　　　　　　　　　　　（b）PLC的I/O接线

图 1-6-4　三相绕线型感应电动机串频敏变阻器启动控制的主电路和 PLC 的 I/O 接线

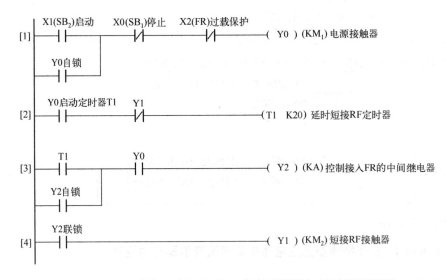

图 1-6-5　三相绕线型感应电动机串频敏变阻器启动控制的梯形图

## 2. 电路工作过程

按下启动按钮SB$_2$→X1得电→◎X1[1]闭合→ Y0[1]得电→KM$_1$得电→主触点闭合，电动机串频敏变阻器RF启动运行

Ⓐ

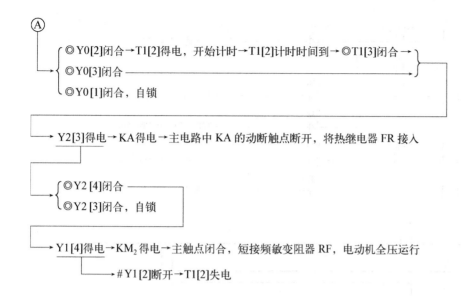

Ⓐ

◎Y0[2]闭合→T1[2]得电，开始计时→T1[2]计时时间到→◎T1[3]闭合→

◎Y0[3]闭合

◎Y0[1]闭合，自锁

→Y2[3]得电→KA得电→主电路中 KA 的动断触点断开，将热继电器 FR 接入

◎Y2[4]闭合

◎Y2[3]闭合，自锁

→Y1[4]得电→KM₂得电→主触点闭合，短接频敏变阻器 RF，电动机全压运行

→#Y1[2]断开→T1[2]失电

# 第 7 节　多电动机的 PLC 控制

## 【例 1-7-1】　两台电动机交替运行的 PLC 控制

### 1. 控制要求

有 $M_1$ 和 $M_2$ 两台电动机，接下启动按钮后，$M_1$ 运转 10min，停止 5min，$M_2$ 与 $M_1$ 相反，即 $M_1$ 停止时 $M_2$ 运行，$M_1$ 运行时 $M_2$ 停止，如此往复循环，直到按下停止按钮。

由于电动机 $M_1$、$M_2$ 周期性交替运行，运行周期 $T$ 为 15min，则采用延时接通定时器 T37（定时设置为 10min）和 T38（定时设置为 15min）控制这两台电动机的运行。

### 2. PLC 控制的主电路、I/O 接线、梯形图和时序图

主电路由接触器 $KM_1$、$KM_2$ 分别控制的电动机 $M_1$、$M_2$ 组成。

图 1-7-1 所示为两台电动机交替运行 PLC 控制的 PLC 的 I/O 接线、梯形图和时序图。

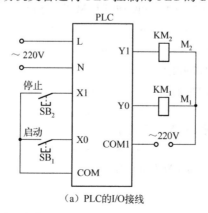

（a）PLC 的 I/O 接线

图 1-7-1　两台电动机交替运行 PLC 控制的 PLC 的 I/O 接线、梯形图和时序图

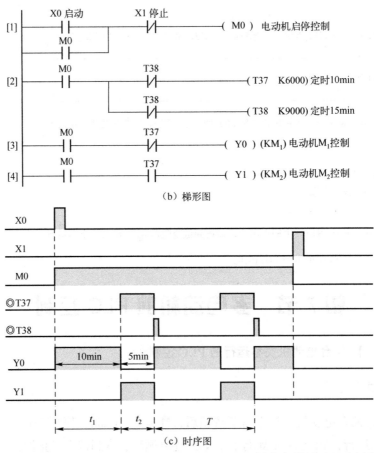

（b）梯形图

（c）时序图

图 1-7-1　两台电动机交替运行 PLC 控制的 PLC 的 I/O 接线、梯形图和时序图（续）

## 3. 电路工作过程

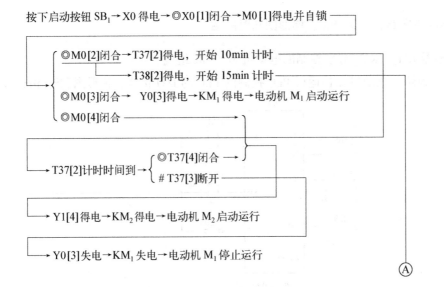

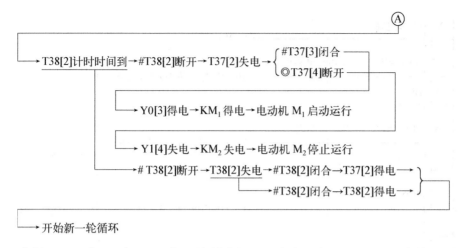

→开始新一轮循环

## 【例 1-7-2】 具有手动/自动控制功能的 3 台电动机 $M_1 \sim M_3$ 的启停控制

### 1. 控制要求

要求有手动和自动两种控制方式。手动控制方式：分别用每台电动机的启动和停止按钮控制 $M_1 \sim M_3$ 的启停状态。自动控制方式：按下启动按钮，$M_1 \sim M_3$ 每隔 5s 依次启动；按下停止按钮，$M_1 \sim M_3$ 同时停止。

### 2. PLC 的 I/O 接线和梯形图

具有手动/自动控制功能的 3 台电动机启停控制的主电路由 $KM_1 \sim KM_3$ 分别控制的电动机 $M_1 \sim M_3$ 组成，PLC 的 I/O 接线如图 1-7-2 所示。具有手动/自动控制功能的 3 台电动机启停控制的梯形图如图 1-7-3 所示。

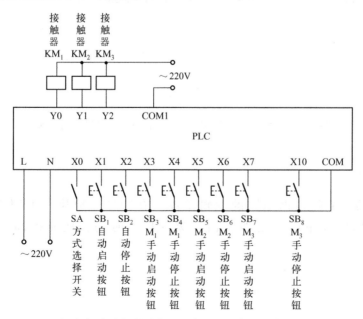

图 1-7-2　具有手动/自动控制功能的 3 台电动机启停控制的 PLC 的 I/O 接线

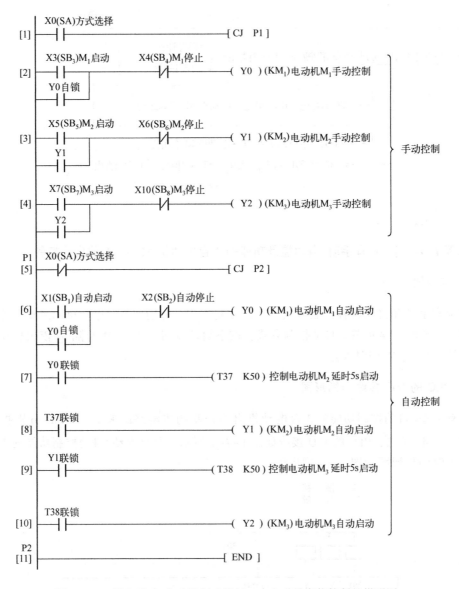

图 1-7-3　具有手动/自动控制功能的 3 台电动机启停控制的梯形图

### 3. 跳转指令

跳转指令的功能是根据不同的逻辑条件，有选择性地执行不同的程序。利用跳转指令，可以使程序结构更加灵活，减少扫描时间，从而提高了系统的响应速度。

　　执行跳转需要用跳转开始指令 CJ P$n$ 和跳转标号 P$n$ 配合使用。其中，$n$ 是标号地址，$n$ 为 0 ～ 128 取值范围内的字型类型。

　　跳转指令的使用说明如图 1-7-4 所示。X0 为方式选择开关。若 X0 为 ON，则 ◎ X0 闭合，程序不执行手动程序，跳转到标号 P0 处，#X0 断开，程序执行自动程序。若 X0 为 OFF，则 ◎ X0 断开，程序执行手动程序，#X0 闭合，程序不执行自动程序，程序跳转到标号 P1 处。

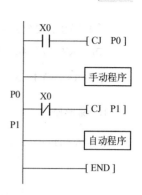

图 1-7-4　跳转指令的使用说明

### 4．电路工作过程

1）手动控制

在手动控制方式下，方式选择开关 SA 断开→X0 失电——

{ ◎X0[1]断开→执行 CJ P1 到 P1 之间[2～4]的手动控制程序
{ #X0[5]闭合→跳过 CJ P2 到 P2 之间[6～10]的自动控制程序

电动机 M$_1$ 的手动控制如下。

按下 M$_1$ 的手动启动按钮 SB$_3$→X3 得电→◎X3[2]闭合→Y0[2]得电——

{ KM$_1$ 得电→电动机 M$_1$ 启动运行
{ ◎Y0[2]闭合，自锁

按下 M$_1$ 的手动停止按钮 SB$_4$→X4 得电→#X4[2]断开→Y0[2]失电——

{ KM$_1$ 失电→电动机 M$_1$ 停止运行
{ ◎Y0[2]断开，解除自锁

电动机 M$_2$ 和 M$_3$ 的手动控制与 M$_1$ 相似，不再赘述。

2）自动控制

在自动控制方式下，方式选择开关 SA 闭合→X0 得电——

{ ◎X0[1]闭合→跳过 CJ P1 到 P1 之间[2～4]的手动控制程序
{ #X0[5]断开→执行 CJ P2 到 P2 之间[6～10]的自动控制程序

（1）启动：按下自动启动按钮 SB$_1$→X1 得电→◎X1[6]闭合→Y0[6]得电——

{ ◎Y0[7]闭合→T37[7]得电，开始 5s 计时——
{ KM$_1$ 得电→电动机 M$_1$ 启动运行
{ ◎Y0[6]闭合，自锁

T37[7]计时时间到→◎T37[8]闭合→Y1[8]得电——

{ ◎Y1[9]闭合→T38[9]得电，开始 5s 计时——
{ KM$_2$ 得电→电动机 M$_2$ 启动运行

T38[9]计时时间到→◎T38[10]闭合→Y2[10]得电→KM$_3$ 得电→电动机 M$_3$ 启动运行

（2）**停止**：按下停止按钮 SB$_2$→X2 得电→#X2[6]断开→Y0[6]、T37[7]、Y1[8]、T38[9]、Y2[10]相继失电→KM$_1$、KM$_2$、KM$_3$相继失电→电动机 M$_1$～M$_3$相继停止运行

## 【例 1-7-3】 3 台电动机顺序延时启动、逆序延时停止控制

### 1. 梯形图

3 台电动机顺序延时启动、逆序延时停止控制的梯形图如图 1-7-5 所示。

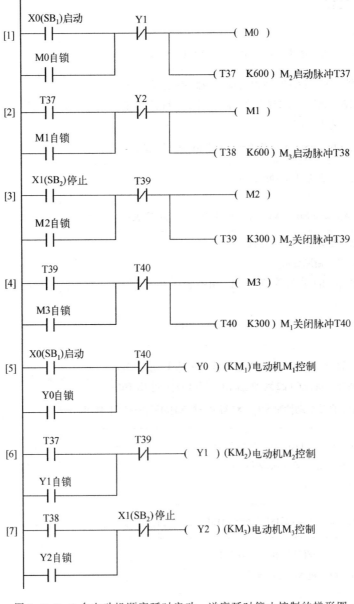

图 1-7-5　3 台电动机顺序延时启动、逆序延时停止控制的梯形图

## 2. 电路工作过程

### 1）启动

按下启动按钮 $SB_1$→X0 得电 $\begin{cases} \begin{cases} ◎X0[1]闭合→M0[1]得电并自锁 \\ \quad\quad\quad→T37[1]得电，开始 1min 计时 \end{cases} \\ ◎X0[5]闭合→Y0[5]得电并自锁 \end{cases}$

→$KM_1$ 得电→电动机 $M_1$ 启动运行

→T37[1]计时时间到→$\begin{cases} \begin{cases} ◎T37[2]闭合→M1[2]得电并自锁 \\ \quad\quad\quad→T38[2]得电，开始 1min 计时———— \\ ◎T37[6]闭合→Y1[6]得电并自锁→KM_2 得电→电动机 M_2 启动运行 \\ \quad\quad\quad\quad→\#Y1[1]断开→M0[1]、T37[1]失电 \end{cases} \end{cases}$

→T38[2]计时时间到→◎T38[7]闭合→Y2[7]得电并自锁→$KM_3$ 得电→电动机 $M_3$ 启动运行
　　　　　　　　　　　　　　→#Y2[2]断开→M1[2]、T38[2]失电

### 2）停止

按下停止按钮 $SB_2$→X1 得电→$\begin{cases} ◎X1[3]闭合→M2[3]得电并自锁 \\ \quad\quad\quad→T39[3]得电，开始 30s 计时———— \\ \#X1[7]断开→Y2[7]失电→KM_3 失电→M_3 停止运行 \end{cases}$

→T39[3]计时时间到→$\begin{cases} ◎T39[4]闭合→M3[4]得电并自锁 \\ \quad\quad\quad→T40[4]得电，开始 30s 计时 \\ \#T39[6]断开→Y1[6]失电→KM_2 失电→电动机 M_2 停止运行 \\ \#T39[3]断开→M2[3]、T39[3]失电 \end{cases}$

→T40[4]计时时间到→$\begin{cases} \#T40[5]断开→Y0[5]失电→KM_1 失电 \\ \#T40[4]断开→M3[4]、T40[4]失电 \end{cases}$

→电动机 $M_1$ 停止运行

## 【例 1-7-4】　用顺序控制指令编程的 3 台电动机 $M_1 \sim M_3$ 的 PLC 控制

### 1. 控制要求

按下启动按钮后，$M_1$ 立即启动，5s 后 $M_2$ 自动启动，又经过 10s，$M_3$ 自动启动；按下停止按钮后，$M_3$ 立即停止，10s 后 $M_2$ 自动停止，又经过 5s，$M_1$ 自动停止。

### 2. PLC 的 I/O 接线、顺序功能图和梯形图

用顺序控制指令编程的 3 台电动机 PLC 控制的 PLC 的 I/O 接线如图 1-7-6 所示。顺序功能图如图 1-7-7 所示，用顺序控制指令编程的 3 台电动机 PLC 控制的梯形图如图 1-7-8 所示。

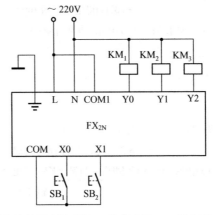

图 1-7-6　用顺序控制指令编程的 3 台电动机 PLC 控制的 PLC 的 I/O 接线

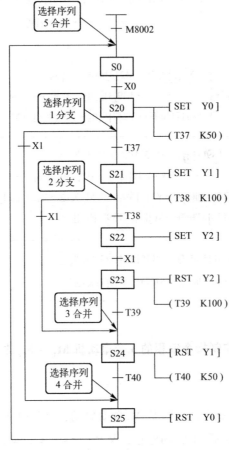

图 1-7-7　顺序功能图

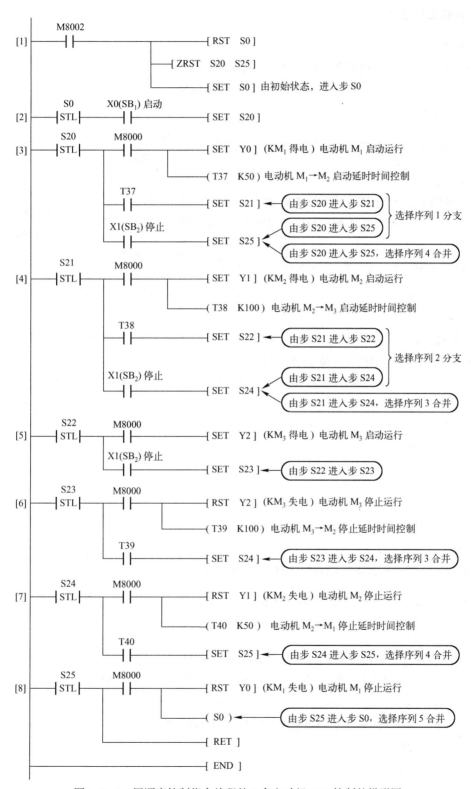

图 1-7-8　用顺序控制指令编程的 3 台电动机 PLC 控制的梯形图

### 3. 电路工作过程

1）初始状态

◎M8002[1]闭合 1 个扫描周期→S0、S20～S25 [1]复位并保持

　　　　　　　　　　　　　　└──→S0[1]置位并保持→进入步 S0

2）步 S0[2]

按下启动按钮 SB$_1$→X0 得电→◎X0[2]闭合→S20[2]置位→$\left\{\begin{array}{l}\text{程序进入步 S20}\\ \text{步 S0 复位}\end{array}\right.$

3）步 S20[3]

◎M8000[3]闭合 → Y0[3]置位并保持→KM$_1$ 得电→电动机 M$_1$ 启动运行

　　　　　└──→T37[3]得电，开始5s计时→T37[3]计时时间到→◎T37[3]闭合→S21[3]置位 $\left\{\begin{array}{l}\text{程序进入步S21 →}\\ \text{步 S20 复位}\end{array}\right.$

若按下停止按钮 SB$_2$→X1 得电→◎X1[3]闭合→S25[3]置位 $\left\{\begin{array}{l}\text{程序进入步 S25}\\ \text{步 S20复位}\end{array}\right.$

└──→ 选择序列 1 分支

4）步 S21[4]

◎M8000[4]闭合→Y1[4]置位并保持→KM$_2$ 得电→电动机 M$_2$ 启动运行

　　　　└──→T38[4]得电，开始 10s 计时→T38[4]计时时间到→◎T38[4]闭合→S22[4]置位

$\left\{\begin{array}{l}\text{程序进入步 S22}\\ \text{步 S21 复位}\end{array}\right.$

若按下停止按钮 SB$_2$→X1得电→◎X1[4]闭合→S24[4]置位→$\left\{\begin{array}{l}\text{程序进入步 S24}\\ \text{步 S21 复位}\end{array}\right.$

└──→ 选择序列 2 分支

5）步 S22[5]

◎M8000[5]闭合→Y2[5]置位并保持→KM$_3$ 得电→电动机 M$_3$ 启动运行

若按下停止按钮 SB$_2$→X1得电→◎X1[5]闭合→S23[5]置位 $\left\{\begin{array}{l}\text{程序进入步 S23}\\ \text{步 S22 复位}\end{array}\right.$

6）步 S23[6]

◎M8000[6]闭合 → Y2[6]复位并保持→KM$_3$ 失电→电动机 M$_3$ 停止运行

　　　　└──→T39[6]得电，开始 10s 计时→T39[6]计时时间到→◎T39[6]闭合→S24 [6]置位

$\left\{\begin{array}{l}\text{程序进入步 S24 → 与由步 S21 进入步 S24，进行选择序列 3 合并}\\ \text{步 S23 复位}\end{array}\right.$

7）步 S24[7]

◎ M8000[7]闭合 → Y1[7]复位并保持 → KM₂失电 → 电动机 M₂停止运行

       → T40[7]得电，开始5s计时 → T40[7]计时时间到 → ◎T40[7]闭合 → S25[7]置位 ┐

┌ 程序进入步 S25 → 与由步 S20进入步 S25，进行选择序列4合并

└ 步 S24复位

8）步 S25[8]

◎ M8000[8]闭合 → Y0[8]复位并保持 → KM₁失电 → 电动机 M₁停止运行

       → S0[8]置位 → ┌ 程序进入步 S0 → 与由初始状态进入步 S0，进行选择序列5合并

             └ 步 S25复位

### 【例 1-7-5】 3 台电动机 M₁ ～ M₃ 的顺序启动、逆序停止控制

#### 1. 控制要求

某生产设备有 3 台电动机，每台电动机均有独立的启动按钮和停止按钮，控制要求是：按电动机的序号顺序启动，逆序停止；如果发生过载，则 3 台电动机均停止。

#### 2. PLC I/O 配置、主电路和 PLC 的 I/O 接线及梯形图

PLC 的 I/O 配置如表 1-7-1 所示。3 台电动机 M₁ ～ M₃ 顺序启动、逆序停止控制的主电路和 PLC 的 I/O 接线如图 1-7-9 所示。3 台电动机 M₁ ～ M₃ 顺序启动、逆序停止控制的梯形图如图 1-7-10 所示。

表 1-7-1　PLC 的 I/O 配置

| 输入继电器 | 输入设备 | | 输出继电器 | 输出设备 | |
|---|---|---|---|---|---|
| | 代号 | 功能 | | 代号 | 功能 |
| X0 | SB₁ | 电动机 M₁ 启动按钮 | Y0 | 接触器 KM₁ | 电动机 M₁ |
| X1 | SB₂ | 电动机 M₁ 停止按钮 | Y1 | 接触器 KM₂ | 电动机 M₂ |
| X2 | SB₃ | 电动机 M₂ 启动按钮 | Y2 | 接触器 KM₃ | 电动机 M₃ |
| X3 | SB₄ | 电动机 M₂ 停止按钮 | | | |
| X4 | SB₅ | 电动机 M₃ 启动按钮 | | | |
| X5 | SB₆ | 电动机 M₃ 停止按钮 | | | |
| X6 | FR | 过载保护 | | | |

#### 3. 识读要点

从梯形图中可以看出，前级输出继电器的动合触点与后级的启动输入端串联，所以前级不启动，后级不能启动；后级输出继电器的动合触点与前级的停止触点并联，所以后级停止以后，才允许前级停止。

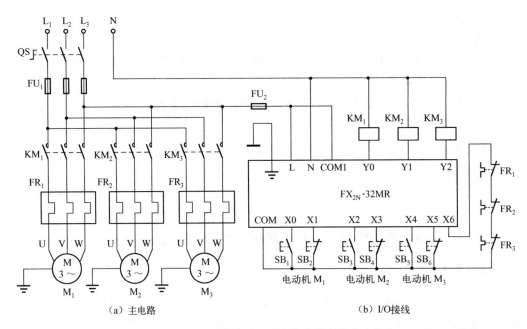

图 1-7-9　3 台电动机 M₁～M₃ 顺序启动、逆序停止控制的主电路和 PLC 的 I/O 接线

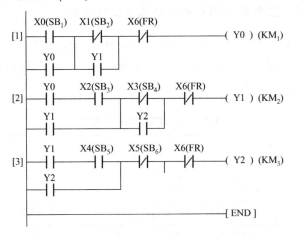

图 1-7-10　3 台电动机 M₁～M₃ 顺序启动、逆序停止控制的梯形图

## 4. 电路工作过程

1）顺序启动控制

按下 M₁ 启动按钮 SB₁→X0 得电→◎X0[1] 闭合→Y0[1] 得电并自锁→KM₁ 得电→M₁ 启动运行

　　　　　　　　　　　　　　　　　　　　　　　　→◎Y0[2] 闭合→

按下 M₂ 启动按钮 SB₃→X2 得电→◎X2[2] 闭合　　　　　　　　　　　　　

→Y1[2] 得电并自锁→KM₂ 得电→M₂ 启动运行

　　　　　　→◎Y1[3] 闭合　　　　　　　　　

　　　　　　　　　　　　　　　　→Y2[3] 得电并自锁→KM₃ 得电→M₃ 启动运行

按下 M₃ 启动按钮 SB₅→X4 得电→◎X4[3] 闭合→

2）递序停止控制

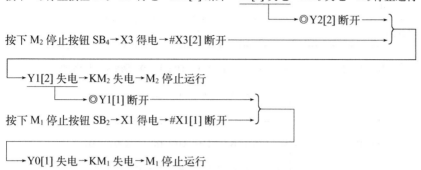

按下 $M_3$ 停止按钮 $SB_6$→X5 得电→#X5[3] 断开→Y2[3] 失电→$KM_3$ 失电→$M_3$ 停止运行
　　　　　　　　　　　　　　　　　　　└──→◎Y2[2] 断开──→
按下 $M_2$ 停止按钮 $SB_4$→X3 得电→#X3[2] 断开─────────→
┌──────────────────────────────────────────
└→Y1[2] 失电→$KM_2$ 失电→$M_2$ 停止运行
　　└──→◎Y1[1] 断开─────────→
按下 $M_1$ 停止按钮 $SB_2$→X1 得电→#X1[1] 断开──→
┌──────────────────────────────────────────
└→Y0[1] 失电→$KM_1$ 失电→$M_1$ 停止运行

## 【例 1-7-6】　用子程序编程的两台电动机的自动、手动控制

### 1. 控制要求

某台设备有两台电动机，受输出继电器 Y0、Y1 控制。设有手动、自动 1、自动 2 和自动 3 四种工作方式。使用 X0 ～ X4 输入端，其中，X0、X1 接工作方式选择开关，X2、X3 分别接启动按钮和停止按钮，X4 接过载保护。在手动方式中采用点动操作，在 3 种自动方式中，Y0 得电后分别延时 10s、20s 和 30s 后再使 Y1 得电，用触点比较指令编写程序和分析程序。

### 2. 梯形图

根据题意列出控制关系，如表 1-7-2 所示。用子程序编程的两台电动机自动、手动控制的梯形图如图 1-7-11 所示。

表 1-7-2　控制关系

| 工作方式 | 工作方式选择开关 | | 输入继电器 | | | 输出继电器 |
|---|---|---|---|---|---|---|
| | X1 | X0 | X2 | X3 | X4 | |
| 手动 | 0 | 0 | 点动 Y0 | 点动 Y1 | | Y0、Y1 点动 |
| 自动 1 | 0 | 1 | 启动 | 停止 | 过载 | Y0 得电后 10s，Y1 得电 |
| 自动 2 | 1 | 0 | 启动 | 停止 | 过载 | Y0 得电后 20s，Y1 得电 |
| 自动 3 | 1 | 1 | 启动 | 停止 | 过载 | Y0 得电后 30s，Y1 得电 |

### 3. 电路工作过程

1）程序段［1、2］

$SA_1$、$SA_2$ 闭合→X0、X1 得电→◎X0［1］、◎X1［2］闭合→M0［1］、M1［2］得电，将输入继电器 X0、X1 的状态送辅助继电器 M0、M1。

2）程序段［3］

PLC 上电后，特殊辅助继电器 M8000 始终闭合，则◎M8000［3］闭合，执行传送指令，将字元件 K1M0 的数据送数据寄存器 D0，D0 中存储的数据实际上是 X1、X0 的位状态。

3）程序段［4］

如果 X1X0 为 00，则调用手动子程序 P0。

4）程序段［5］

如果 X1X0 为 01，则将 Y1 的得电延时设定值 K100 存入 D1，并调用自动子程序 P1。

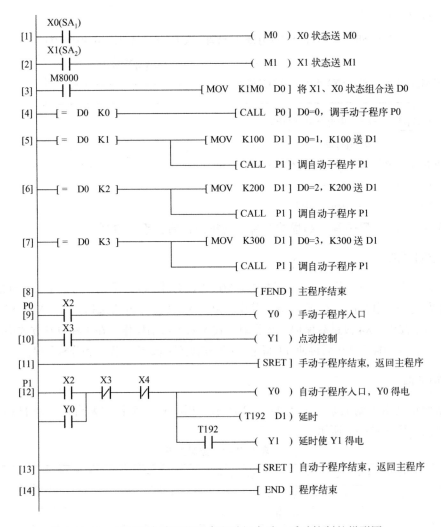

图 1-7-11  用子程序编程的两台电动机自动、手动控制的梯形图

5）程序段[6]

如果 X1X0 为 10，则将 Y1 的得电延时设定值 K200 存入 D1，并调用自动子程序 P1。

6）程序段[7]

如果 X1X0 为 11，则将 Y1 的得电延时设定值 K300 存入 D1，并调用自动子程序 P1。

7）程序段[8]

主程序结束。

8）程序段[9～11]

这为手动子程序段，X2、X3 分别点动控制 Y0、Y1。

9）程序段[12～13]

这为自动子程序段。按下启动按钮（X2 得电）时，Y0 得电并自锁，同时定时器 T192 按设定值进行延时，延时时间到，Y1 得电。按下停止按钮（X3 得电）时，Y0、Y1 断电。

需要指出的是，在子程序中只能使用地址编号为 T192～T199 的定时器。

# 第2章

# PLC 在一般机械设备控制中的应用

## 第1节 车床与钻床电气控制电路的 PLC 改造

### 【例 2-1-1】 C650 型卧式普通车床的 PLC 控制

#### 1. 控制要求

C650 型普通车床电气控制电路原理图如图 2-1-1 所示。C650 型普通车床共由 3 台交流电动机拖动，即主轴电动机 $M_1$、冷却泵电动机 $M_2$、快速进给（快移）电动机 $M_3$。其中，主轴电动机 $M_1$ 可以正、反转控制，也可以点动控制，还可以双向反接制动控制。

主轴电动机 $M_1$ 控制：按下按钮 $SB_1$，接触器 $KM_1$ 和 $KM_3$、中间继电器 KA、时间继电器 KT 吸合，主轴电动机 $M_1$ 正向启动运行；按下按钮 $SB_2$，接触器 $KM_2$ 和 $KM_3$、中间继电器 KA、时间继电器 KT 吸合，主轴电动机 $M_1$ 反向启动运行；按下按钮 $SB_6$，接触器 $KM_1$ 吸合，主轴电动机 $M_1$ 串电阻点动运行；按下按钮 $SB_4$，主轴电动机 $M_1$ 反接制动停止。

冷却泵电动机 $M_2$ 控制：按下按钮 $SB_3$，接触器 $KM_1$ 吸合，冷却泵电动机 $M_2$ 启动运行；按下按钮 $SB_5$，冷却泵电动机 $M_2$ 停止运行。

快移电动机 $M_3$ 则由行程开关 SQ 点动控制。

#### 2. 主电路 PLC 的 I/O 配置和梯形图

主电路同图 2-1-1 的图（a）。PLC 的 I/O 配置如表 2-1-1 所示。C650 型卧式普通车床 PLC 控制的梯形图如图 2-1-2 所示。

表 2-1-1 PLC 的 I/O 配置

| 输 入 设 备 | | 输入继电器 | 输 出 设 备 | | 输入继电器 |
|---|---|---|---|---|---|
| 功　能 | 代号 | | 功　能 | 代号 | |
| $M_1$ 正转启动按钮 | $SB_1$ | X0 | $M_1$ 正转接触器 | $KM_1$ | Y0 |
| $M_1$ 反转启动按钮 | $SB_2$ | X1 | $M_1$ 反转接触器 | $KM_2$ | Y1 |
| $M_2$ 启动按钮 | $SB_3$ | X2 | $M_1$ 切换电租 R 运行接触器 | $KM_3$ | Y2 |
| 总停止按钮 | $SB_4$ | X3 | $M_2$ 运行接触器 | $KM_4$ | Y3 |
| $M_2$ 停止按钮 | $SB_5$ | X4 | $M_3$ 运行接触器 | $KM_5$ | Y4 |
| $M_1$ 点动按钮 | $SB_6$ | X5 | 电流表 PA 短接中间继电器 | KA | Y5 |
| $M_3$ 点动位置开关 | SQ | X6 | | | |
| $M_1$ 过载保护继电器 | $FR_1$ | X7 | | | |
| $M_2$ 过载保护继电器 | $FR_2$ | X10 | | | |
| 正转停止制动速度继电器动合触点 | $KS_1$ | X11 | | | |
| 反转停止制动速度继电器动合触点 | $KS_2$ | X12 | | | |

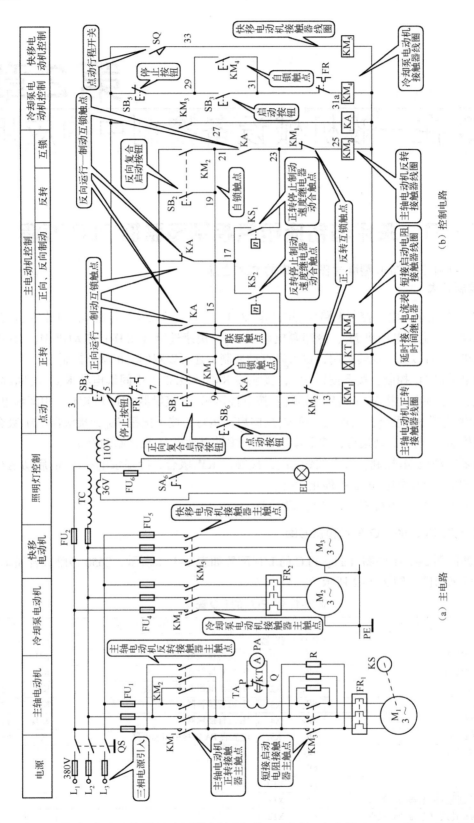

（a）主电路

（b）控制电路

图 2-1-1　C650 型普通车床电气控制电路原理图

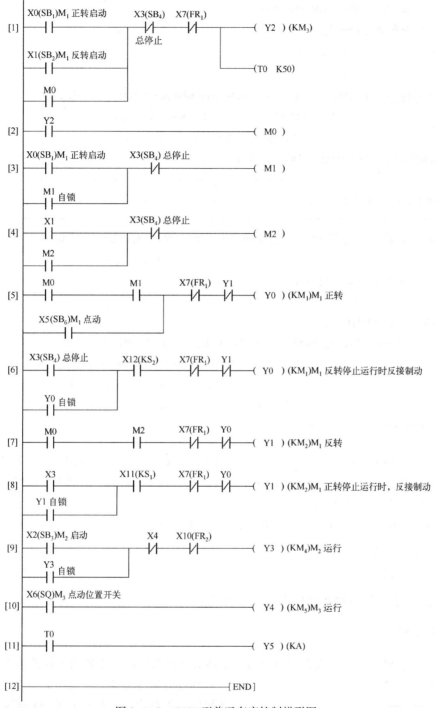

图 2-1-2  C650 型普通车床控制梯形图

## 3. 电路工作过程

### 1）M₁ 的点动控制

按下 M₁ 点动按钮 SB₆→X5 得电→◎X5[5]闭合→Y0[5]得电→KM₁ 得电→主触点闭合，电动机 M₁ 串电阻 R 正转启动运行

松开 SB$_6$→X5 失电→电动机 M$_1$ 停止运行

2）M$_1$ 正转启动运行和停止

按下 M$_1$ 正转启动按钮 SB$_1$→X0 得电─┐

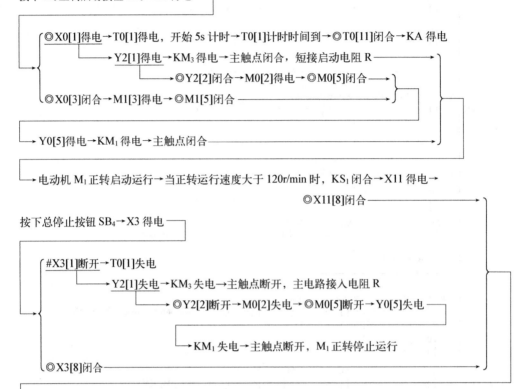

→Y1 [8]得电→KM$_2$ 得电→主触点闭合，电动机 M$_1$ 串电阻 R 反接制动，当电动机运行速度小于 120r/min 时，KS$_1$ 断开→X11 失电→◎X11[8]断开→Y1[8]失电→KM$_2$ 失电→主触点断开，电动机 M$_1$ 反接制动停止

3）M$_1$ 反转启动运行和停止

M$_1$ 反转启动运行和停止与 M$_1$ 正转启动运行和停止类似。

4）M$_2$ 与 M$_3$ 的启动和停止

这里不再介绍。

## 【例 2-1-2】 深孔钻组合机床的 PLC 控制

### 1. 控制要求

深孔钻组合机床进行深孔钻削时，为利于钻头排屑和冷却，需要周期性地从工件中退出钻头，刀具进退与行程开关示意图如图 2-1-3 所示。

在起始位置 O 点时，行程开关 SQ$_1$ 被压合，按下启动按钮 SB$_2$，电动机正转启动，刀具前进。退刀由行程开关控制，当动力头依次压在 SQ$_3$、SQ$_4$、SQ$_5$ 上时电动机反转，刀具会自动退刀。退刀到起始位置时，SQ$_1$ 被压合，退刀结束，又自动进刀，直到三个过程全部结束。

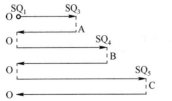

图 2-1-3 深孔钻组合机床刀具进退与
行程开关示意图

### 2. 主电路、PLC 的 I/O 配置、PLC 的 I/O 接线、顺序功能图和梯形图

主电路由接触器 $KM_1$、$KM_2$ 分别控制的电动机 $M_1$、$M_2$ 组成。PLC 的 I/O 配置如表 2-1-2 所示。深孔铅组合机床 PLC 控制的 PLC 的 I/O 接线如图 2-1-4 所示。顺序功能图如图 2-1-5 所示。深孔铅组合机床 PLC 控制的梯形图如图 2-1-6 所示。

表 2-1-2　PLC 的 I/O 配置

| 输 入 设 备 | | 输入继电器 | 输 出 设 备 | | 输出继电器 |
|---|---|---|---|---|---|
| 代　号 | 功　能 | | 代　号 | 功　能 | |
| $SB_1$ | 停止按钮 | X1 | $KM_1$ | 钻头前进接触器 | Y1 |
| $SB_2$ | 启动按钮 | X2 | $KM_2$ | 钻头后退接触器 | Y2 |
| $SQ_1$ | 原始位置行程开关 | X6 | | | |
| $SQ_3$ | A 处退刀行程开关 | X3 | | | |
| $SQ_4$ | B 处退刀行程开关 | X4 | | | |
| $SQ_5$ | C 处退刀行程开关 | X5 | | | |
| $SB_3$ | 正向点动调整按钮 | X7 | | | |
| $SB_4$ | 反向点动调整按钮 | X0 | | | |

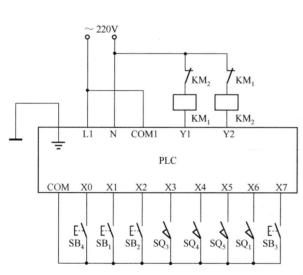

图 2-1-4　深孔钻组合机床 PLC 控制的 PLC 的 I/O 接线

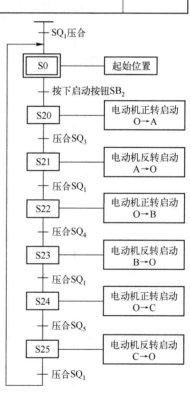

图 2-1-5　顺序功能图

钻头进刀和退刀是由电动机正转和反转实现的，电动机的正、反转切换是通过两个接触器 $KM_1$（正转）、$KM_2$（反转）切换三相电源线中的任意两相来实现的。为防止由于电源换相所引起的短路事故，在软件上采用了换相延时措施，梯形图中的 T33、T34 的延时时间通常设定为 $0.1 \sim 0.5 \, s$。同时，在硬件电路上也采取了互锁措施。点动调整时应注意，若在系统启动后再进行调整，则需要先按下停止按钮（即使工件加工完毕停在原位）。

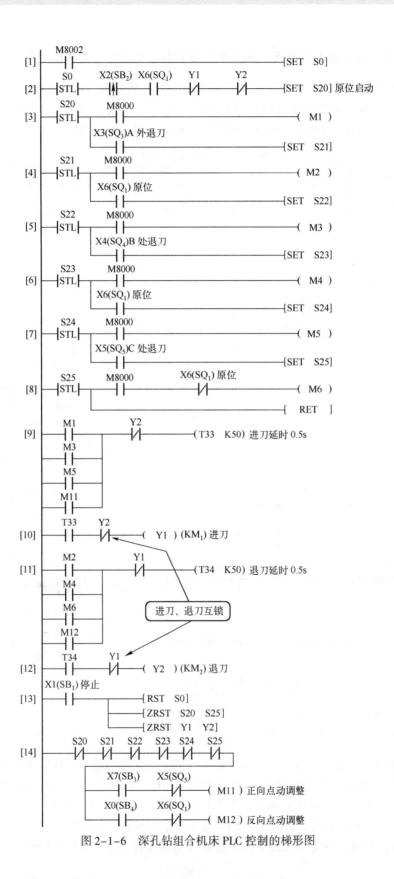

图 2-1-6　深孔钻组合机床 PLC 控制的梯形图

## 3. 电路工作过程

1) 运行

PLC 上电后，◎M8002 闭合 1 个扫描周期，S0[1] 置位，系统进入 S0 步。

（1）步 S0 [2]：按下启动按钮 SB₂→X2 得电→◎X2[2]得电 ————┐
原始位置行程开关 SQ₁ 闭合→X6 得电→◎X6[2]闭合 ——————┘

└→◎X2[2]的上升沿，使 S20[2] 置位并保持 { 进入步 S20，#S20[14]断开，不能进行点动调整
　　　　　　　　　　　　　　　　　　　　　　　 步 S0 复位

（2）步 S20 [3]：◎M8000[3]闭合→M1[3]得电→◎M1[9]闭合→启动定时器 T33[9]，开始 5s 计时 ———┐

└→T33[9]计时时间到→◎T33[10]闭合→Y1[10]得电 ———┐

┌←——————————————————————————————————————┘
{ KM₁ 得电→主触点闭合，进刀 ————┐
{ #Y1[12]断开，使 Y2[12]不能得电，互锁

└→进刀到 A 处(见图 2-1-3)，压合行程开关 SQ₃→X3 得电→◎X3[3]闭合→S21[3]置位 ———┐

└→ { 进入步 S21，#S21[14]断开，不能进行点动调整
　　 步 S20 复位→M1[3]失电→◎M1[9]断开→T33[9]失电→◎T33[10]断开→Y1[10]失电

（3）步 S21[4]：◎M8000[4]闭合→M2[4]得电→◎M2[11]闭合→启动定时器 T34[11]，开始 5s 计时 ———┐

└→T34[11]计时时间到→◎T34[12]闭合→Y2[12]得电 ———┐

┌←——————————————————————————————————————┘
{ KM₂ 得电→主触点闭合，退刀 ————┐
{ #Y2[10]断开，使 Y1[10]不能得电，互锁

└→退刀到 O 处(见图 2-1-3)，压合 SQ₁→X6 得电→◎X6[4]闭合→S22[4]置位 ———┐

└→ { 进入步 S22，#S22[14]断开，不能进行点动调整
　　 步 S21 复位→M2[4]失电→◎M2[11]断开→T34[11]失电→◎T34[12]断开→Y2[12]失电

（4）步 S22[5]：◎M8000[5]闭合→M3[5]得电→◎M3[9]闭合→启动定时器 T33[9]，开始 5s 计时 ———┐

└→T33[9]计时时间到→◎T33[10]闭合→Y1[10]得电 ———┐

┌←——————————————————————————————————————┘
{ KM₁ 得电→主触点闭合，进刀 ————┐
{ #Y1[12]断开，使 Y2[12]不能得电，互锁

└→进刀到 B 处(见图 2-1-3)，压合行程开关 SQ₄→X4 得电→◎X4[5]闭合→S23[5]置位 ———┐

└→ { 进入步 S23，#S23[14]断开，不能进行点动调整
　　 步 S22 复位→M3[5]失电→◎M3[9]断开→T33[9]失电→◎T33[10]断开→Y1[10]失电

（5）步 S23[6]：退刀，与步 S21 的工作过程相似。

（6）步 S24[7]：进刀，与步 S22 的工作过程相似。

（7）步 S25[8]：◎M8000[8]闭合→M6[8]得电→◎M6[11]闭合→T34[11]得电，开始 5s 计时──

──→T34[11]计时时间到→◎T34[12]闭合→Y2[12]得电 $\begin{cases} KM_2 \text{得电→主触点闭合，退刀──} \\ \#Y2[10]\text{断开，使 Y1[10]不能得电，互锁} \end{cases}$

──→退刀到复位 O 处（见图 2-1-3），压合 SQ$_1$→X6 得电→#X6[8]断开→M6[8]失电──

──→◎M6[11]断开→T34[11]失电→◎T34[12]断开→Y2[12]失电→停止退刀

**2）停止**

按下停止按钮 SB$_1$→X1 得电→◎X1[13]闭合→S0、S20～S25 复位，Y1、Y2 复位

**3）点动调整**

（1）正向点动调整：按下正向点动调整按钮 SB$_3$→X7 得电→◎X7[14]闭合→M11[14]得电──

──→◎M11[9]闭合→启动 T33[9]，开始 5s 计时→T33[9]计时时间到→◎T33[10]闭合→Y1[10]得电──

──→开始进刀调整，进刀调整到 C 处，SQ$_5$ 闭合→X5 得电→#X5[14]断开──

──→M11[14]失电→◎M11[9]断开→T33[9]失电→◎T33[10]断开→Y1[10]失电→进刀停止

（2）反向点动调整：按下正向点动调整按钮 SB$_4$→X0 得电→◎X0[14]闭合→M12[14]得电──

──→◎M12[11]闭合→启动 T34[11]，开始 5s 计时→T34[11]计时时间到→◎T34[12]闭合→Y2[12]得电──

──→开始退刀调整，退刀调整到 O 处，SQ$_1$ 闭合→X6 得电→#X6[14]断开──

──→M12[14]失电→◎M12[11]断开→T34[11]失电→◎T34[12]断开→Y2[12]失电→退刀停止

**【例 2-1-3】 双头钻床的 PLC 控制**

**1. 控制要求**

待加工工件放在加工位置后，操作人员按下启动按钮 SB，两个钻头同时开始工作。首先将工件夹紧，然后两个钻头同时向下运动，对工件进行钻孔加工，达到各自的加工深度后，分别返回原始位置。待两个钻头全部回到原始位置后，释放工件，完成一个加工过程。

钻头的上限位置固定，下限位置可调整，由 4 个限位开关 SQ$_1$～SQ$_4$ 给出这些位置的信号。工件的夹紧与释放由电磁阀 YV 控制，夹紧压力信号来自压力继电器 KP。

两个钻头同时开始动作，但由于各自的加工深度不同，所以停止和返回的时间不同。对于初始的启动条件可以视为一致，即夹紧压力信号到达、两个钻头在原始位置和启动信号到来，则具备加工的基本条件。由于加工深度不同，需要设置对应的下限位开关，分别控制两个钻头的返回。

**2. PLC 的 I/O 配置、PLC 的 I/O 接线和梯形图**

PLC 的 I/O 配置如表 2-1-3 所示。双头钻床 PLC 控制的 PLC 的 I/O 接线如图 2-1-7 所示。双头钻床 PLC 控制的梯形图如图 2-1-8 所示。

表 2-1-3　PLC 的 I/O 配置

| 输入设备 | | 输入继电器 | 输出设备 | | 输出继电器 |
|---|---|---|---|---|---|
| 代　号 | 功　能 | | 代　号 | 功　能 | |
| SQ$_1$ | 1#钻头上限位开关 | X0 | KM$_1$ | 1#钻头上升控制接触器 | Y0 |
| SQ$_2$ | 1#钻头下限位开关 | X1 | KM$_2$ | 1#钻头下降控制接触器 | Y1 |
| SQ$_3$ | 2#钻头上限位开关 | X2 | KM$_3$ | 2#钻头上升控制接触器 | Y2 |
| SQ$_4$ | 2#钻头下限位开关 | X3 | KM$_4$ | 2#钻头下降控制接触器 | Y3 |
| KP | 压力继电器 | X4 | YV | 夹紧与释放控制电磁阀 | Y4 |
| SB | 启动按钮 | X5 | | | |

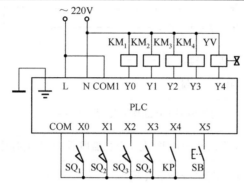

图 2-1-7　双头钻床 PLC 控制的 PLC 的 I/O 接线

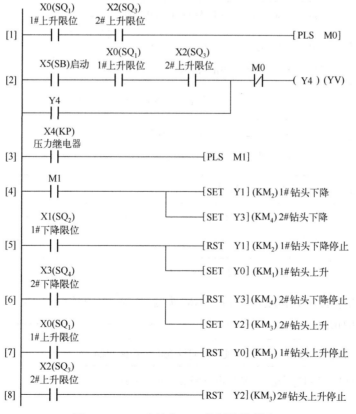

图 2-1-8　双头钻床 PLC 控制的梯形图

### 3. 电路工作过程

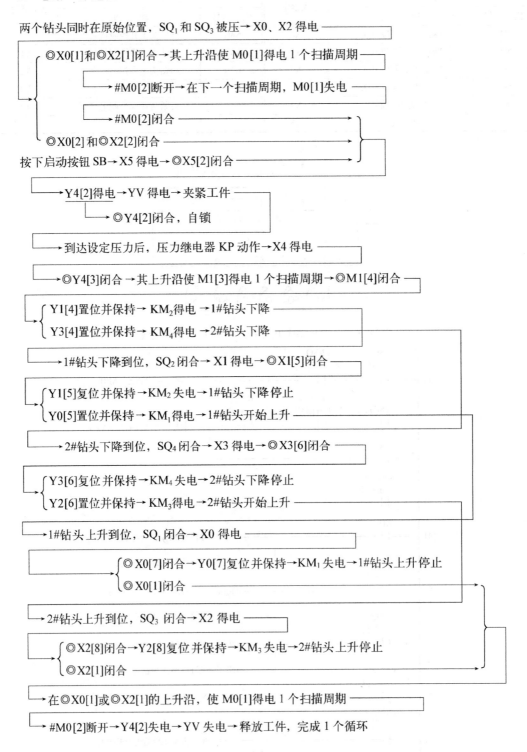

两个钻头同时在原始位置，SQ₁ 和 SQ₃ 被压→X0、X2 得电

◎X0[1]和◎X2[1]闭合→其上升沿使 M0[1]得电 1 个扫描周期

→#M0[2]断开→在下一个扫描周期，M0[1]失电

→#M0[2]闭合

◎X0[2]和◎X2[2]闭合

按下启动按钮 SB→X5 得电→◎X5[2]闭合

→Y4[2]得电→YV 得电→夹紧工件

→◎Y4[2]闭合，自锁

→到达设定压力后，压力继电器 KP 动作→X4 得电

→◎Y4[3]闭合→其上升沿使 M1[3]得电 1 个扫描周期→◎M1[4]闭合

Y1[4]置位并保持→KM₂ 得电→1#钻头下降

Y3[4]置位并保持→KM₄ 得电→2#钻头下降

→1#钻头下降到位，SQ₂ 闭合→X1 得电→◎X1[5]闭合

Y1[5]复位并保持→KM₂ 失电→1#钻头下降停止

Y0[5]置位并保持→KM₁ 得电→1#钻头开始上升

→2#钻头下降到位，SQ₄ 闭合→X3 得电→◎X3[6]闭合

Y3[6]复位并保持→KM₄ 失电→2#钻头下降停止

Y2[6]置位并保持→KM₃ 得电→2#钻头开始上升

→1#钻头上升到位，SQ₁ 闭合→X0 得电

◎X0[7]闭合→Y0[7]复位并保持→KM₁ 失电→1#钻头上升停止

◎X0[1]闭合

→2#钻头上升到位，SQ₃ 闭合→X2 得电

◎X2[8]闭合→Y2[8]复位并保持→KM₃ 失电→2#钻头上升停止

◎X2[1]闭合

→在◎X0[1]或◎X2[1]的上升沿，使 M0[1]得电 1 个扫描周期

→#M0[2]断开→Y4[2]失电→YV 失电→释放工件，完成 1 个循环

## 【例 2-1-4】 冲床的 PLC 控制

### 1. 控制要求

图 2-1-9 为冲床运行示意图。

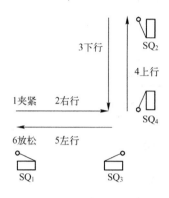

图 2-1-9  冲床运行示意图

### 2. PLC 的 I/O 配置、I/O 接线及梯形图

输入：启动按钮 SB – X0；左限位开关 $SQ_1$ – X1；右限位开关 $SQ_2$ – X2；

上限位开关 $SQ_3$ – X3；下限位开关 $SQ_4$ – X4。

输出：机械手电磁阀 YV – Y0；机械手左行 $KM_1$ – Y1；机械手右行 $KM_2$ – Y2；

冲头上行 $KM_3$ – Y3；冲头下行 $KM_4$ – Y4。

根据 PLC 的 I/O 配置可得如图 2-1-10 所示 PLC 的 I/O 接线。

PLC 的梯形图如图 2-1-11 所示。

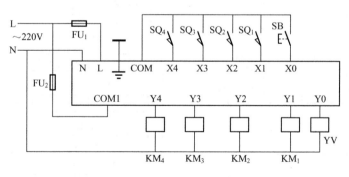

图 2-1-10  PLC 的 I/O 接线

### 3. 识读要点

1）顺序功能图

（1）任务分解。根据控制要求，将整个控制系统分为初始步及机械手夹紧、机械手右行、冲头下行、冲头上行、机械手左行、延时等待的 6 个工作步，并分别用辅助继电器 M0、M1 ~ M6 表示。

（2）根据表 2-1-4 所示各步的驱动负载、转移条件和转移目标，可得如图 2-1-12 所示的顺序功能图。

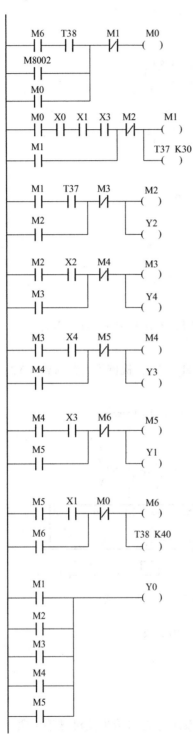

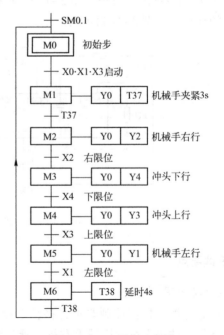

图 2-1-11 PLC 的梯形图　　　　图 2-1-12 顺序功能图

表 2-1-4　各步的驱动负载、转换条件和转换目标

| 序号 | 工作步 | 工作步号 | 驱动负载 | 转换条件 | 转换目标 |
|---|---|---|---|---|---|
| 1 | 初始步 | M0 | 无 | ◎X0（SB₁）、◎X1（SQ₁）、◎X3（SQ₂） | M1 |
| 2 | 机械手夹紧 | M1 | Y0（YV）、T0（计时 8s） | ◎T37 | M2 |
| 3 | 机械手右行 | M2 | Y0（YV）、Y2（KM₂） | ◎X2（SQ₂） | M3 |
| 4 | 冲头下行 | M3 | Y0（YV）、Y4（KM₄） | ◎X4（SQ₄） | M4 |
| 5 | 冲头上行 | M4 | Y0（YV）、Y3（KM₃） | ◎X3（SQ₃） | M5 |
| 6 | 机械手左行 | M5 | Y0（YV）、Y1（KM₁） | ◎X1（SQ₂） | M6 |
| 7 | 等待 | M6 | T1（计时 6s） | ◎T38 | M0 |

2）梯形图

T37、T38 为控制延时的定时器。

（1）初始步。PLC 开始运行时，应将初始步 M0 置为 ON，否则系统无法工作，因此将执行特殊功能 M8002 的动合触点作为 M0 的一个启动条件，即初始启动信号。另外，初始步 M0 还受 M6 的控制，当小车卸料完毕且 T38 计时时间到，小车返回初始原位，程序转移到 M0，因此应将 M6 和 T38 的动合触点组成串联电路作为 M0 的另一个启动条件。这两个启动条件应并联。M8002 为初始脉冲继电器，PLC 开机运行后，M8002 自动接通一个扫描周期，为了保证运行状态能连续到下一步，还需要并联上 M0 的自锁触点。

此后，步 M2 ～ M6 的编程与步 M1 相同。

（2）步 M1 ～ M5 均得电，为了避免双线圈输出，用辅助继电器 M1 ～ M5 的动合触点组成并联电路驱动 Y0。

## 3. 电路工作过程

初始状态机械手在最左边，左限位开关 SQ₁ 被压合，机械手处于放松状态；冲头在最上面，限位开关 SQ₂ 被压合，当按下启动按钮 SB 时，机械手夹紧工件并保持，3s 后，机械手右行，碰到右限位开关 SQ₃ 后，机械手停止运行，与此同时冲头下行；当冲头碰到下限位开关 SQ₄ 后冲头上行；当冲头上行碰到上限位开关 SQ₂ 后停止运行，与此同时，机械手左行，碰到左限位开关 SQ₁ 后，机械手松开，延时 4s 后，系统返回到初始状态。

# 第 2 节　风机的 PLC 控制

【例 2-2-1】　通风机监控运行的 PLC 控制

### 1. 控制要求

3 台通风机用各自的启停按钮控制其运行，并采用一个指示灯显示 3 台通风机的运行状态。

（1）3 台风机都不运行，指示灯显示平光。

（2）1 台风机运行，指示灯慢闪（设 $T = 1s$）。

（3）两台及其以上风机运行，指示灯快闪（设 $T = 0.4s$）。

### 2. PLC 的 I/O 配置、主电路和 PLC 的 I/O 接线及梯形图

PLC 的 I/O 配置如表 2-2-1 所示。通风机监控运行 PLC 控制的主电路和 PLC 的 I/O 接线如图 2-2-1 所示。通风机监控运行 PLC 控制的梯形图如图 2-2-2 所示。

表 2-2-1　PLC 的 I/O 配置

| 输入设备 | | 输入继电器 | 输出设备 | | 输出继电器 |
|---|---|---|---|---|---|
| 代　号 | 功　能 | | 代　号 | 功　能 | |
| SA | 监视开关 | X0 | HL | 指示灯 | Y0 |
| SB₁ | 1#风机启动按钮 | X1 | KM₁ | 1#风机控制接触器 | Y1 |
| SB₂ | 1#风机停止按钮 | X2 | KM₂ | 2#风机控制接触器 | Y2 |
| SB₃ | 2#风机启动按钮 | X3 | KM₃ | 3#风机控制接触器 | Y3 |
| SB₄ | 2#风机停止按钮 | X4 | | | |
| SB₅ | 3#风机启动按钮 | X5 | | | |
| SB₆ | 3#风机停止按钮 | X6 | | | |

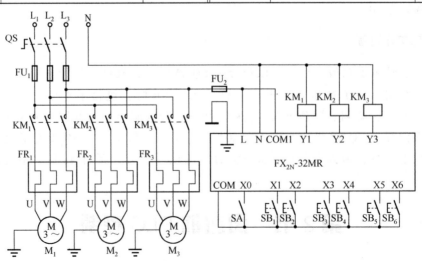

图 2-2-1　通风机监控运行 PLC 控制的主电路和 PLC 的 I/O 接线

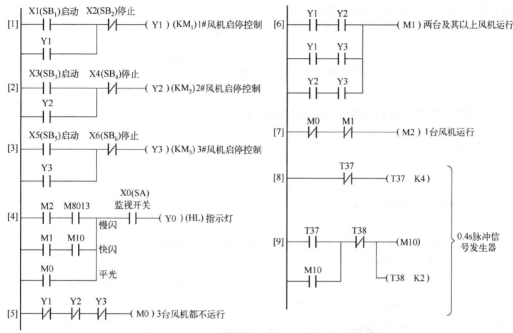

图 2-2-2　通风机监控运行 PLC 控制的梯形图

### 3. 电路工作过程

1）0.4s 脉冲信号发生器电路[8、9]

定时器 T37[8]与其动断触点#T37[8]构成循环计时电路。每隔 0.4s，T37[8]的触点转换一次，T37[8]的动断触点#T37[8]断开，其动合触点◎T37[9]闭合。#T37[8]断开→T37[8]失电→#T37[8]闭合→T37[8]得电，又开始 0.4s 计时。◎T37[9]闭合，辅助继电器 M10[8]得电并自锁，同时定时器 T38[9]开始计时，0.2s 后#T38[9]断开，M10[9]和 T38[9]失电，#T38[9]闭合。再过 0.2s 后，定时器 T37[8]的动合触点再次接通。如此往复循环，构成周期为 0.4s 的脉冲信号发生器电路。

2）1#、2#、3#风机的启停控制

1#、2#、3#风机的启停控制过程相似，下面以 1#风机为例进行介绍。

按下 1#风机启动按钮 SB₁→X1 得电→◎X1[1]闭合→Y1[1]得电→KM₁ 得电→1#风机启动
　　　　　　　　　　　　　　　　　　　　　　　　　　→◎Y1[1]闭合，自锁

按下 1#风机停止按钮 SB₂→X2 得电→#X2[1]断开→Y1[1]失电→KM₁ 失电→1#风机停止运行
　　　　　　　　　　　　　　　　　　　　　　　　　→◎Y1[1]断开，解除自锁

3）1 台风机运行的控制

当 1 台风机运行时，输出继电器 Y1、Y2、Y3 中只有一个得电，则#Y1、#Y2、#Y3 中必有 1 个断开，因此 M0[5]未得电，#M0[7]闭合；◎Y1、◎Y2、◎Y3 中只有 1 个闭合，因此 M1[6]未得电，#M1[7]闭合。

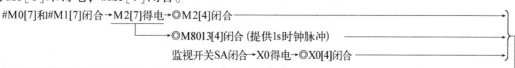

→Y0[4]得电→HL 得电，指示灯慢闪

**4）两台及其以上风机运行的控制**

当两台及其以上风机运行时，输出继电器 Y1、Y2、Y3 中必有两个得电

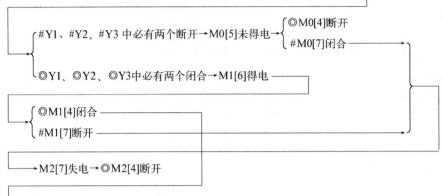

→通过 ◎M10 提供的 0.4s 脉冲，使 Y0[4]得电→HL 得电，指示灯快闪

**5）3 台风机都不运行的控制**

当 3 台风机都不运行时，Y1、Y2、Y3 均未得电→#Y1、#Y2、#Y3 闭合→M0[5]得电→◎M0[4]闭合→Y0[4]得电→HL 得电，指示灯显示平光

## 【例 2-2-2】 锅炉引风机和鼓风机的 PLC 控制

### 1. 控制要求

锅炉燃料的燃烧需要充分的氧气，引风机和鼓风机为锅炉燃料的燃烧提供氧气。引风机首先启动，延时 8s 后鼓风机启动；停止时，按下停止按钮，鼓风机先停，8s 后引风机停。

### 2. 主电路、PLC 的 I/O 配置、PLC 的 I/O 接线和梯形图

主电路由接触器 KM$_1$、KM$_2$ 分别控制的电动机 M$_1$、M$_2$ 组成。PLC 的 I/O 配置如表 2-2-2 所示。锅炉引风机和鼓风机 PLC 控制的 PLC 的 I/O 接线如图 2-2-3 所示。锅炉引风机和鼓风机 PLC 控制的梯形图如图 2-2-4 所示。

表 2-2-2 PLC 的 I/O 配置

| 输入设备 | | 输入继电器 | 输出设备 | | 输出继电器 |
|---|---|---|---|---|---|
| 代 号 | 功 能 | | 代 号 | 功 能 | |
| SB$_1$ | 启动按钮 | X0 | KM$_1$ | 引风机控制接触器 | Y0 |
| SB$_2$ | 停止按钮 | X1 | KM$_2$ | 鼓风机控制接触器 | Y1 |

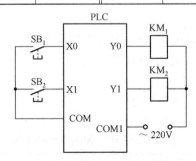

图 2-2-3 锅炉引风机和鼓风机 PLC 控制的 PLC 的 I/O 接线

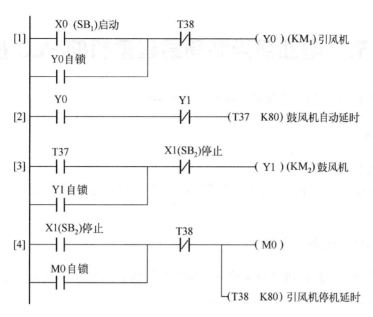

图 2-2-4　锅炉引风机和鼓风机 PLC 控制的梯形图

## 3. 电路工作过程

1）启动

按下启动按钮 $SB_1$→X0 得电→Y0[1]得电→$KM_1$ 得电→启动引风机

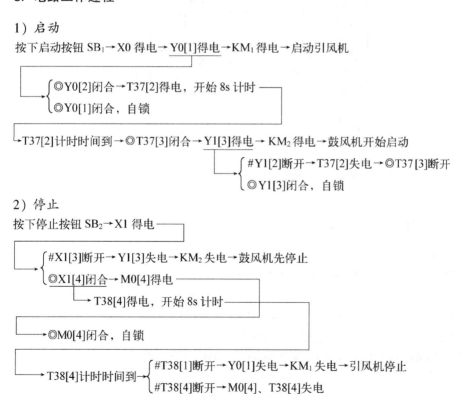

2）停止

按下停止按钮 $SB_2$→X1 得电

# 第 3 节　电动葫芦和简易起重机的 PLC 控制

**【例 2-3-1】** 电动葫芦升降测试系统的 PLC 控制

## 1. 控制要求

（1）可手动上升、下降。

（2）自动运行时，上升 6s→停 9s→下降 9s→停 9s，反复运行 1h 后发出声光信号，并停止运行。

## 2. PLC 的 I/O 接线和梯形图

电动葫芦升降测试系统 PLC 控制的 PLC 的 I/O 接线如图 2-3-1 所示。电动葫芦升降测试系统 PLC 控制的梯形图如图 2-3-2 所示。

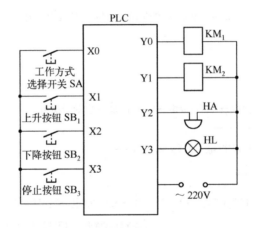

图 2-3-1　电动葫芦升降测试系统 PLC 控制的 PLC 的 I/O 接线

## 3. 电路工作过程

1）手动控制

当选择手动控制方式时，工作方式选择开关 SA 断开→X0 不得电 ————

┌ ◎X0[2]断开→执行 CJ　P1 到 P1 之间[3、4]的程序

└ #X0[5]闭合→跳过 CJ　P2 到 P2 之间[6～25]的程序，不执行

（1）上升：启动时，按下上升按钮 SB₁→X1 得电→◎X1[3]闭合→Y0[3]得电 ————

┌ #Y0[4]断开，Y1[4]不能得电，电动葫芦不能下降，互锁

├ KM₁ 得电→电动葫芦上升

└ ◎Y0[3]闭合，自锁

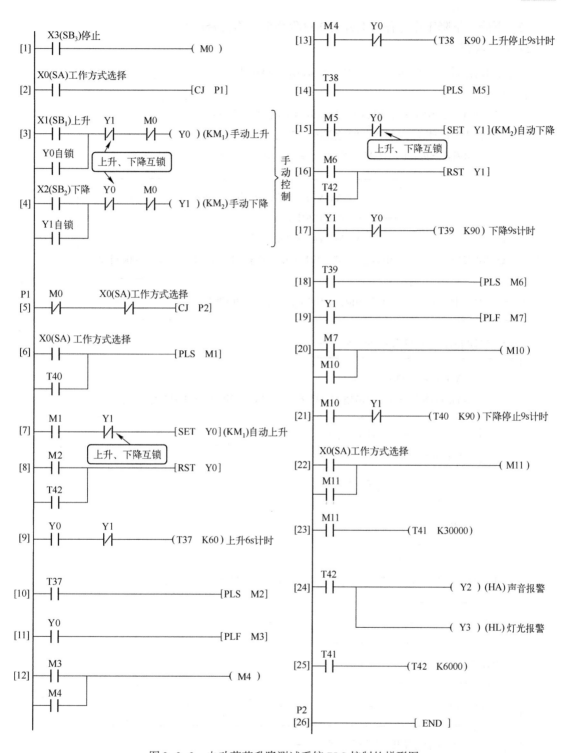

图 2-3-2　电动葫芦升降测试系统 PLC 控制的梯形图

停止时,按下停止按钮 SB₃→X3 得电→◎X3[1]闭合→M0[1]得电→#M0[3]断开→Y0[3]失电→KM₁
失电→电动葫芦停止上升

（2）下降：下降工作过程与上升工作过程相似，不再赘述。

2）自动控制

当选择自动控制方式时，工作方式选择开关 SA 闭合→X0 得电

◎X0[2]闭合→跳过 CJ　P1 到 P1 之间[3、4]的程序，不执行

#X0[5]断开→执行CJ　P2 到 P2 之间[6～25]的程序

◎X0[6]闭合→其上升沿使 M1[6]得电→◎M1[7]闭合→Y0[7]置位并保持

◎Y0[9]闭合→T37[9]得电，开始 6s 计时

◎Y0[11]闭合

KM$_1$ 得电→电动葫芦上升

◎X0[22]闭合→M11[22]得电并自锁→◎M11[23]闭合→T41[23]得电，开始 3000s 计时

→T37[9]计时时间到→◎T37[10]闭合→其上升沿使 M2[10]得电

→◎M2[8]闭合→Y0[8]复位并保持

◎Y0[9]断开→T37[9]失电

◎Y0[11]断开→其下降沿使 M3[11]得电→◎M3[12]闭合→M4[12]得电并自锁

→◎M4[13]闭合

#Y0[13]闭合

→T38[13]得电，开始 9s 计时

#Y0[15]闭合

#Y0[17]闭合

KM$_1$ 失电→电动葫芦停止上升

→T38[13]计时时间到→◎T38[14]闭合→其上升沿使 M5[14]得电

→◎M5[15]闭合

→Y1[15]置位并保持

◎Y1[17]闭合

→T39[17]得电，开始 9s 计时

◎Y1[19]闭合

#Y1[21]断开

KM$_2$ 得电→电动葫芦下降

（A）

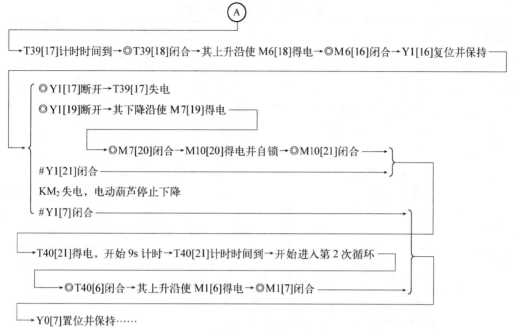

在循环期间，T41［23］一直在计时，当计时达到 3000s 时，◎T41［25］闭合，启动 T42［25］计时，当 T42［25］计时达到 600s 时，◎T42［24］闭合，则 Y2［24］得电，发出声音信号，Y3［24］得电，发出光信号。同时，◎T42［8］和◎T42［16］闭合，使 Y0 和 Y1 失电，电动机停止上升和下降。由于 Y0 和 Y1 失电，T37［9］、T38［13］、T39［17］及 T40［21］全部停止计时。由于计时器最大只能计时 3276.7s，因此使用 T41［23］和 T42［25］接力计时 1h（3600s）。

#Y1［7］和#Y0［15］实现互锁，防止电动机的正转和反转同时启动。

### 【例 2-3-2】　简易桥式起重机的 PLC 控制

#### 1. 控制要求

（1）吊钩升降控制：吊钩是通过电动机拖动钢丝完成升降动作的，电动机的正、反转运行决定吊钩的动作方向，在运行中需要考虑钢丝的极限范围。

（2）起重机前、后运行控制：起重机的前、后运行也是通过电动机驱动的，在运行过程中，不允许超出起重机的两侧极限位置。

（3）起重机左、右运行控制：起重机左、右运行由拖动电动机带动整个车体在轨道上左、右运动完成，其运动范围应该控制在轨道离两个尽头一定距离处，以确保设备不会脱离轨道。

（4）声光指示：当起重机处于运行过程状态时，要给出铃声警告；当运行到对应的极限位置时，在驾驶室给出指示灯显示。

#### 2. PLC 的 I/O 配置、PLC 的 I/O 接线和梯形图

PLC 的 I/O 配置如表 2-3-1 所示。简易桥式起重机 PLC 控制的 PLC 的 I/O 接线如图 2-3-3 所示。简易桥式起重机 PLC 控制的梯形图如图 2-3-4 所示。

表 2-3-1　PLC 的 I/O 配置

| 输入设备 | | 输入继电器 | 输出设备 | | 输出继电器 |
|---|---|---|---|---|---|
| 代　号 | 功　能 | | 代　号 | 功　能 | |
| SA | 电源控制开关 | X0 | KM₁ | 吊钩上升控制接触器 | Y0 |
| SB₁ | 吊钩上升按钮 | X1 | KM₂ | 吊钩下降控制接触器 | Y1 |
| SB₂ | 吊钩下降按钮 | X2 | KM₃ | 大车前进控制接触器 | Y2 |
| SB₃ | 横梁（大车）前进按钮 | X3 | KM₄ | 大车后退控制接触器 | Y3 |
| SB₄ | 横梁（大车）后退按钮 | X4 | KM₅ | 小车左行控制接触器 | Y4 |
| SB₅ | 小车左行按钮 | X5 | KM₆ | 小车右行控制接触器 | Y5 |
| SB₆ | 小车右行按钮 | X6 | HL | 极限位置指示灯 | Y6 |
| SQ₁ | 上升极限位开关 | X10 | HA | 警铃 | Y7 |
| SQ₂ | 下降极限位开关 | X11 | KM₇ | 电源控制接触器 | Y10 |
| SQ₃ | 前进极限位开关 | X12 | | | |
| SQ₄ | 后退极限位开关 | X13 | | | |
| SQ₅ | 左行极限位开关 | X14 | | | |
| SQ₆ | 右行极限位开关 | X15 | | | |

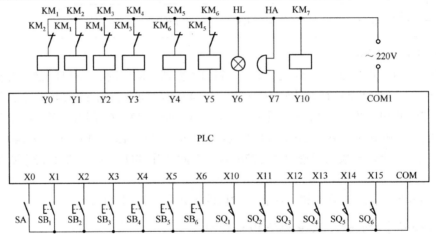

图 2-3-3　简易桥式起重机 PLC 控制的 PLC 的 I/O 接线

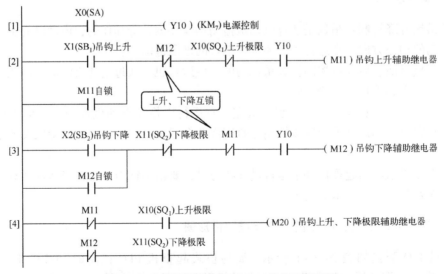

图 2-3-4　简易桥式起重机 PLC 控制的梯形图

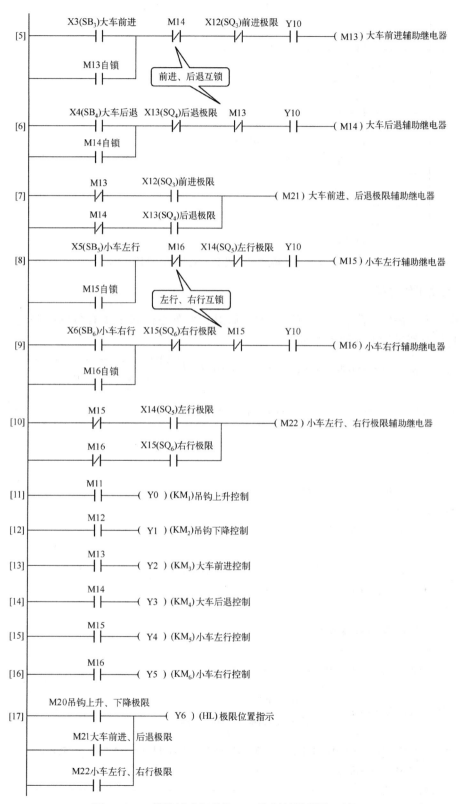

图 2-3-4 简易桥式起重机 PLC 控制的梯形图（续）

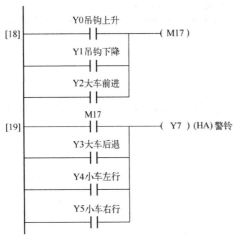

图 2-3-4　简易桥式起重机 PLC 控制的梯形图（续）

### 3. 电路工作过程

吊钩上升、吊钩下降、大车前进、大车后退、小车左行和小车右行的控制过程基本相同，因此仅介绍吊钩上升的工作过程。

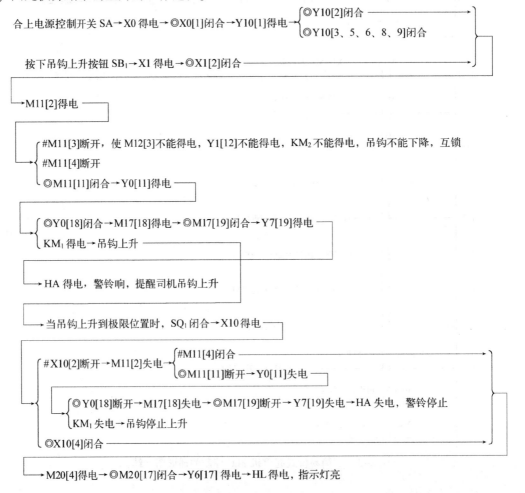

# 第 4 节　剪板机和 U 形板折板机的 PLC 控制

**【例 2-4-1】** 用置位、复位指令编程的剪板机的 PLC 控制

图 2-4-1 所示为剪板机工作示意图。

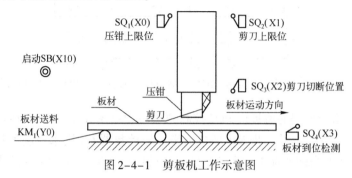

图 2-4-1　剪板机工作示意图

## 1. 控制要求

剪板机的控制，主要是完成对压钳和剪刀的动作控制。板材运动到位后，压钳向下运动压紧板材，当压力达到设置值时，压力继电器动作。压力继电器动作使剪刀向下运动进行剪切，当剪刀到达切断位置后，压钳和剪刀同时退回到原始位，这一循环结束。

开始时压钳和剪刀在上限位置，限位开关 $SQ_1(X0)$ 和 $SQ_2(X1)$ 闭合。按下启动按钮 SB(X10)，首先板材右行（Y0 为 ON）至限位开关 $SQ_4(X3)$ 动作，然后压钳下行（Y1 为 ON 并保持），压紧板材后，压力继电器 KP(X4) 为 ON，压钳保持压紧，剪刀开始下行（Y2 为 ON）。剪断板材后，X2 变为 ON，压钳和剪刀同时上行（Y3 和 Y4 为 ON，Y1 和 Y2 为 OFF），当它们分别碰到限位开关 $SQ_1(X0)$ 和 $SQ_2(X1)$ 后，分别停止上行。都停止后，又开始下一周期的工作，剪完 10 块料后停止工作并停在初始状态。

对于一定长度的板材，要求裁剪的件数为 10 件。需要设置一个数目来使剪板机自动完成对整张板材的自动裁剪，这样就可以使用自动送料设备配合完成连续的剪切过程。

## 2. PLC 的 I/O 配置、PLC 的 I/O 接线、顺序功能图和梯形图

PLC 的 I/O 配置如表 2-4-1 所示。用置位、复位指令编程的剪板机 PLC 控制的 PLC 的 I/O 接线如图 2-4-2 所示。

表 2-4-1　PLC 的 I/O 配置

| 输入设备 | | 输入继电器 | 输出设备 | | 输出继电器 |
| --- | --- | --- | --- | --- | --- |
| 代　号 | 功　能 | | 代　号 | 功　能 | |
| $SQ_1$ | 压钳上限位开关 | X0 | $KM_1$ | 板材送料控制接触器 | Y0 |
| $SQ_2$ | 剪刀上限位开关 | X1 | $KM_2$ | 压钳压紧控制接触器 | Y1 |
| $SQ_3$ | 剪刀切断位置限位开关 | X2 | $KM_3$ | 剪刀切断控制接触器 | Y2 |
| $SQ_4$ | 板材到位限位开关 | X3 | $KM_4$ | 压钳退回控制接触器 | Y3 |
| KP | 压钳压力继电器 | X4 | $KM_5$ | 剪刀退回控制接触器 | Y4 |
| SB | 启动按钮 | X10 | | | |

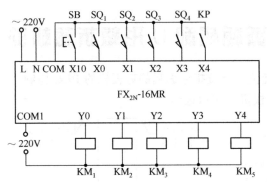

图 2-4-2　用置位、复位指令编程的剪板机 PLC 控制的 PLC 的 I/O 接线

　　用置位、复位指令编程的剪板机 PLC 控制的顺序功能图如图 2-4-3 所示。图中有选择序列、并行序列的分支与合并。步 M0 是初始步，加计数器 C0 用来控制剪料的次数，每经过一次工作循环 C0 的当前值加 1。没有剪完 10 块料时，C0 的当前值小于设定值 10，其动断触点闭合，转换条件 $\overline{C0}$ 满足，将返回步 M1，重新开始下一周期的工作。剪完 10 块料后，C0 的当前值等于设定值 10，其动合触点闭合，转换条件 C0 满足，将返回初始步 M0，等待下一次启动命令。

　　步 M5、M7 是等待步，它们用来同时结束两个并行序列。只要步 M5、M7 都是活动步，就会发生步 M5、M7 到步 M0 或 M1 的转换，则步 M5、M7 同时变为不活动步，而步 M0 或 M1 变为活动步。

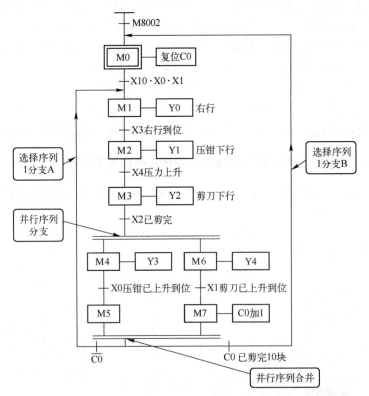

图 2-4-3　用置位、复位指令编程的剪板机 PLC 控制的顺序功能图

用置位、复位指令编程的剪板机 PLC 控制的梯形图如图 2-4-4 所示。

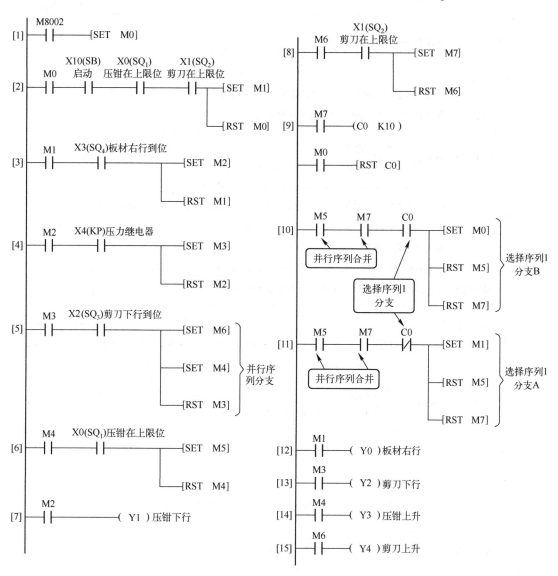

图 2-4-4　用置位、复位指令编程的剪板机 PLC 控制的梯形图

## 3. 电路工作过程

PLC 上电后，◎M8002[1]闭合 1 个扫描周期→M0[1]置位并保持
> ◎M0[2]闭合
> ◎M0[9]闭合→计数器 C0[9]清零

压钳和剪刀在上限位，SQ₁ 和 SQ₂ 闭合→X0 和 X1 得电→◎X0[2]、◎X1[2]闭合

按下启动按钮 SB→X10 得电→◎X10[2]闭合

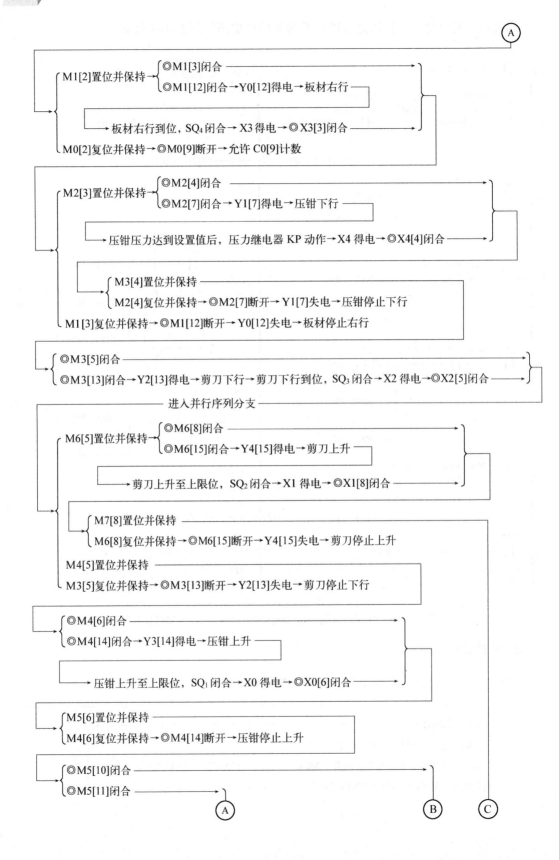

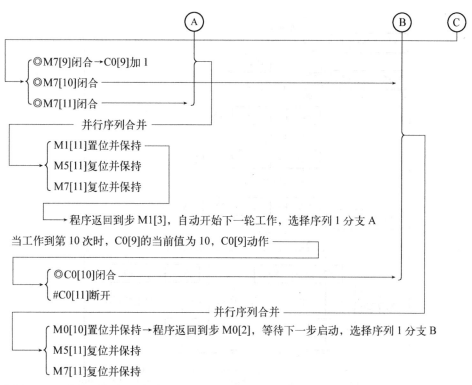

### 【例 2-4-2】 用顺序控制指令编程的剪板机的 PLC 控制

#### 1. 控制要求

控制要求同例 2-4-1。

#### 2. PLC 的 I/O 配置、顺序功能图和梯形图

PLC 的 I/O 配置同例 2-4-1。用顺序控制指令编程的剪板机 PLC 控制的顺序功能图如图 2-4-5 所示。用顺序控制指令编程的剪板机 PLC 控制的梯形图如图 2-4-6 所示。

#### 3. 识读要点

（1）由梯形图可看出，Y0 ～ Y4[3、4、5、6、7]（$KM_1$ ～ $KM_5$）分别由 M8000[3、4、5、6、7]控制。

（2）并行序列分支。在图 2-4-6 中，步 S22[5]之后有一个并行序列分支，当步 S22 是活动步，并且转换条件 X2[5]满足，则步 S23 与步 S24 应同时变为活动步，这是用步 S22 中 X2 的触点 ◎ X2 [5]同时驱动指令 "SET S23" 和 "SET S24" 来实现的。与此同时，步 S22 被系统程序复位，步 S22 变为不活动步。

（3）并行序列合并。步 S25 和步 S26 是等待步，它们用来同时结束两个并行序列。只要步 S25 和步 S26 都是活动步，就会发生步 S25、步 S26 到步 S0 或步 S20 的转换，步 S25 和步 S26 同时变为不活动步，而步 S0 或步 S20 变为活动步。

步 S25 与步 S26 之后有一个并行序列合并。当转换条件 C0 所有的前级步（即步 S25 和步 S26）都是活动步，并且 C0 的动合触点闭合时，将会发生从步 S25、步 S26 到步 S0 的转

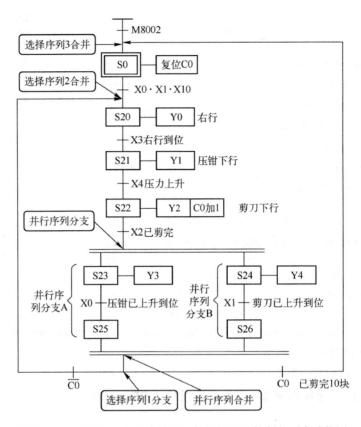

图 2-4-5　用顺序控制指令编程的剪板机 PLC 控制的顺序功能图

换，所以将 S25、S26 和 C0 的动合触点串联，来控制步 S0 的置位和步 S25、步 S26 的复位，使步 S0 变为活动步，步 S25 和步 S26 变为不活动步。在并行序列的合并处实际上局部地使用了以转换为中心的编程方法。同样，当 C0 的动断触点闭合时，使步 S20 变为活动步，步 S25 和步 S26 变为不活动步。

（4）计数器 C0。对 C0 加 1 的操作可以在工作循环中的任意一步进行，对 C0 的复位则必须在工作循环之外的某一步进行。

步 S0 是初始步，加计数器 C0 用来控制剪料的次数，每经过一次工作循环 C0 的当前值加 1。没有剪完 10 块料时，C0 的当前值小于设定值 10，其动断触点闭合，转换条件 $\overline{C0}$ 满足，将返回步 S20，重新开始下一周期的工作。剪完 10 块料后，C0 的当前值等于设定值 10，其动合触点闭合，转换条件 C0 满足，将返回初始步 S0，等待下一次启动命令。

## 4. 电路工作过程

1）初始状态

PLC 上电后，◎M8002[1]闭合 1 个扫描周期→S0[1]置位并保持 ┐

{ 进入步 S0

◎S0[11]闭合→C0[11]复位

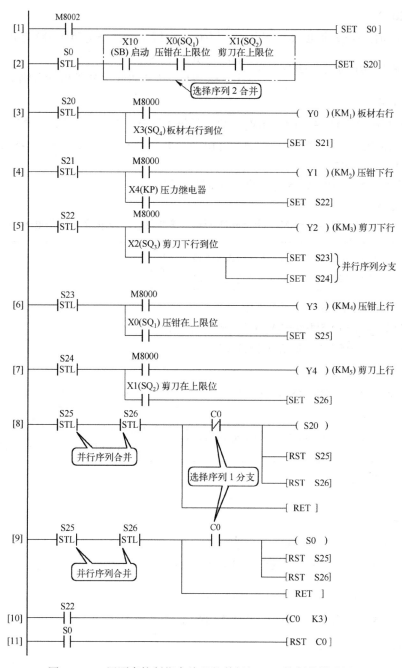

图 2-4-6  用顺序控制指令编程的剪板机 PLC 控制的梯形图

2）步 S0[2]

初始时，压钳在上限位，SQ$_1$ 动作→X0 得电→◎X0[2]闭合───┐
初始时，剪刀在上限位，SQ$_2$ 动作→X1 得电→◎X1[2]闭合───┤
按下启动按钮 SB→X10 得电→◎X10[2]闭合──────────┘

└─→执行"SET  S20"指令→S20[2]置位→{ 由步 S0 进入步 S20
　　　　　　　　　　　　　　　　　　　　步 S0 复位

3) 步 S20[3]

◎M8000[3]闭合→Y0[3]得电→KM$_1$ 得电→板材右行→板材右行到位，SQ$_4$ 闭合→X3 得电→◎X3[3]闭合

→ 执行"SET S21"指令→S21[3]置位→ { 由步 S20 进入步 S21
步 S20 复位→Y0[3]失电→KM$_1$ 失电→板材停止右行

4) 步 S21[4]

◎M8000[4]闭合→Y1[4]得电→KM$_2$ 得电→压钳下行→压钳下行到位，压紧后，压力继电器 KP 动作，KP 闭合→X4 得电→◎X4[4]闭合→执行"SET S22"指令→S22[4]置位→ { 由步 S21 进入步 S22
步 S21 复位→Y1[4]失电→KM$_2$ 失电→压钳停止下行

5) 步 S22[5]

◎M8000[5]闭合→Y2[5]得电→KM$_3$ 得电→剪刀下行→剪断板材后，SQ$_3$ 闭合→X2 得电→◎X2[5]闭合

{ 执行"SET S23"指令，由步 S22 进入步 S23 →
执行"SET S24"指令，由步 S22 进入步 S24 →
→ 并行序列分支
步 S22 复位→Y2[5]失电→KM$_3$ 失电→剪刀停止下行
→◎S22[10]闭合→计数器 C0[10]加 1

6) 步 S23[6]

◎ M8000[6]闭合→Y3[6]得电→KM$_4$ 得电→压钳上行→压钳上行到位，SQ$_1$ 闭合→X0 得电

→◎X0[6]闭合→执行"SET S25"指令→S25[6]置位→ { 由步 S23 进入步 S25
步 S23 复位→Y3[6]失电→KM$_4$失电→压钳停止上行

{ ◎S25[8]闭合
◎S25[9]闭合

7) 步 S24[7]

◎M8000[7]闭合→Y4[7]得电→KM$_5$ 得电→剪刀上行→剪刀上行到位，

SQ$_2$ 闭合→X1 得电→◎X1[7]闭合→执行"SET S26"指令→S26[7]置位

{ 由步 S24 进入步 S26
步 S24 复位→Y4[7]失电→KM$_5$ 失电→剪刀停止上行

{ ◎S26[8]闭合
◎S26[9]闭合

8) S25、S26[8、9]

当计数器 C0 计数当前值未达到 10 时，C0 的状态位未动作

{ #C0[8]闭合
◎C0[9]断开

→ 并行序列合并

Ⓐ

Ⓑ Ⓒ

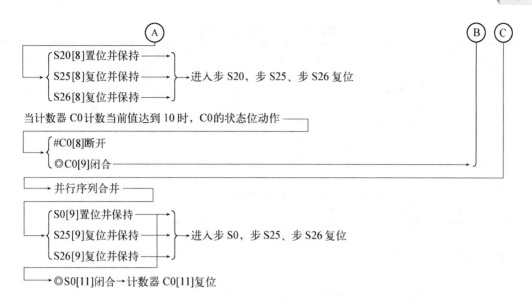

第 5 节　弯管机、造粒机和毛皮剪花机的 PLC 控制

**【例 2-5-1】弯管机的 PLC 控制**

**1. 控制要求**

弯管机在弯管时，首先使用传感器检测是否有管。若没有管，则等待；若有管，则延时 2s 后，电磁卡盘将管子夹紧。随后检测被弯曲的管上是否安装有连接头。若没有连接头，则弯管机将管子松开推出弯管机等待下一根管子的到来，同时废品计数器计数；若有连接头，则弯管机在延时 5s 后，启动主电动机开始弯管。弯管完成后，正品计数器计数，并将弯好的管子推出弯管机。系统设有启动按钮和停止按钮。当启动按钮被按下时，弯管机处于等待检测管子的状态。任何时候都可以用停止按钮停止弯管机的运行。

**2. PLC 的 I/O 配置、PLC 的 I/O 接线和梯形图**

PLC 的 I/O 配置如表 2-5-1 所示。弯管机 PLC 控制的 PLC 的 I/O 接线如图 2-5-1 所示。弯管机 PLC 控制的梯形图如图 2-5-2 所示。

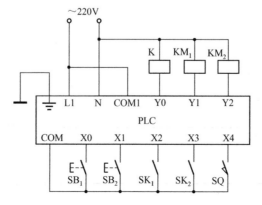

图 2-5-1　弯管机 PLC 控制的 PLC 的 I/O 接线

表 2-5-1　PLC 的 I/O 配置

| 输入设备 | | 输入继电器 | 输出设备 | | 输出继电器 |
|---|---|---|---|---|---|
| 代号 | 功能 | | 代号 | 功能 | |
| SB$_1$ | 停止按钮 | X0 | K | 电磁卡盘卡紧 | Y0 |
| SB$_2$ | 启动按钮 | X1 | KM$_1$ | 推管液压阀接触器 | Y1 |
| SK$_1$ | 管子检测传感器 | X2 | KM$_2$ | 弯管主电动机接触器 | Y2 |
| SK$_2$ | 连接头检测传感器 | X3 | | | |
| SQ | 弯管到位检测开关 | X4 | | | |

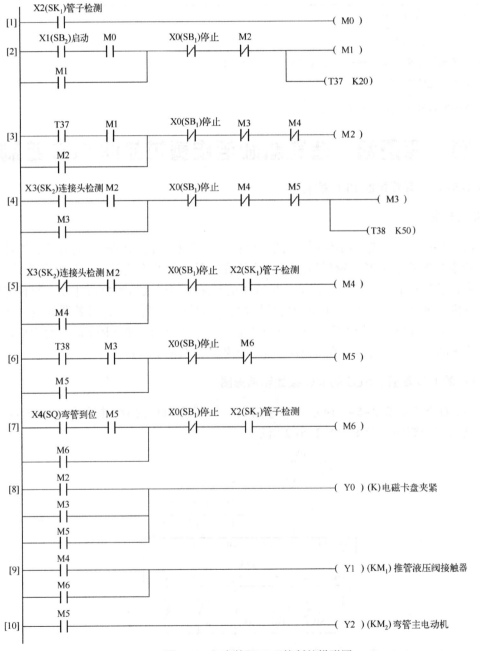

图 2-5-2　弯管机 PLC 控制的梯形图

## 3. 电路工作过程

当管子检测传感器 $SK_1$ 检测到有管子时，$SK_1$ 闭合→X2 得电─┐

　┌◎X2[1]闭合→M0[1]得电→◎M0[2]闭合──────────┐
─┤◎X2[5]闭合　　　　　　　　　　　　　　　　　　　　│
　└◎X2[7]闭合　　　　　　　　　　　　　　　　　　　　│
　　　　　　　　　　　　　　　　　　　　　　　　　　　│
按下启动按钮 $SB_2$→X1得电→◎X1[2]闭合─────────┘

　┌M1[2]得电并自锁→◎M1[3]闭合─────────────┐
─┤　　　　　　　　　　　　　　　　　　　　　　　　　　│
　└T37[2]得电，开始 2s 计时→T37[2]计时时间到→◎T37[3]闭合─┘

　　　　　　　　　　　　　　　┌#M2[2]断开→┬M1[2]失电
　　　　　　　　　　　　　　　│　　　　　　└T37[2]失电
　└M2[3]得电并自锁→┤◎M2[4]闭合────────────────
　　　　　　　　　　　│◎M2[5]闭合──────────────
　　　　　　　　　　　└◎M2[8]闭合→Y0[8]得电→电磁卡盘将管子夹紧

随后检测被弯曲的管上是否安装有连接头─┐

　　┌若没有连接头，则 $SK_2$ 断开→X3 未得电→┬◎X3[4]断开
　　│　　　　　　　　　　　　　　　　　　　　└#X3[5]闭合
　　│
　　├→M4[5]得电并自锁──┐
　　│
　　├→◎M4[9]闭合→Y1[9]得电→KM₁ 得电──────────
　　│
　　│　　　　┌→弯管机将管子松开推出弯管机，同时废品计数器计数
　　│
　　├#M4[3]断开→M2[3]失电→◎M2[8]断开──┐
　　├#M4[4]断开　　　　　　◎M3[8]断开──┼→Y0[8]失电→电磁卡盘松开
　　│　　　　　　　　　　　◎M5[8]断开──┘
　　│
　　└若有连接头，则 $SK_2$ 闭合→X3 得电─┐

　┌◎X3[4]闭合────────────────────
─┤
　│　　　　　　　　　　　┌◎M3[6]闭合────────────
　├M3[4]得电并自锁→┤◎M3[8]闭合────────────
　│　　　　　　　　　　　└#M3[3]断开→M2[3]失电→◎M2[8]断开
　│
　├→Y0[8]仍得电→电磁卡盘仍夹紧
　│
　├T38[4]得电，开始 5s 计时→T38[4]计时时间到→◎T38[6]闭合
　│
　└#X3[5]断开

Ⓐ

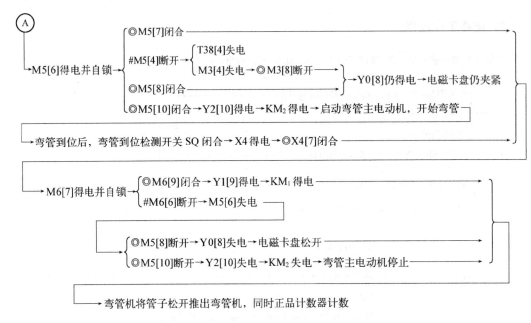

【例 2-5-2】 造粒机摇振的 PLC 控制

### 1. 控制要求

图 2-5-3 为造粒机摇振工艺图。在造粒过程中，设置定时摇振，当摇振时间到时，喷雾和主压（压缩空气）关，同时排风阀门关；摇振结束后，喷雾和排风阀门都开，继续造粒。

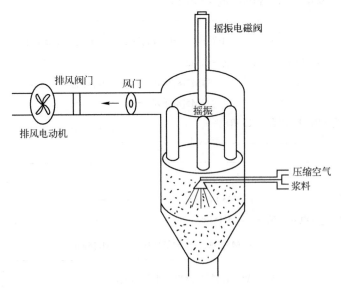

图 2-5-3　造粒机摇振工艺图

### 2. PLC 的 I/O 配置和梯形图

PLC 的 I/O 配置如表 2-5-2 所示。造粒机摇振 PLC 控制的梯形图如图 2-5-4 所示。

表 2-5-2　PLC 的 I/O 配置

| 输入设备 | | 输入继电器 | 输出设备 | | 输出继电器 |
| --- | --- | --- | --- | --- | --- |
| 代号 | 功能 | | 代号 | 功能 | |
| SB₁ | 启动按钮（启动自动摇振） | X0 | YV₁ | 摇振电磁阀 | Y0 |
| SB₂ | 停止按钮（总停开关） | X1 | YV₂ | 喷雾电磁阀 | Y1 |
| | | | YV₃ | 排风阀门电磁阀 | Y2 |

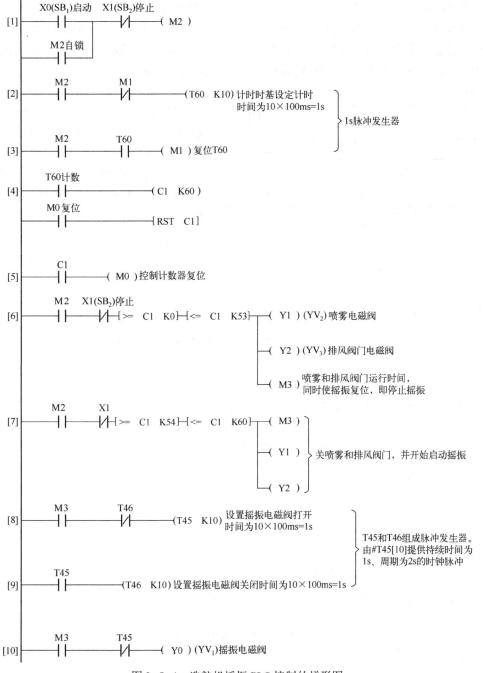

图 2-5-4　造粒机摇振 PLC 控制的梯形图

### 3. 识读要点

Y1 和 Y2 的得电、失电由计数器 C1 的当前值决定。而 Y0 的得电、失电由 M3 和 T45 决定。

T45[8]和 T46[9]组成脉冲发生器，由◎M3[8]启动，通过#T45[10]提供持续时间为 1s、振荡周期为 2s 的时钟脉冲，使 Y0[10]间歇得电，即使摇振电磁阀摇振。而 M3 由计数器 C1 的当前值决定，因此 Y0 就由计数器 C1 的当前值决定。

计数器 C1[4]对◎T60[4]提供的脉冲进行计数。T60[2]与 M1[3]组成 1s 脉冲发生器。C1[4]的计数设定值为 60，即对 60 个 1s 时钟脉冲◎T60[4]计数，当计数当前值达到 60（即 60s）时，◎C1[5]闭合，M0[5]得电，使计数器 C1[4]复位。

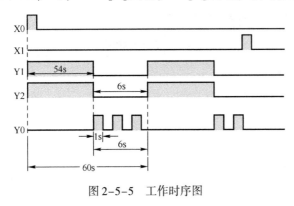

图 2-5-5  工作时序图

计数器 C1[4]对 T60[2]提供的 1s 时钟脉冲进行计数，通过比较指令，在计数器 C1[4]的当前值为 0～53 时，使 Y1（YV₂）、Y2（YV₃）得电；在当前值为 54～60 时，使 Y0（YV₁）得电，并且通过 T45[8]、T46[9]组成的脉冲发生器提供的时钟脉冲，使 Y0[10]间歇得电，从而实现摇振。

根据控制要求，画出如图 2-5-5 所示的工作时序图。

### 4. 电路工作过程

当计数当前值大于等于 0 而小于等于 53 时，即在 54s 时间内喷雾和风门开，摇振关；当计数当前值大于等于 54 而小于等于 60 时，即在 6s 时间内摇振开，喷雾和风门关。在程序下一次扫描时，M2 动合触点继续接通，使 T60 动合触点得电，动断触点断开，C1 又开始计数，这样一直重复上述控制过程。直到按下停止按钮，X1 得电，#X1[1]断开，M2[1]失电，其触点◎M2[2、3、6、7]断开，控制过程终止。

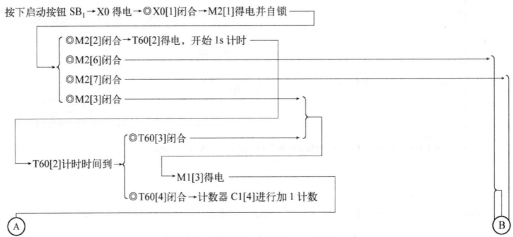

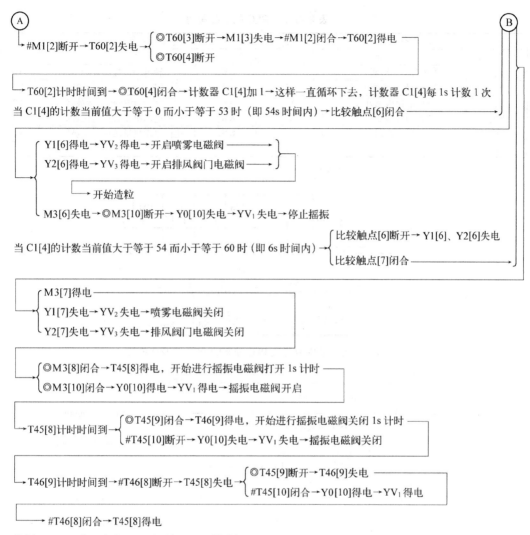

→ #M1[2]断开→T60[2]失电 ┌ ◎T60[3]断开→M1[3]失电→#M1[2]闭合→T60[2]得电 ───
　　　　　　　　　　　　└ ◎T60[4]断开

┌→T60[2]计时时间到→◎T60[4]闭合→计数器 C1[4]加 1→这样一直循环下去，计数器 C1[4]每 1s 计数 1 次
当 C1[4]的计数当前值大于等于 0 而小于等于 53 时（即 54s 时间内）→比较触点[6]闭合

┌ Y1[6]得电→YV₂得电→开启喷雾电磁阀 ───
│ Y2[6]得电→YV₃得电→开启排风阀门电磁阀 ──
│ 　　　┌→ 开始造粒
└ M3[6]失电→◎M3[10]断开→ Y0[10]失电→YV₁失电→停止摇振

当 C1[4]的计数当前值大于等于 54 而小于等于 60 时（即 6s 时间内）→ ┌ 比较触点[6]断开→ Y1[6]、Y2[6]失电
　　　　　　　　　　　　　　　　　　　　　　　　　　　　　　　　└ 比较触点[7]闭合 ───

┌ M3[7]得电
│ Y1[7]失电→YV₂失电→喷雾电磁阀关闭
└ Y2[7]失电→YV₃失电→排风阀门电磁阀关闭

┌ ◎M3[8]闭合→T45[8]得电，开始进行摇振电磁阀打开 1s 计时
└ ◎M3[10]闭合→Y0[10]得电→YV₁得电→摇振电磁阀开启

→T45[8]计时时间到→ ┌ ◎T45[9]闭合→T46[9]得电，开始进行摇振电磁阀关闭 1s 计时
　　　　　　　　　　└ #T45[10]断开→Y0[10]失电→YV₁失电→摇振电磁阀关闭

→T46[9]计时时间到→#T46[8]断开→T45[8]失电→ ┌ ◎T45[9]断开→T46[9]失电 ───
　　　　　　　　　　　　　　　　　　　　　　　　　└ #T45[10]闭合→Y0[10]得电→YV₁得电

→ #T46[8]闭合→T45[8]得电

## 【例 2-5-3】 毛皮剪花机的 PLC 控制

毛皮剪花机主要由 4 个部分组成，即主轴（旋转刀）、送料传送带、工作台和花板。

### 1. 控制要求

（1）开机后工作台和花板回到原始位置。

（2）按下启动按钮，主轴工作，同时工作台前进。工作台前进到位后停止，传送带和花板同时动作，花板到位后，传送带和花板停止。传送带和花板停止后延时 1s，工作台后退到原位。工作台后退到原位后，花板后退到原位。

（3）再按下启动按钮，重复上述操作。

（4）按下停止按钮，程序停止执行。

### 2. PLC 的 I/O 配置、PLC 的 I/O 接线和梯形图

PLC 的 I/O 配置如表 2-5-3 所示。毛皮剪花机 PLC 控制的 PLC 的 I/O 接线如图 2-5-6 所示。毛皮剪花机 PLC 控制的梯形图如图 2-5-7 所示。

表 2-5-3　PLC 的 I/O 配置

| 输入设备 | | 输入继电器 | 输出设备 | | 输出继电器 |
|---|---|---|---|---|---|
| 代　号 | 功　能 | | 代　号 | 功　能 | |
| SQ$_1$ | 工作台原位检测开关 | X0 | KM$_1$ | 主轴电动机控制接触器 | Y0 |
| SQ$_2$ | 工作台到位检测开关 | X1 | KM$_2$ | 传送带电动机控制接触器 | Y1 |
| SQ$_3$ | 花板原位检测开关 | X2 | KM$_3$ | 工作台电动机控制接触器 | Y2 |
| SQ$_4$ | 花板到位检测开关 | X3 | KM$_4$ | 花板电动机正转控制接触器 | Y3 |
| SB$_1$ | 启动按钮 | X4 | KM$_5$ | 花板电动机反转控制接触器 | Y4 |
| SB$_2$ | 停止按钮 | X5 | | | |

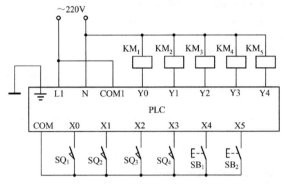

图 2-5-6　毛皮剪花机 PLC 控制的 PLC 的 I/O 接线

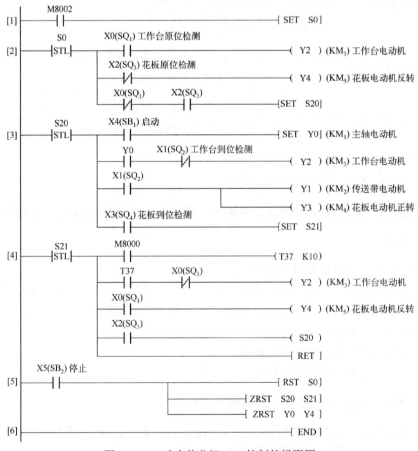

图 2-5-7　毛皮剪花机 PLC 控制的梯形图

### 3. 电路工作过程

PLC 上电后，◎M8002[1]闭合 1 个扫描周期→S0[1]置位并保持→程序进入步 S0。

**1）步 S0[2]**

若工作台、花板未在原位，则 SQ₁ 和 SQ₃ 断开→X0、X2 未得电

{
#X0[2]闭合→Y2[2]得电→KM₃ 得电→工作台电动机运行→控制工作台到原位
#X2[2]闭合→Y4[2]得电→KM₅ 得电→花板电动机反转→控制花板回到原位
}

工作台回到原位，SQ₁ 闭合→X0 得电 { #X0[2]断开→Y2[2]失电→KM₃ 失电→工作台电动机停止
◎X0[2]闭合 }

花板回到原位，SQ₃ 闭合→X2 得电 { #X2[2]断开→Y4[2]失电→KM₅ 失电→花板电动机反转停止
◎X2[2]闭合 }

S20[2]置位 { 程序进入步 S20
步 S0 复位 }

**2）步 S20[3]**

按下启动按钮 SB₁→X4 得电→◎X4[3]闭合→Y0[3]置位并保持

{
◎Y0[3]闭合
若工作台未到位，则 SQ₂ 断开→X1 未得电→#X1[3]闭合
→Y2[3]得电
KM₁ 得电→主轴电动机开始运行
}

KM₃ 得电→工作台前进→工作台前进到位，SQ₂ 闭合→X1 得电

{
#X1[3]断开→Y2[3]失电→KM₃ 失电→工作台停止前进
◎X1[3]闭合 { Y1[3]得电→KM₂ 得电→传送带开始运行
Y3[3]得电→KM₄ 得电→花板电动机正转启动运行→花板运行到位，
}

SQ₄ 闭合→X3 得电→◎X3[3]闭合→S21[3]置位 { 程序进入步 S21
步 S20 复位 }

**3）步 S21[4]**

◎M8000[4]闭合→T37[4]得电，开始 1s 计时→T37[4]计时时间到→◎T37[4]闭合

若工作台未在原位，则 SQ₁ 断开→X0 未得电→#X0[4]闭合

→Y2[4]得电→KM₃ 得电→工作台复位→工作台回到原位，SQ₁ 闭合→X0 得电

{
#X0[4]断开→Y2[4]失电→KM₃ 失电→工作台停止运行
◎X0[4]闭合→Y4[4]得电→KM₅ 得电→花板电动机反转复位
}

花板回到原位，SQ₃ 闭合→X2 得电→◎X2[4]闭合→S20[4]置位

{ 程序进入步 S20，重复上述过程
步 S21 复位 }

**4）停止**

按下停止按钮 SB₂→X5 得电→◎X5[5]闭合→S0、S20、S21 复位，Y0～Y4 复位，程序停止运行

# 第6节　化工生产过程的 PLC 控制

**【例 2-6-1】** 某轮胎内胎硫化机的 PLC 控制

## 1. 顺序功能图和梯形图

一个工作周期由初始、合模、反料、硫化、放气和开模这 6 步组成，它们与 S0 和 S20 ～ S24 相对应。某轮胎内胎硫化机 PLC 控制的顺序功能图如图 2-6-1 所示，梯形图如图 2-6-2 所示。

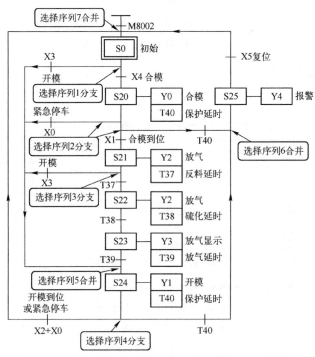

图 2-6-1　某轮胎内胎硫化机 PLC 控制的顺序功能图

## 2. 电路工作过程

PLC 上电后，◎M8002[1]闭合 1 个扫描周期→$\begin{cases} S20 \sim S25[1]复位并保持 \\ S0[1]置位并保持 \to 进入步 S0[2] \end{cases}$

1）步 S0[2]

按下 SB$_4$→X4 得电→◎X4[2]闭合，发出合模命令→S20[2]置位——

$\begin{cases} 由步 S0 进入步 S20 \\ 步 S0 复位 \end{cases}$

按下 SB$_3$→X3 得电→◎X3[2]闭合，发出开模命令→S24[2]置位——

$\begin{cases} 由步 S0 进入步 S24 \\ 步 S0 复位 \end{cases}$

→选择序列 1 分支

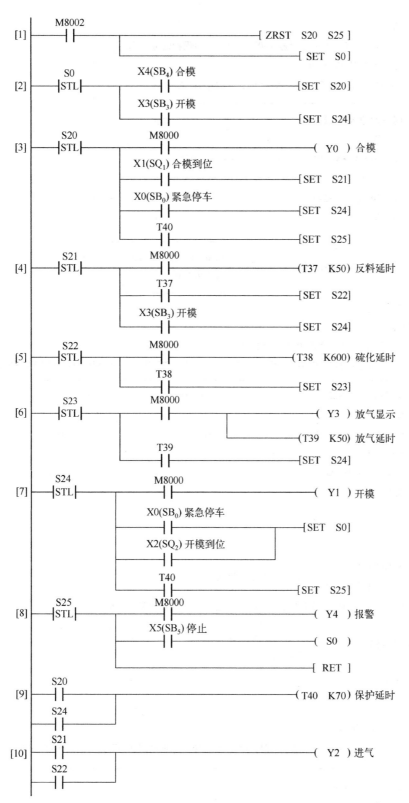

图 2-6-2　某轮胎内胎硫化机 PLC 控制的梯形图

2）步 S20［3］

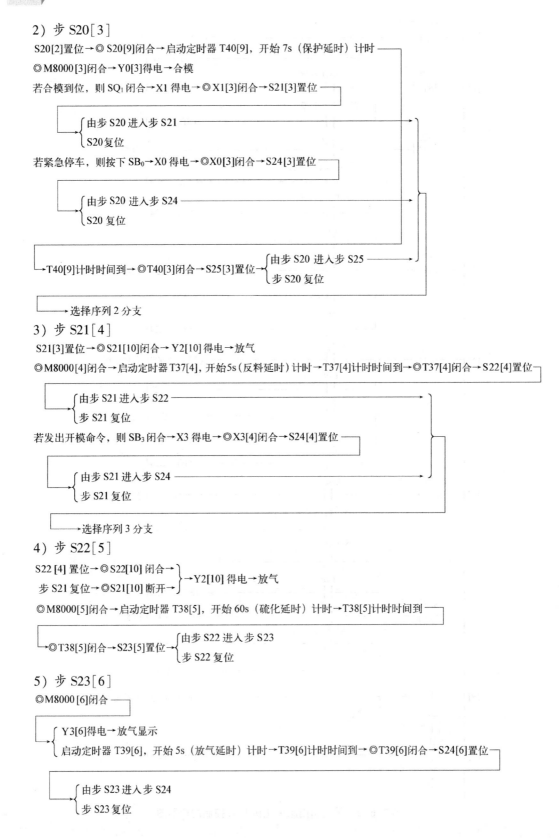

S20[2]置位→◎ S20[9]闭合→启动定时器 T40[9]，开始 7s（保护延时）计时

◎M8000[3]闭合→Y0[3]得电→合模

若合模到位，则 SQ$_1$ 闭合→X1 得电→◎X1[3]闭合→S21[3]置位

　　　　{ 由步 S20 进入步 S21
　　　　{ S20 复位

若紧急停车，则按下 SB$_0$→X0 得电→◎X0[3]闭合→S24[3]置位

　　　　{ 由步 S20 进入步 S24
　　　　{ S20 复位

→T40[9]计时时间到→◎T40[3]闭合→S25[3]置位{ 由步 S20 进入步 S25
　　　　　　　　　　　　　　　　　　　　　　　{ 步 S20 复位

→选择序列 2 分支

3）步 S21［4］

S21[3]置位→◎ S21[10]闭合→Y2[10]得电→放气

◎M8000[4]闭合→启动定时器 T37[4]，开始5s（反料延时）计时→T37[4]计时时间到→◎T37[4]闭合→S22[4]置位

　　　　{ 由步 S21 进入步 S22
　　　　{ 步 S21 复位

若发出开模命令，则 SB$_3$ 闭合→X3 得电→◎X3[4]闭合→S24[4]置位

　　　　{ 由步 S21 进入步 S24
　　　　{ 步 S21 复位

→选择序列 3 分支

4）步 S22［5］

S22 [4] 置位→◎ S22[10] 闭合→
　　　　　　　　　　　　　　　　}→Y2[10] 得电→放气
步 S21 复位→◎S21[10] 断开→

◎M8000[5]闭合→启动定时器 T38[5]，开始60s（硫化延时）计时→T38[5]计时时间到

→T38[5]闭合→S23[5]置位{ 由步 S22 进入步 S23
　　　　　　　　　　　　　{ 步 S22 复位

5）步 S23［6］

◎M8000[6]闭合

{ Y3[6]得电→放气显示
{ 启动定时器 T39[6]，开始 5s（放气延时）计时→T39[6]计时时间到→◎T39[6]闭合→S24[6]置位

　　　　{ 由步 S23 进入步 S24
　　　　{ 步 S23 复位

6）步 S24[7]

S24[6] 置位→◎S24[9]闭合→T40[9]得电，开始 7s（保护延时）计时 ──────

◎M8000[7]闭合→Y1[7]得电→开模

若开模到位或紧急停车，则 SQ₂ 或 SB₀ 闭合→X2 或 X0 得电→◎X2[7]或◎X0[7]闭合→S0[7]置位─┐

{ 由步 S24 进入步 S0

{ 步 S24 复位

T40[9]计时时间到→◎T40[7]闭合→S25[7]置位→{ 由步 S24 进入步 S25

{ 步 S24 复位

选择序列 4 分支

7）步 S25[8]

◎M8000[8]闭合→Y4[8]得电→报警

按下 SB₅→X5得电→◎X5[8]闭合→S0[8]置位→{ 由步S25 进入步 S0

{ 步S25 复位

## 【例 2-6-2】 阀门组多周期原料配比控制系统的 PLC 控制

在化工、冶金、造纸和环保等行业中，常常遇到需要按工艺控制要求对阀门组进行周期性开闭控制以调节各种原料配比的情况。

### 1. 控制要求

该例有 4 个阀门，分别通过 4 种液体化工原料。阀门均为电磁阀，其线圈的得电或失电即可控制对应阀门的打开或关闭。阀门分 4 步循环控制，循环周期有 10min、16min 和 20min 三种，可依现场实时操作选择设定。在这 4 个循环步骤中，4 个阀门的状态要求如表 2-6-1 所示。在每一指定的循环周期内，每一步的动作时间要求如表 2-6-2 所示。

表 2-6-1　阀门状态与循环步骤

| 阀门状态＼循环步骤 阀门 | 第 1 步 | 第 2 步 | 第 3 步 | 第 4 步 |
|---|---|---|---|---|
| 阀门 1 | 关闭 | 关闭 | 打开 | 打开 |
| 阀门 2 | 关闭 | 打开 | 关闭 | 打开 |
| 阀门 3 | 关闭 | 打开 | 关闭 | 关闭 |
| 阀门 4 | 打开 | 关闭 | 关闭 | 关闭 |

表 2-6-2　循环周期与循环步骤的时间关系（min）

| 起始时间＼循环步骤 循环周期 | 第 1 步 | 第 2 步 | 第 3 步 | 第 4 步 | 循环结束 |
|---|---|---|---|---|---|
| 10 | 0 | 4 | 5 | 9 | 10 |
| 16 | 0 | 7 | 8 | 15 | 16 |
| 20 | 0 | 9 | 10 | 19 | 20 |

### 2. PLC 的 I/O 配置和梯形图

PLC 的 I/O 配置为：输入为 X1～X3，分别为周期 Ⅰ、Ⅱ、Ⅲ 的选择开关 SA₁～SA₃；输出为 Y1～Y4，分别为阀门 1 至阀门 4，即 YV₁～YV₄。

阀门组多周期原料配比控制系统 PLC 控制的梯形图如图 2-6-3 ～图 2-6-7 所示。

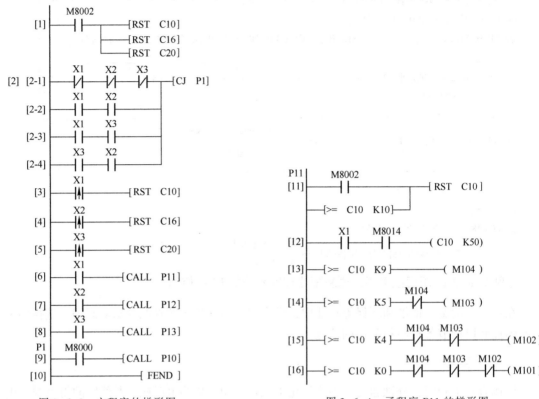

图 2-6-3　主程序的梯形图

图 2-6-4　子程序 P11 的梯形图

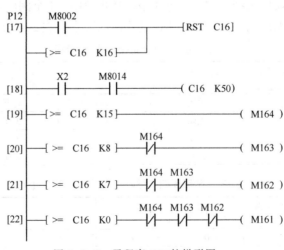

图 2-6-5　子程序 P12 的梯形图

## 3. 识读要点

（1）在如图 2-6-3 所示的主程序中，根据循环周期选择开关 $SA_1$（X1）、$SA_2$（X2）、$SA_3$（X3）选择控制各循环周期的子程序。

开关 $SA_1$（X0）选择 10min 周期，进入子程序 P11（如图 2-6-4 所示）。

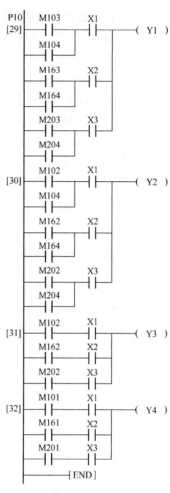

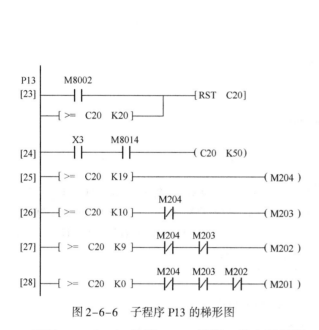

图 2-6-6　子程序 P13 的梯形图　　　　图 2-6-7　子程序 P10 的梯形图

开关 $SA_2$（X1）选择 16min 周期，进入子程序 P12（如图 2-6-5 所示）。

开关 $SA_3$（X2）选择 20min 周期，进入子程序 P13（如图 2-6-6 所示）。

尽管有 3 种循环周期，但不论哪种周期，输出控制都是针对 4 个阀门的，这样就要有一个综合程序段，即子程序 P10（如图 2-6-7 所示）。

（2）在多子程序的主 – 子程序结构中，主程序的功能是安排程序的流程，主要任务为程序初始化及说明程序流程的条件。

在图 2-6-3 中，梯级[1]为上电复位计数器，梯级[3～5]为选择周期时复位相关计数器。计数器在该例中为时间控制器件。梯级[6～9]的功能为选择子程序，其中子程序 P10 为常选。主程序中安排有跳转程序段，跳转条件为循环周期选择开关未选及多选，这是不正常状态，因此程序需要跳过 P11～P13 程序段执行。

（3）在如图 2-6-4 所示的子程序 P11 中，计数器 C10 用来形成 10min 一个周期的时间段，计数器的输入 M8014 为分脉冲，计数器的设定值为 50，即相当于计满值，计数器在上电（◎M8002＝1）及计数当前值为 10（C10≥10）时复位。梯级[13～16]用 4 个辅助继电器 M101～M104 分别表示一个周期中 4 个步骤的时间段，M101 表示 0～4min 时间段，M102 表示 4～10min 时间段，M103 表示 5～10min 时间段，M104 表示 9～10min 时间段。

对计数器 C10 的计数过程的当前值与给定值相比较，当计数当前值大于等于相应的给定值时，比较触点动作，相应输出继电器得电，相应电磁阀得电，打开相应阀门。

计数器 C10 的计数脉冲是由特殊位存储器 M8014 提供的高低电平各为 30s、周期为 1min 的时钟脉冲。

（4）如图 2-6-5 所示的子程序 P12 和如图 2-6-6 所示的子程序 P13，与如图 2-6-4 所示的子程序 P11 的工作过程相似，不再赘述。

（5）图 2-6-4 至图 2-6-6 提供的 M101 ～ M104、M161 ～ M164、M201 ～ M204，通过图 2-6-7 综合，实现对 Y1 ～ Y4 进行控制，各梯级分别针对 4 个阀门绘出。每条支路都是以 3 种周期中阀门的打开工作时间段作为输出的工作条件的。

### 4. 电路工作过程

1）初始

PLC 上电后，◎M8002[1]闭合 1 个扫描周期───┐

      └──→┌计数器 C10[1]复位并保持─→┐
           │计数器 C16[1]复位并保持─→├上电复位计数器
           └计数器 C20[1]复位并保持─→┘

2）周期 I

（1）选择周期 I（见图 2-6-3）：───┐
          └─→周期 I 选择开关 SA$_1$ 闭合→X1 得电→┌#X1[2-1]断开→不执行"CJ P1"指令
                        │◎X1[3]闭合→计数器 C10[3]复位并保持
                        └◎X1[6]闭合→调用子程序 P11

（2）调用子程序 P11（见图 2-6-4）：开始进入子程序 P11───┐
                  └──→┌◎M8002[11]闭合 1 个扫描周期→计数器 C10[1]清零
                      └◎M8014[12]提供高低电平各为 30s、周期为 1min 的时钟脉冲，
                              送 C10，C10 开始加 1 计数

└──→当 C10 的计数当前值小于 4 时→比较触点[16]闭合（#M104[16]、#M103[16]、#M102[16] 闭合）

└──→M101[16]得电───

（3）调用子程序 P10（见图 2-6-7）：

      ┌──→◎M101[32]闭合───┐
      │  ◎X1[32]已闭合───├
      │
      └──→Y4[32]得电→YV$_4$ 得电→阀门 4 打开

（4）调用子程序 P11（见图 2-6-4）：

└──→当 C10 的计数当前值大于等于 4 时───┐

      ┌比较触点[15]闭合→M102[15]得电────
      └比较触点[16]闭合   └──→#M102[16]断开→M101[16]失电──

                                     Ⓐ  Ⓑ          Ⓒ

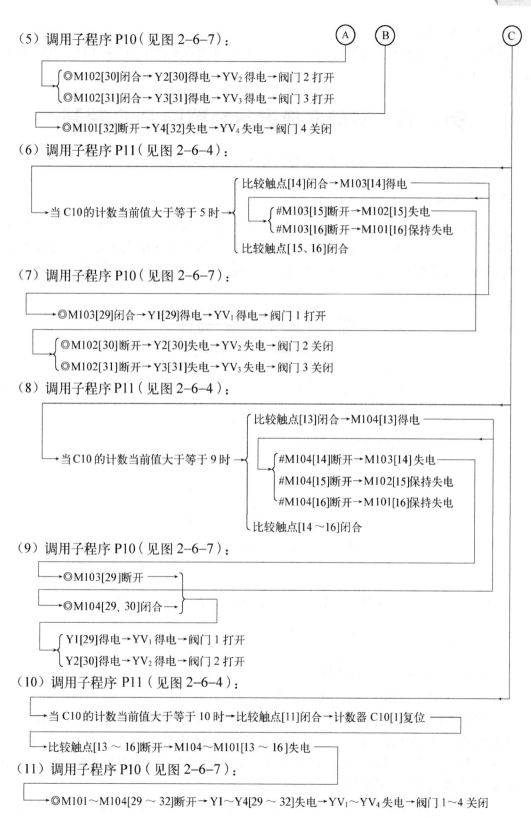

（5）调用子程序 P10（见图 2-6-7）：

Ⓐ Ⓑ Ⓒ

◎M102[30]闭合→Y2[30]得电→$YV_2$ 得电→阀门 2 打开

◎M102[31]闭合→Y3[31]得电→$YV_3$ 得电→阀门 3 打开

→◎M101[32]断开→Y4[32]失电→$YV_4$ 失电→阀门 4 关闭

（6）调用子程序 P11（见图 2-6-4）：

当 C10 的计数当前值大于等于 5 时 →

比较触点[14]闭合→M103[14]得电

#M103[15]断开→M102[15]失电

#M103[16]断开→M101[16]保持失电

比较触点[15、16]闭合

（7）调用子程序 P10（见图 2-6-7）：

→◎M103[29]闭合→Y1[29]得电→$YV_1$ 得电→阀门 1 打开

◎M102[30]断开→Y2[30]失电→$YV_2$ 失电→阀门 2 关闭

◎M102[31]断开→Y3[31]失电→$YV_3$ 失电→阀门 3 关闭

（8）调用子程序 P11（见图 2-6-4）：

当 C10 的计数当前值大于等于 9 时 →

比较触点[13]闭合→M104[13]得电

#M104[14]断开→M103[14]失电

#M104[15]断开→M102[15]保持失电

#M104[16]断开→M101[16]保持失电

比较触点[14～16]闭合

（9）调用子程序 P10（见图 2-6-7）：

→◎M103[29]断开

→◎M104[29、30]闭合

Y1[29]得电→$YV_1$ 得电→阀门 1 打开

Y2[30]得电→$YV_2$ 得电→阀门 2 打开

（10）调用子程序 P11（见图 2-6-4）：

→当 C10 的计数当前值大于等于 10 时→比较触点[11]闭合→计数器 C10[1]复位

→比较触点[13～16]断开→M104～M101[13～16]失电

（11）调用子程序 P10（见图 2-6-7）：

→◎M101～M104[29～32]断开→Y1～Y4[29～32]失电→$YV_1$～$YV_4$ 失电→阀门 1～4 关闭

3）周期Ⅱ、Ⅲ

周期Ⅱ、Ⅲ的工作情况与周期Ⅰ相似，只是周期Ⅱ调用子程序 P12 和 P10，周期Ⅲ调用子程序 P13 和 P10。

# 第 7 节　多种液体混合装置的 PLC 控制

**【例 2-7-1】用置位、复位指令编程的多种液体混合装置的 PLC 控制**

## 1. 控制要求

图 2-7-1 为多种液体混合装置示意图。它适合用于饮料的生产、酒厂的配液、农药厂的配比等。$SL_1$、$SL_2$、$SL_3$ 为液面传感器，液面淹没时接通；两种液体的输入和混合液体放液阀门分别由电磁阀 $YV_1$、$YV_2$、$YV_3$ 控制；M 为搅匀电动机，用于驱动桨叶将液体搅匀。

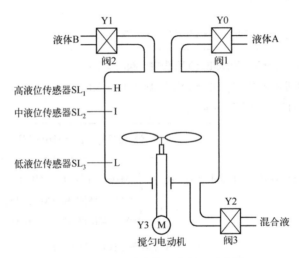

图 2-7-1　多种液体混合装置示意图

1）初始状态

当装置投入运行时，液体 A、液体 B 阀门关闭（$YV_1 = YV_2 = OFF$），混合液体放液阀门打开（$YV_3 = ON$）20s，将容器内残余液体放空后关闭。

2）启动操作

按下启动按钮 $SB_1$，多种液体混合装置开始按下列给定规律操作。

（1）$YV_1 = ON$，液体 A 流入容器，液面上升。

（2）当液面达到 I 处时，$SL_2 = ON$，使 $YV_1 = OFF$，$YV_2 = ON$，即关闭液体 A 阀门，打开液体 B 阀门，停止液体 A 流入，液体 B 开始流入，液面上升。

（3）当液面达到 H 处时，$SL_1 = ON$，使 $YV_2 = OFF$，搅匀电动机开始工作，即关闭液体 B 阀门，液体停止流入，开始搅拌。

（4）搅匀电动机工作 1min 后，停止搅拌，放液阀门打开（$YV_3 = ON$），开始放液，液面开始下降。

（5）当液面下降到 L 处时，$SL_3$ 由 ON 变到 OFF，再过 20s，容器放空，使放液阀门关闭（$YV_3$ = OFF），开始下一个循环周期。

3）停止操作

在工作过程中，按下停止按钮 $SB_2$，装置并不立即停止工作，而要将当前容器内的混合工作处理完毕后（当前周期循环到底），才能停止操作，即停在初始位置上，否则会造成浪费。

### 2. PLC的I/O配置、PLC的I/O接线、控制流程图和梯形图

PLC 的 I/O 配置如表 2-7-1 所示。用置位、复位指令编程的多种液体混合装置 PLC 控制的 PLC 的 I/O 接线如图 2-7-2 所示，控制流程图如图 2-7-3 所示。用置位、复位指令编程的多种液体混合装置 PLC 控制的梯形图如图 2-7-4 所示。

表 2-7-1　PLC 的 I/O 配置

| 输入设备 | | 输入继电器 | 输出设备 | | 输出继电器 |
|---|---|---|---|---|---|
| 代号 | 功能 | | 代号 | 功能 | |
| $SB_1$ | 启动按钮 | X0 | $YV_1$ | 液体 A 电磁阀 | Y0 |
| $SB_2$ | 停止按钮 | X1 | $YV_2$ | 液体 B 电磁阀 | Y1 |
| $SL_1$ | 高液位传感器 | X2 | $YV_3$ | 放液电磁阀 | Y2 |
| $SL_2$ | 中液位传感器 | X3 | $KM_0$ | 搅匀电动机接触器 | Y3 |
| $SL_3$ | 低液位传感器 | X4 | | | |

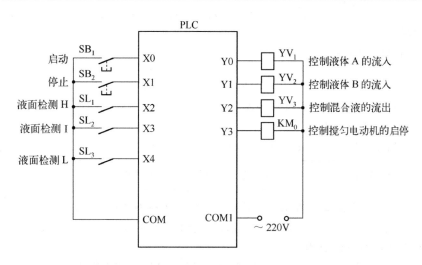

图 2-7-2　用置位、复位指令编程的多种液体混合装置 PLC 控制的 PLC 的 I/O 接线

### 3. 电路工作过程

1）初始状态

当系统投入运行时，初始化脉冲信号 M8002［13、15］接通 1 个扫描周期，使放液电磁阀打开 20s，将容器放空后关闭。

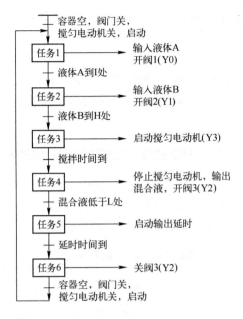

图 2-7-3　控制流程图

◎M8002[13]闭合 1 个扫描周期→Y2[13]置位并保持→放液电磁阀 YV₃ 打开，将容器放空

◎M8002[15]闭合 1 个扫描周期→M5[15]置位并保持→◎M5[16]闭合→T38[16]得电，开始 20s 计时 ┐

└→T38[16]计时时间到→ { ◎T38[17]闭合→M5[17]复位并保持
                      { ◎T38[18]闭合→Y2[18]复位并保持→YV₃ 关闭

### 2）启动操作

按下启动按钮 SB₁→X0 得电 ┐

┌ ◎X0[1]闭合→M0[1]置位并保持→◎M0[3]闭合，为连续运行做准备
└ ◎X0[3]闭合→Y0[3]置位并保持→液体 A 电磁阀 YV₁ 打开→液体 A 流入容器

### 3）液面上升到中液位 I 处

当液面上升到中液位 I 处时，中液位传感器 SL₂ 闭合→X3 得电→◎X3[4]闭合 ┐

└→ 通过上升沿触发指令，◎X3[4]的上升沿使 M1[4]得电 1 个扫描周期 ┐

┌ ◎M1[5]闭合 1 个扫描周期→Y0[5]复位并保持→YV₁ 关闭→液体 A 停止流入
└ ◎M1[6]闭合 1 个扫描周期→Y1[6]置位并保持→液体 B 电磁阀 YV₂ 打开→液体 B 流入容器

### 4）液面上升到高液位 H 处

当液面继续上升到高液位 H 处时，高液位传感器 SL₁ 闭合→X2 得电→◎X2[7]闭合 ┐

└→ 通过上升沿触发指令，◎X2[7]的上升沿使 M2[7]得电 1 个扫描周期 ┐

┌ ◎M2[8]闭合 1 个扫描周期→Y1[8]复位并保持→YV₂ 关闭→液体 B 停止流入
└ ◎M2[9]闭合 1 个扫描周期→Y3[9]置位并保持→KM₀ 得电→搅匀电动机运行，开始搅拌 ┐

              ┌ ◎Y3[10]闭合→T37[10]得电，开始计时
              └ ◎Y3[12]闭合

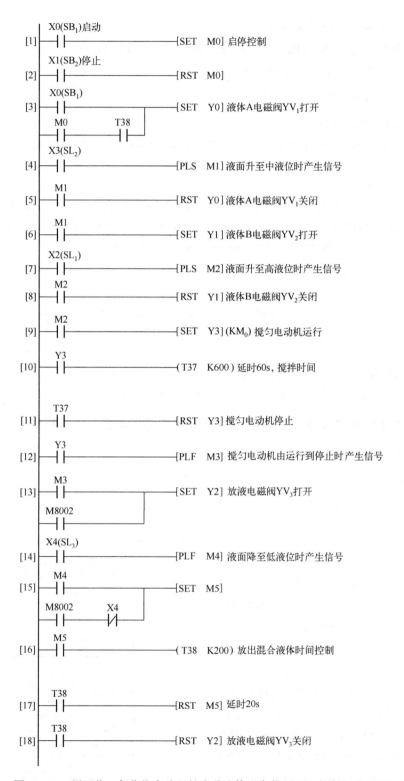

图 2-7-4　用置位、复位指令编程的多种液体混合装置 PLC 控制的梯形图

5）搅拌均匀后，放出混合液体

Y3［9］得电后，搅匀电动机工作，同时◎Y3［10］、◎Y3［12］闭合。

◎Y3[10]闭合→T37[10]得电，开始 60s 计时→T37[10]计时时间到→◎T37[11]闭合 ┐

┌──────→Y3[11]复位并保持 ┐

┌ KM₀ 失电→搅匀电动机停止
│
└ ◎Y3[12]断开→通过下降沿触发指令，◎Y3[12]的下降沿使 M3[12]得电 1 个扫描周期→

◎M3[13]闭合→Y2[13]置位并保持→YV₃ 打开→开始放出混合液

6）液面下降到低液位 L 处

当液面下降到低液位 L 处时，SL₃ 由闭合变为断开(液位传感器在液位淹没时为闭合状态)→X4 失电→◎X4[14]
断开→通过下降沿触发指令，◎X4[14]的下降沿，使 M4[14]得电 1 个扫描周期→◎M4[15]闭合→M5[15]置位并
保持→◎M5[16]闭合→T38[16]得电，开始 20s 计时→T38[16]计时时间到 ┐

┌ ◎T38[17]闭合→M5 [17]复位并保持
│
├ ◎T38[18]闭合→Y2[18]置位并保持→YV₃ 关闭
│
└ ◎T38[3]闭合(◎M0[3]在开始按下启动按钮 SB₁ 时已闭合)→Y0[3]置位并保持

→YV₁ 打开→液体 A 流入容器，开始下一轮循环

7）停止操作

按下停止按钮 SB₂→X1 得电→◎X1[2]闭合→M0[2]复位并保持→◎M0[3]断开→在当前容器内的混合工作
处理完毕使 T38[16]的动合触点◎T38[3]闭合后，Y0 仍不能重新置位，即停止运行，不再循环

## 【例 2-7-2】 用启保停电路模式编程的多种液体混合装置的 PLC 控制

### 1. 顺序功能图和梯形图

用启保停电路模式编程的多种液体混合
装置 PLC 控制的顺序功能图如图 2-7-5 所
示。其梯形图如图 2-7-6 所示。

### 2. 识读要点

图 2-7-6 中的 M10［1］用来实现在按下停
止按钮后不会马上停止工作，而是在当前工
作周期的操作结束后，才停止工作。M10［1］
用启动按钮（X0）和停止按钮（X1）来控
制。运行时它处于 ON 状态，系统完成一个
周期的工作后，步 M5 到步 M1 的转换条件
M10·T38 满足，转换到步 M1 后继续运行。
按下停止按钮（X1）后，M10［1］变为 OFF。
要等系统完成最后一步 M5 的工作后，转换
条件 M̄1̄0̄·T38 满足，才能返回初始步，系
统停止工作。图 2-7-5 中步 M5 之后有一
个选择序列的分支，当它的后续步 M0 或

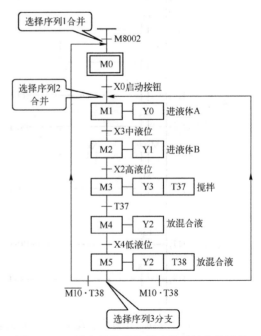

图 2-7-5 用启保停电路模式编程的多种液体
混合装置 PLC 控制的顺序功能图

M1 变为活动步时，它都应变为不活动步，所以应将 M0 和 M1 的动断触点与 M5 的线圈串联，如图 2-7-6 所示。

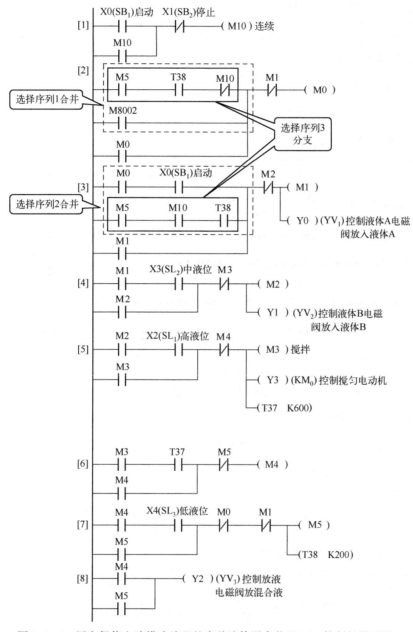

图 2-7-6　用启保停电路模式编程的多种液体混合装置 PLC 控制的梯形图

步 M1 之前有一个选择序列的合并，如图 2-7-5 所示。当步 M0 为活动步且转换条件 X0 满足时，或者当步 M5 为活动步且转换条件 M10·T38 满足时，步 M1 都应变为活动步，即控制 M1 的启保停电路的启动条件应为 M0·X0 + M5·M10·T38，对应的启动电路由两条并联支路组成，每条支路分别由 M0、X0 和 M5、M10、T38 的动合触点串联而成，如图 2-7-6 所示。

### 3. 电路工作过程

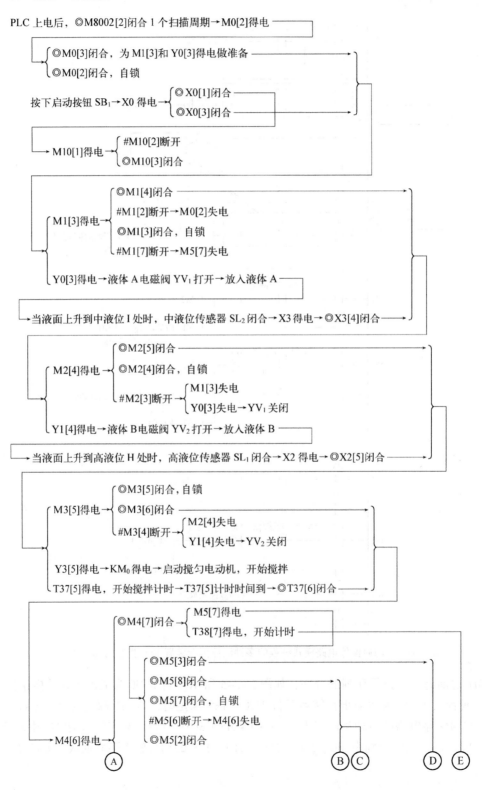

PLC 上电后，◎M8002[2]闭合 1 个扫描周期→M0[2]得电

◎M0[3]闭合，为 M1[3]和 Y0[3]得电做准备

◎M0[2]闭合，自锁

按下启动按钮 SB$_1$→X0 得电

◎X0[1]闭合

◎X0[3]闭合

→M10[1]得电

#M10[2]断开

◎M10[3]闭合

M1[3]得电

◎M1[4]闭合

#M1[2]断开→M0[2]失电

◎M1[3]闭合，自锁

#M1[7]断开→M5[7]失电

Y0[3]得电→液体 A 电磁阀 YV$_1$ 打开→放入液体 A

→当液面上升到中液位 I 处时，中液位传感器 SL$_2$ 闭合→X3 得电→◎X3[4]闭合

M2[4]得电

◎M2[5]闭合

◎M2[4]闭合，自锁

#M2[3]断开

M1[3]失电

Y0[3]失电→YV$_1$ 关闭

Y1[4]得电→液体 B 电磁阀 YV$_2$ 打开→放入液体 B

→当液面上升到高液位 H 处时，高液位传感器 SL$_1$ 闭合→X2 得电→◎X2[5]闭合

M3[5]得电

◎M3[5]闭合，自锁

◎M3[6]闭合

#M3[4]断开

M2[4]失电

Y1[4]失电→YV$_2$ 关闭

Y3[5]得电→KM$_0$ 得电→启动搅匀电动机，开始搅拌

T37[5]得电，开始搅拌计时→T37[5]计时时间到→◎T37[6]闭合

◎M4[7]闭合

M5[7]得电

T38[7]得电，开始计时

◎M5[3]闭合

◎M5[8]闭合

◎M5[7]闭合，自锁

#M5[6]断开→M4[6]失电

◎M5[2]闭合

→M4[6]得电

A    B  C    D  E

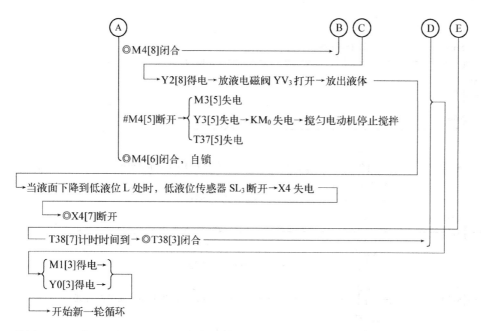

**【例 2-7-3】　用顺序控制指令编程的液体混合装置的 PLC 控制**

**1. 顺序功能图、梯形图**

用顺序控制指令编程的液体混合装置 PLC 控制的顺序功能图如图 2-7-7 所示。其梯形图如图 2-7-8 所示。

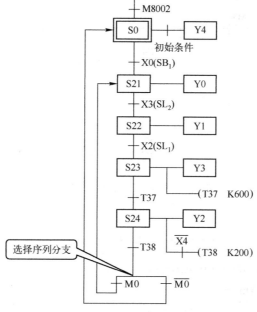

图 2-7-7　用顺序控制指令编程的液体混合装置 PLC 控制的顺序功能图

**2. 电路工作过程**

初始状态：PLC 上电后，◎M8002[2]闭合 1 个扫描周期→S0[2]置位并保持→程序进入步 S0。

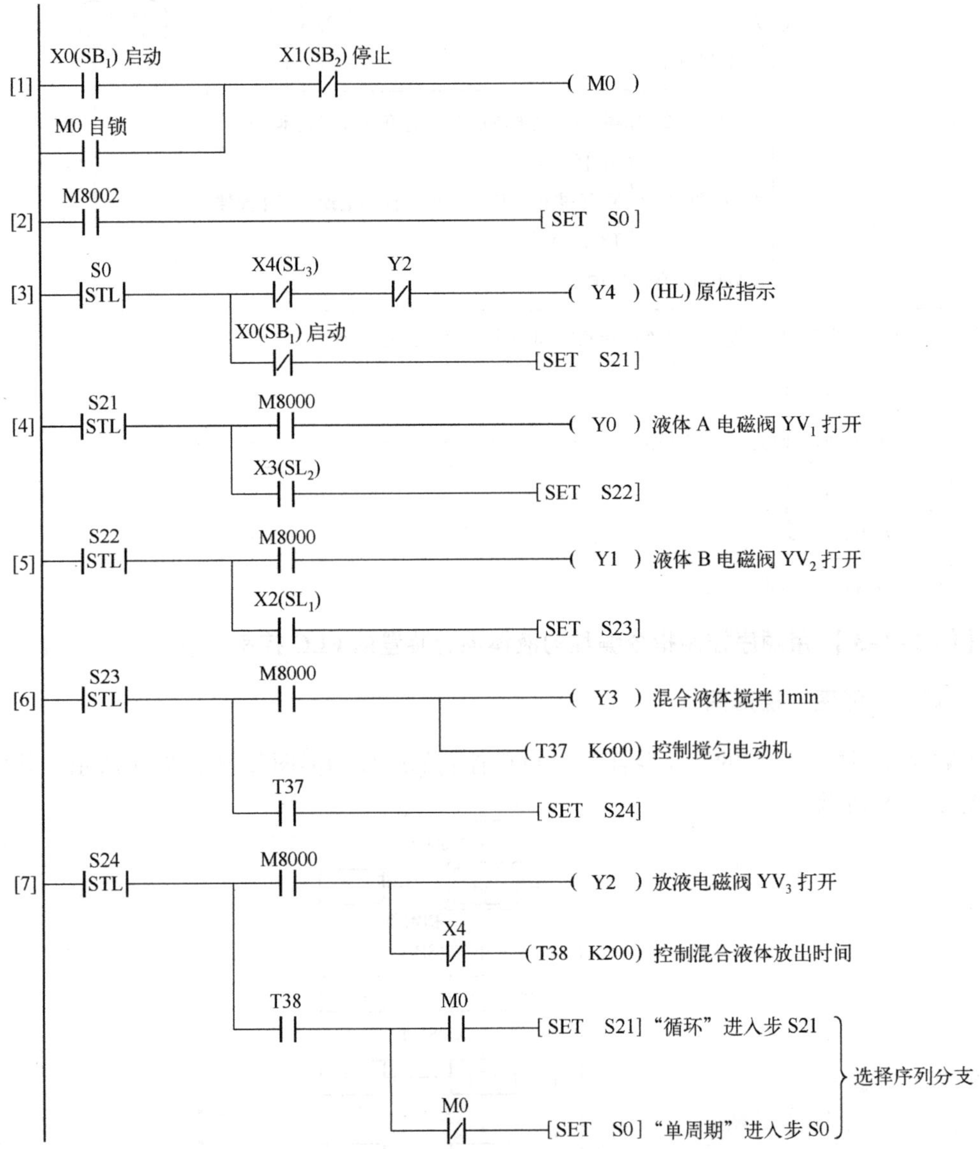

图 2-7-8　用顺序控制指令编程的液体混合装置 PLC 控制的梯形图

1）步 S0[3]

由于容器是空的，因此低液位传感器 SL$_3$ 断开→X4 未得电

→#X4[3]闭合→Y4[3]得电→原位指示灯 HL 亮

按下启动按钮 SB$_1$→X0 得电

◎X0[1]闭合→M0[1]得电 → ◎M0[7]闭合 / #M0[7]断开

◎X0[3]闭合→S21[3]置位 → 程序进入步 S21 / 步 S0 复位

2）步 S21[4]

◎M8000[4]闭合→Y0[4]得电→$YV_1$ 打开→放入液体 A→当液面达到中液位 I 处时，中液位传感器 $SL_2$ 闭合→X3 得电→◎X3[4]闭合→S22[4]置位

> 程序进入步 S22
>
> 步 S21 复位→Y0[4]失电→$YV_1$ 关闭→停止放入液体 A

3）步 S22[5]

◎M8000[5]闭合→Y1[5]得电→$YV_2$ 打开→放入液体 B→当液面达到高液位 H 处时，高液位传感器 $SL_1$ 闭合→X2 得电→◎X2[5]闭合→S23[5]置位

> 程序进入步 S23
>
> 步 S22 复位→Y1[5]失电→$YV_2$ 关闭→停止放入液体 B

4）步 S23[6]

◎M8000[6]闭合

> Y3[6]得电→$KM_0$ 得电→启动搅匀电动机，开始搅拌
>
> T37[6]得电，开始搅拌计时→T37[6]计时时间到→◎T37[6]闭合→S24[6]置位

> 程序进入步 S24
>
> 步 S23 复位→Y3[6]失电→$KM_0$ 失电→搅匀电动机停止，停止搅拌

5）步 S24[7]

◎M8000[7]闭合→Y2[7]得电→$YV_3$ 打开→放出混合液体

当液面下降到低液位 L 处时，低液位传感器 $SL_3$ 断开→X4 失电→#X4[7]闭合

T38[7]得电，开始液体放空计时→T38[7]计时时间到→◎T38[7]闭合

若为单周期控制，则 M0[1]失电→◎M0[7]断开且#M0[7]闭合→S0[7]得电

> 程序进入步 S0
>
> 步 S24 复位→Y2[7]失电→$YV_3$ 关闭

若为循环控制，则 M0[1]得电→◎M0[7]闭合且 #M0[7]断开→S21[7]得电

> 程序进入步 S21
>
> 步 S24 复位→Y2[7]失电→$YV_3$ 关闭

→选择序列分支

6）停止操作

按下停止按钮后，要处理完当前循环周期剩余的任务，然后系统停止在初始状态。

# 第3章
# 物料传送车、传送带的 PLC 控制

## 第1节　物料传送车的 PLC 控制

### 【例 3-1-1】 单处卸料运料小车自动往返的 PLC 控制

#### 1. 控制要求

图 3-1-1（a）为运料小车运行示意图。运料小车启动运行后，首先左行，在左行到位限位开关 SQ$_2$ 处，停下来装料，30s 后装料结束，小车开始右行；小车右行至右行到位限位开关 SQ$_1$ 处，停下来卸料，1min 后卸料结束，再左行；左行至左行到位限位开关 SQ$_2$ 处再装料。这样不停地循环工作，直至按下停止按钮。

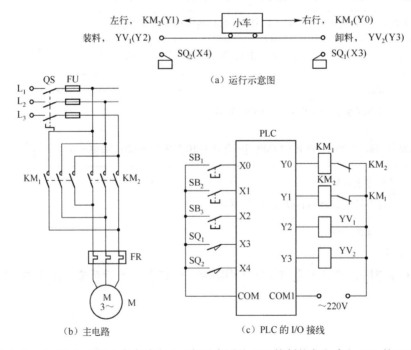

图 3-1-1　单处卸料运料小车自动往返运行示意图及 PLC 控制的主电路和 PLC 的 I/O 接线

## 2. 主电路和 PLC 的 I/O 接线及梯形图

单处卸料运料小车自动往返 PLC 控制的主电路和 PLC 的 I/O 接线分别如图 3-1-1（b）和（c）所示。单处卸料运料小车自动往返 PLC 控制的梯形图如图 3-1-2 所示。

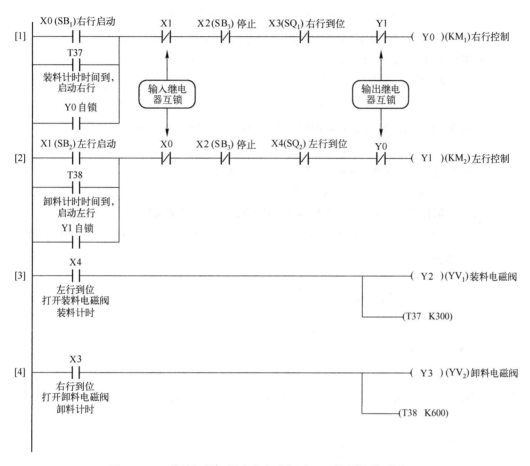

图 3-1-2　单处卸料运料小车自动往返 PLC 控制的梯形图

## 3. 识读要点

使用定时器 T37 和 T38 分别完成装料和卸料的计时。

为了使小车能够自动启动，将控制装料、卸料计时的计时器 T37 和 T38 的延时闭合的动合触点分别与手动启动的右行启动和左行启动按钮 SB₁、SB₂ 控制的右行、左行输入继电器 X0、X1 的动合触点相并联。

用两个到位限位开关 SQ₁、SQ₂ 控制的输入继电器 X3、X4 的动合触点分别控制卸料、装料电磁阀及其计时器。

为了使小车能够自动停止，将停止按钮 SB₃ 控制的输入继电器 X2 的动断触点分别串入 Y0 和 Y1 的线圈回路。

### 4. 电路工作过程

1）小车左行

按下 SB$_2$→X1 得电→◎ X1 [2] 闭合→Y1 [2] 得电 ─────

$\begin{cases} \text{\#Y1 [1] 断开，使 Y0 [1] 不能得电，KM$_1$ 不能得电，小车不能右行，互锁} \\ \text{KM$_2$ 得电→主触点闭合，小车左行 ─────} \\ \text{◎Y1 [2] 闭合，自锁} \end{cases}$

小车左行到位，碰压左行到位限位开关 SQ$_2$，SQ$_2$ 闭合→X4 得电 ─────

$\begin{cases} \text{\#X4 [2] 断开→}\underline{\text{Y1 [2] 失电}}\text{→KM$_2$ 失电→小车停止左行} \\ \qquad\qquad\qquad \underline{\quad}\text{→\#Y1 [1] 闭合} \\ \text{◎ X4 [3] 闭合→Y2 [3] 得电→YV$_1$ 得电→主触点闭合，小车开始装料} \\ \qquad\qquad \underline{\quad}\text{→T37 [3] 得电，开始装料计时→装料计时时间到→◎T37 [1] 闭合→Y0 [1] 得电} \end{cases}$

2）小车右行

$\begin{cases} \text{KM$_1$ 得电→主触点闭合，小车右行 ─────} \\ \text{\#Y0 [2] 断开，使 Y1 不能得电，KM$_2$ 不能得电，小车不能左行，互锁} \\ \text{◎Y0 [1] 闭合，自锁} \end{cases}$

小车右行到位，碰压右行到位限位开关 SQ$_1$，SQ$_1$ 闭合→X3 得电 ─────

$\begin{cases} \text{\#X3 [1] 断开→}\underline{\text{Y0 [1] 失电}}\text{→KM$_1$ 失电→小车停止右行} \\ \text{◎X3 [4] 闭合→Y3 [4] 得电→YV$_2$ 得电→主触点闭合，小车开始卸料} \\ \qquad\qquad \underline{\quad}\text{→T38 [4] 得电，开始卸料计时→卸料计时时间到→◎T38 [2] 闭合 ─────} \end{cases}$

→Y1 [2] 得电→开始下一轮循环

### 【例 3-1-2】 用置位、复位指令编程的单处卸料运料小车自动往返的 PLC 控制

### 1. 主电路、I/O 接线和梯形图

主电路、I/O 接线同图 3-1-1。用置位、复位指令编程的单处卸料运料小车自动往返 PLC 控制的梯形图如图 3-1-3 所示。

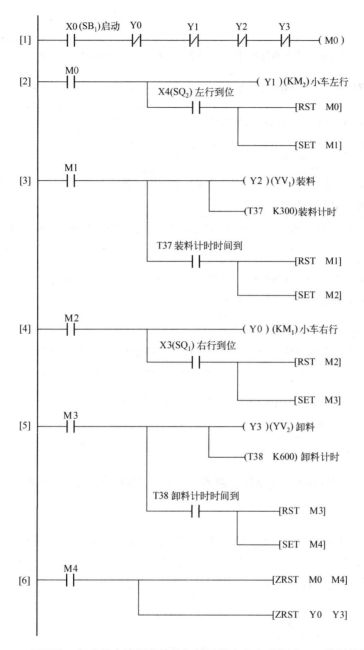

图 3-1-3　用置位、复位指令编程的单处卸料运料小车自动往返 PLC 控制的梯形图

## 2. 电路工作过程

按下启动按钮 SB$_1$ → X0 得电 → ◎ X0[1] 闭合 → M0[1] 置位并保持 → ◎ M0[2] 闭合 ———

{ Y1[2] 得电 → KM$_2$ 得电 → 小车左行 → 小车左行到位，SQ$_2$ 闭合 → X4 得电 → ◎ X4[2] 闭合 → }

Ⓐ

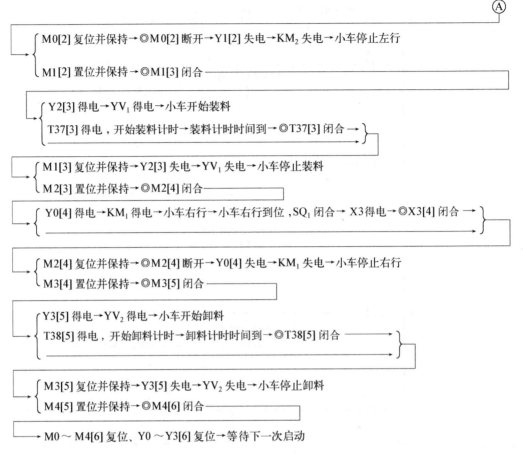

Ⓐ

M0[2] 复位并保持→◎M0[2] 断开→Y1[2] 失电→KM₂ 失电→小车停止左行

M1[2] 置位并保持→◎M1[3] 闭合

Y2[3] 得电→YV₁ 得电→小车开始装料

T37[3] 得电，开始装料计时→装料计时时间到→◎T37[3] 闭合→

M1[3] 复位并保持→Y2[3] 失电→YV₁ 失电→小车停止装料

M2[3] 置位并保持→◎M2[4] 闭合

Y0[4] 得电→KM₁ 得电→小车右行→小车右行到位，SQ₁ 闭合→X3 得电→◎X3[4] 闭合→

M2[4] 复位并保持→◎M2[4] 断开→Y0[4] 失电→KM₁ 失电→小车停止右行

M3[4] 置位并保持→◎M3[5] 闭合

Y3[5] 得电→YV₂ 得电→小车开始卸料

T38[5] 得电，开始卸料计时→卸料计时时间到→◎T38[5] 闭合→

M3[5] 复位并保持→Y3[5] 失电→YV₂ 失电→小车停止卸料

M4[5] 置位并保持→◎M4[6] 闭合

→ M0～M4[6] 复位、Y0～Y3[6] 复位→等待下一次启动

**【例 3–1–3】** 用顺序控制指令编程的多种工作方式的单处卸料运料小车运行的 PLC 控制

**1. 控制要求**

图 3–1–4 为运料小车运行示意图。当小车处于右端时，按下启动按钮，小车向左运行，运行至左端压下左限位开关，翻斗门打开装料，7s 后翻斗门关闭小车向右运行；运行至右端压下右限位开关，底门打开卸料，5s 后底门关闭，完成一次动作。

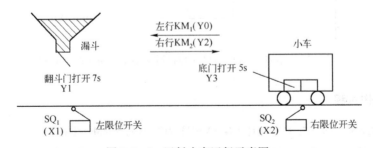

图 3–1–4　运料小车运行示意图

要求控制运料小车的运行有以下几种工作方式。

（1）手动工作方式：用各自的控制按钮来一一对应地接通或断开各负载的工作方式。

（2）单周期工作方式：按下启动按钮，小车往复运行一次后，停在右端等待下一次启动。

（3）连续工作方式：按下启动按钮，小车自动连续往复运行。

## 2. PLC 的 I/O 接线、顺序功能图和梯形图

用顺序控制指令编程的多种工作方式的单处卸料运料小车运行 PLC 控制的 PLC 的 I/O 接线如图 3-1-5 所示。其梯形图如图 3-1-6 ～图 3-1-8 所示。图 3-1-9 为自动工作方式的顺序功能图。

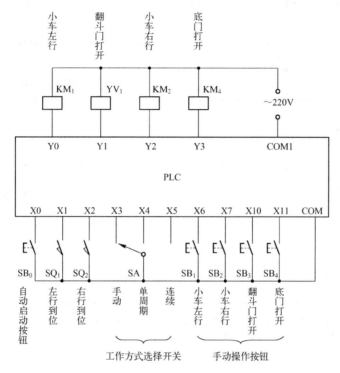

图 3-1-5　用顺序控制指令编程的多种工作方式的单处卸料运料小车

运行 PLC 控制的 PLC 的 I/O 接线

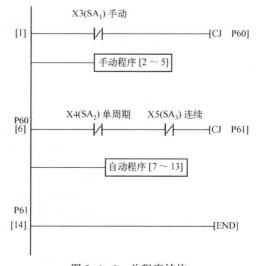

图 3-1-6　总程序结构

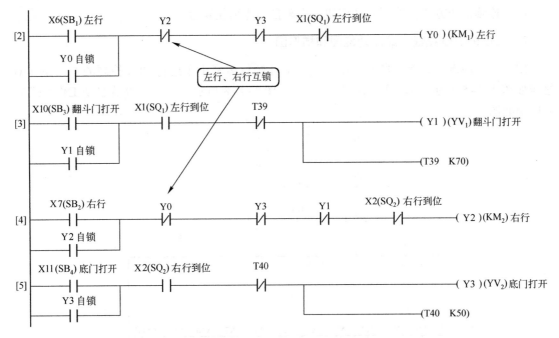

图 3-1-7　手动工作方式的梯形图

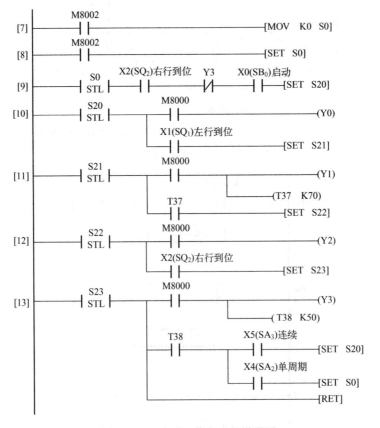

图 3-1-8　自动工作方式的梯形图

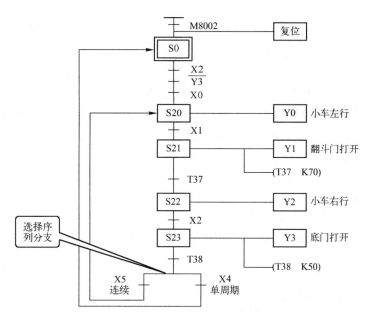

图 3-1-9　自动工作方式的顺序功能图

## 3. 电路工作过程

### 1) 总程序

总程序结构如图 3-1-6 所示。其中包括手动程序和自动程序两个程序块，由跳转指令选择执行。当工作方式选择开关 SA 接通手动工作方式时，触点 $SA_1$ 闭合，触点 $SA_2$、$SA_3$ 断开。触点 $SA_1$ 闭合→X3 得电→#X3[1]断开→执行手动程序。触点 $SA_2$、$SA_3$ 断开→X4、X5 失电→#X4[6]、#X5[6]闭合→跳过自动程序不执行。

当工作方式选择开关 SA 接通单周期或连续工作方式时，触点 $SA_1$ 断开，触点 $SA_2$ 或 $SA_3$ 闭合，因此 X3 失电，而 X4 或 X5 得电，使#X3[1]闭合，而#X4[6]或#X5[6]断开，使程序跳过手动程序而执行自动程序。

### 2) 手动工作方式

手动工作方式的梯形图如图 3-1-7 所示。

在手动工作方式下，只有按下 $SB_1$ 或 $SB_2$，才能使 Y0[2]或 Y2[4]得电，小车才能左行或右行。当 $SQ_1$、$SQ_2$ 断开时，◎X1[3]、◎X2[5]断开，因此这时按 $SB_3$、$SB_4$，不能使 Y1[3]、Y3[5]得电，不能使 $YV_1$、$YV_2$ 得电。

（1）小车左行：按下左行启动按钮 $SB_1$→X6 得电→◎X6[2] 闭合→Y0[2] 得电———

┌ #Y0[4] 断开，使 Y2[4] 不能得电，小车不能右行，互锁

├ $KM_1$ 得电→主触点闭合，小车左行———

└ ◎Y0[2] 闭合，自锁

Ⓐ

Ⓐ

└→ 小车左行到位，碰压左行到位限位开关 SQ$_1$，SQ$_1$ 闭合→X1 得电────────────┐

┌ # X1[2] 断开→Y0[2] 失电→KM$_1$ 失电→小车停止左行
│
└ ◎X1[3] 闭合，为 Y1[3] 得电做准备────────────────────────────────────→┐

（2）翻斗门打开：按下翻斗门打开按钮 SB$_3$→X10 得电→◎X10[3] 闭合 ──────→┘

┌ ┌ YV$_1$ 得电→翻斗门打开
│ │
│ Y1[3] 得电→ # Y1[4] 断开，使 Y2[4] 不能得电，小车不能右行
│ │
│ └ ◎ Y1[3] 闭合，自锁
│
└ T39[3] 得电，开始 7s 计时→T39[3] 计时时间到→#T39[3] 断开→ Y1[3] 失电→YV$_1$ 失电→翻斗门闭合
　　　　　　　　　　　　　　　　　　　　　　　　　　　　　　　└→ #Y1[4] 闭合，为
　　　　　　　　　　　　　　　　　　　　　　　　　　　　　　　　　　Y2[4] 得电做准备→┐

（3）小车右行：按下右行启动按钮 SB$_2$→X7 得电→◎X7[4] 闭合 ──────────→┘

┌ #Y2[2] 断开，使 Y0[2] 不能得电，小车不能左行，互锁
│
→Y2[4] 得电→ KM$_2$ 得电→主触点闭合，小车右行 ──────────────┐
│
└ ◎ Y2[4] 闭合，自锁

── 小车右行到位，碰压右行到位限位开关 SQ$_2$，SQ$_2$ 闭合→ X2 闭合 ───────┘

┌ #X2[4] 断开→Y2[4] 失电→KM$_2$ 失电→小车停止右行
│
└ ◎X2[5] 闭合，为 Y3[5] 得电做准备────────────────────────────────→┐

（4）底门打开：按下底门打开按钮 SB$_4$→X11 得电→◎X11[5] 闭合 ─────────→┘

┌ ┌ YV$_2$ 得电→底门打开
│ │
│ │ #Y3[2] 断开，使 Y0[2] 不能得电，小车不能左行
│ Y3[5] 得电 →
│ │ #Y3[4] 断开，使 Y2[4] 不能得电，小车不能右行
│ │
│ └ ◎Y3[5] 闭合，自锁
│
└ T40[5] 得电，开始 5s 计时→T40[5] 计时时间到→#T40[5] 断开→ Y3[5] 失电→YV$_2$ 失电→底门闭合
　　　　　　　　　　　　　　　　　　　　　　　　　　　　　　┌ #Y3[2] 闭合，为
　　　　　　　　　　　　　　　　　　　　　　　　　　　　→│　 Y0[2] 得电做准备
　　　　　　　　　　　　　　　　　　　　　　　　　　　　　　└ #Y3[4] 闭合

3）自动工作方式

自动工作方式的梯形图和顺序功能图分别如图 3-1-8 和图 3-1-9 所示。当 PLC 进入运行状态就选择了单周期或连续工作方式时，工作方式选择开关 SA 的触点 SA$_1$ 断开，而触点 SA$_2$ 或 SA$_3$ 闭合。SA$_1$ 断开→X3 失电→#X3[1] 闭合→跳过手动程序[2～5]；SA$_2$ 或 SA$_3$ 闭合→X4 或 X5 得电→#X4[6] 或#X5[6] 断开→执行自动程序[7～13]。

程序一开始，特殊辅助继电器 M8002 的触点 ◎ M8002[7、8] 闭合 1 个扫描周期。◎M8002[7] 闭合，使 S0[7] 清零。◎ M8002[8] 闭合，使 S0[8] 置位并保持，程序进入步

S0 [9]。此时小车在右端的右行到位限位开关 SQ₂ 处，并且底门关闭。

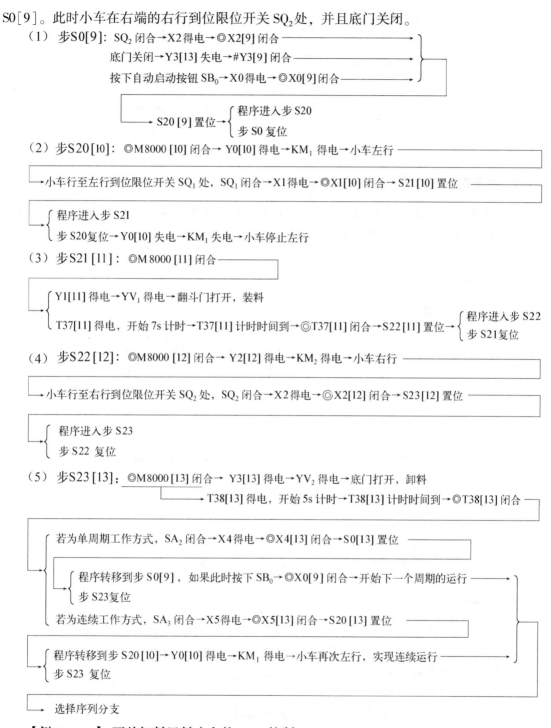

（1）步 S0 [9]：SQ₂ 闭合→X2 得电→◎X2 [9] 闭合 ——————————┐
　　　　　　　　底门关闭→Y3 [13] 失电→#Y3 [9] 闭合 ——————————┤
　　　　　　　　按下自动启动按钮 SB₀→X0 得电→◎X0 [9] 闭合 ——————┘

　　　　　　└→ S20 [9] 置位→{ 程序进入步 S20
　　　　　　　　　　　　　　{ 步 S0 复位

（2）步 S20 [10]：◎M8000 [10] 闭合→Y0 [10] 得电→KM₁ 得电→小车左行 ——————┐

└→小车行至左行到位限位开关 SQ₁ 处，SQ₁ 闭合→X1 得电→◎X1 [10] 闭合→S21 [10] 置位 ——┐

└→{ 程序进入步 S21
　　{ 步 S20 复位→Y0 [10] 失电→KM₁ 失电→小车停止左行

（3）步 S21 [11]：◎M8000 [11] 闭合 ——————┐

└→{ Y1 [11] 得电→YV₁ 得电→翻斗门打开，装料
　　{ T37 [11] 得电，开始 7s 计时→T37 [11] 计时时间到→◎T37 [11] 闭合→S22 [11] 置位→{ 程序进入步 S22
　　　　　　　　　　　　　　　　　　　　　　　　　　　　　　　　　　　　　　　　　　{ 步 S21 复位

（4）步 S22 [12]：◎M8000 [12] 闭合→Y2 [12] 得电→KM₂ 得电→小车右行 ——————┐

└→小车行至右行到位限位开关 SQ₂ 处，SQ₂ 闭合→X2 得电→◎X2 [12] 闭合→S23 [12] 置位 ——┐

└→{ 程序进入步 S23
　　{ 步 S22 复位

（5）步 S23 [13]：◎M8000 [13] 闭合→Y3 [13] 得电→YV₂ 得电→底门打开，卸料
　　　　　　　　　└→T38 [13] 得电，开始 5s 计时→T38 [13] 计时时间到→◎T38 [13] 闭合 ——┐

└→{ 若为单周期工作方式，SA₂ 闭合→X4 得电→◎X4 [13] 闭合→S0 [13] 置位 ————┐
　　{ 　　└→{ 程序转移到步 S0 [9]，如果此时按下 SB₀→◎X0 [9] 闭合→开始下一个周期的运行 ——┐
　　{ 　　　　{ 步 S23 复位
　　{ 若为连续工作方式，SA₃ 闭合→X5 得电→◎X5 [13] 闭合→S20 [13] 置位 ————————┘

└→{ 程序转移到步 S20 [10]→Y0 [10] 得电→KM₁ 得电→小车再次左行，实现连续运行 ——┘
　　{ 步 S23 复位

└→ 选择序列分支

## 【例 3-1-4】两处卸料运料小车的 PLC 控制

### 1. 控制要求

在单处卸料系统的基础上，增加了一处中间卸料，如图 3-1-10 所示，即启动小车后，右行先到中间卸料，再左行装料后，右行至右行到位限位开关处卸料，如此反复。

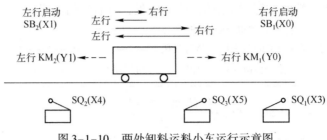

图 3-1-10　两处卸料运料小车运行示意图

## 2. 主电路和 PLC 的 I/O 接线及梯形图

两处卸料运料小车 PLC 控制的主电路和 PLC 的 I/O 接线如图 3-1-11 所示。两处卸料运料小车 PLC 控制的梯形图如图 3-1-12 所示。

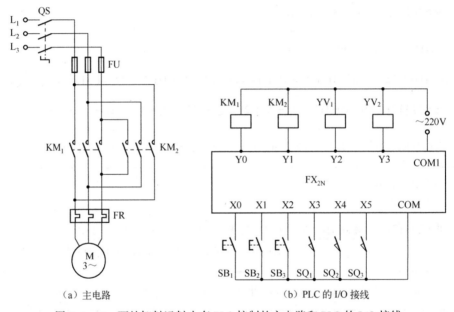

（a）主电路　　　　　　　　（b）PLC 的 I/O 接线

图 3-1-11　两处卸料运料小车 PLC 控制的主电路和 PLC 的 I/O 接线

## 3. 识读要点

小车的每一次循环有两次往返，每次往返都要碰到中间限位开关 SQ$_3$。每次循环中，第 1 次右行碰到 SQ$_3$ 时在此处卸料，但第 2 次右行碰到 SQ$_3$ 时不停车卸料，而是右行到右行到位限位开关 SQ$_1$ 处卸料。为此，使用一个中间卸料完成标志继电器 M10，记忆小车在每次循环中是否已经在中间限位处完成过卸料。

1）在每次循环中，第 2 次右行中间不停车的控制

由于中间限位开关 SQ$_3$（X5）的动断触点#X5[1]与中间卸料完成标志继电器 M10 的动合触点◎M10[1]相并联，所以当中间卸料未完成时，M10[5]未得电，触点◎M10[1]断开，若小车碰到中间限位开关 SQ$_3$（X5），则触点#X5[1]断开，就会使输出继电器 Y0 失电，小车停止右行而卸料；若中间卸料已完成，则 M10[5]得电，◎M10[1]闭合，此时小车碰到中间限位开关 SQ$_3$（X5），即使#X5[1]断开，小车右行也不会停止，一直右行到右行到位限

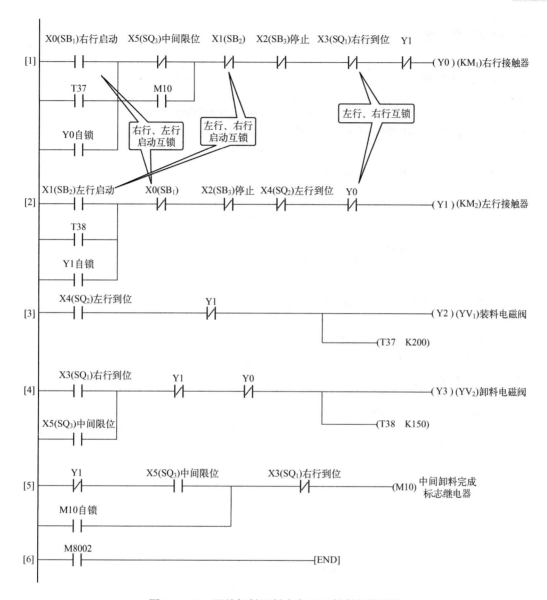

图 3-1-12  两处卸料运料小车 PLC 控制的梯形图

位开关处才会停车卸料。

2）中间卸料完成标志继电器 M10[5]的控制

在 M10[5]线圈电路中串联了左行输出继电器 Y1 的动断触点#Y1[5]，保证不会在小车左行碰到中间限位开关 SQ₃（X5）时，由于◎X5[5]闭合而使 M10 得电；而只能在小车右行碰到中间限位开关 SQ₃（X5）时，由于◎X5[5]闭合，M10 才会得电并自锁，同时在该中间位卸料。此时由于◎M10[1]已闭合，在下一次右行碰到中间限位开关 SQ₃（X5）时，#X5[1]断开，输出继电器 Y0 也不会失电，一直右行到右行到位限位开关 SQ₁ 处才停车卸料。此时由于 M10[5]驱动电路中串联了右行到位限位开关 SQ₃（X3）的动断触点#X3[5]，M10[5]又失电，如此反复。

## 4. 电路工作过程

### 1）小车第 1 次右行

按下右行启动按钮 SB$_1$→X0 得电

$\begin{cases} ◎X0[1] 闭合→Y0[1] 得电并自锁→ \begin{cases} \#Y0[2] 断开，使 Y1[2] 不能得电，互锁 \\ \#Y0[4] 断开，使 Y3[4] 不能得电 \\ KM_1 得电→小车右行 \end{cases} \\ \#X0[2] 断开，使 Y1[2] 不能得电，互锁 \end{cases}$

→ 小车右行碰到中间限位开关 SQ$_3$→X5 得电

$\begin{cases} \#X5[1] 断开→Y0[1] 失电 \begin{cases} \#Y0[2] 闭合 \\ \#Y0[4] 闭合 \\ KM_1 失电→小车停止右行 \end{cases} \\ ◎X5[4] 闭合 \\ ◎X5[5] 闭合→M10[5] 得电并自锁→◎M10[1] 闭合 \end{cases}$

$\begin{cases} Y3[4] 得电→YV_2 得电→开始卸料 \\ T38[4] 得电，开始计时 \end{cases}$

### 2）小车第 1 次左行

→T38[4] 计时时间到，即卸料时间到→◎T38[2] 闭合→Y1[2] 得电并自锁

$\begin{cases} \#Y1[4] 断开→Y3[4] 失电→YV_2 失电→停止卸料 \\ KM_2 得电→小车左行 \\ \#Y1[1] 断开，使 Y0[1] 不能得电，互锁 \end{cases}$

→小车左行到位，碰压左行到位限位开关 SQ$_2$→X4 得电

$\begin{cases} \#X4[2] 断开→Y1[2] 失电→ \begin{cases} \#Y1[4] 闭合 \\ KM_2 失电→小车停止左行 \\ \#Y1[3] 闭合 \end{cases} \\ ◎X4[3] 闭合 \end{cases}$

$\begin{cases} Y2[3] 得电→YV_1 得电→开始装料 \\ T37[3] 得电，开始计时 \end{cases}$

### 3）小车第 2 次右行

→当 T37[3] 计时时间到，即装料时间到→◎T37[1] 闭合→Y0[1] 得电并自锁

$\begin{cases} \#Y0[2] 断开，使 Y1[2] 不能得电，互锁 \\ \#Y0[4] 断开，使 Y3[4] 不能得电 \\ KM_1 得电→小车第 2 次右行 \end{cases}$

Ⓐ      ⒷⒸ

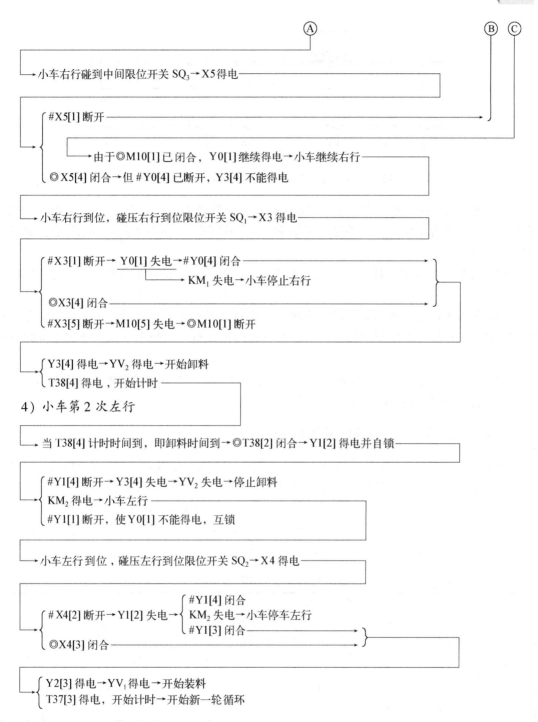

Ⓐ　　　　　　　　　　　　　　　　　　　　　　Ⓑ Ⓒ

└→ 小车右行碰到中间限位开关 SQ₃→X5 得电

┌ #X5[1] 断开

│　　┌→ 由于◎M10[1] 已闭合，Y0[1] 继续得电→小车继续右行

└ ◎X5[4] 闭合→但 #Y0[4] 已断开，Y3[4] 不能得电

└→ 小车右行到位，碰压右行到位限位开关 SQ₁→X3 得电

┌ #X3[1] 断开→ Y0[1] 失电→#Y0[4] 闭合

│　　　　　　└→ KM₁ 失电→小车停止右行

├ ◎X3[4] 闭合

└ #X3[5] 断开→M10[5] 失电→◎M10[1] 断开

┌ Y3[4] 得电→YV₂ 得电→开始卸料

└ T38[4] 得电，开始计时

4）小车第 2 次左行

└→ 当 T38[4] 计时时间到，即卸料时间到→◎T38[2] 闭合→Y1[2] 得电并自锁

┌ #Y1[4] 断开→Y3[4] 失电→YV₂ 失电→停止卸料

├ KM₂ 得电→小车左行

└ #Y1[1] 断开，使 Y0[1] 不能得电，互锁

└→ 小车左行到位，碰压左行到位限位开关 SQ₂→X4 得电

┌ #X4[2] 断开→Y1[2] 失电→┌ #Y1[4] 闭合

│　　　　　　　　　　　│ KM₂ 失电→小车停车左行

│　　　　　　　　　　　└ #Y1[3] 闭合

└ ◎X4[3] 闭合

┌ Y2[3] 得电→YV₁ 得电→开始装料

└ T37[3] 得电，开始计时→开始新一轮循环

## 【例 3-1-5】 用功能指令编程的台车之呼车的 PLC 控制

### 1. 控制要求

有一辆电动运输小车供 8 个加工点使用。各工位的限位开关和呼车按钮的布置如图 3-1-13 所示。图中，SQ 和 SB 的编号也是各工位的编号；SQ 为滚轮式，可自动复位。

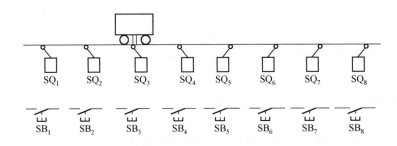

图 3-1-13　各工位的限位开关和呼车按钮的布置

（1）小车开始应能停留在 8 个加工点中任意一个限位开关的位置上。PLC 上电后，车停在某加工点（下称工位）处。若没有用车呼叫（下称呼车），则各工位的指示灯亮，表示各工位可以呼车。

（2）若某工位呼车（按本位的呼车按钮），则各工位的指示灯均灭，表示此后再呼车无效。

（3）停车工位呼车则小车不动。当呼车工位号大于停车工位号时，小车自动向高位行驶；当呼车工位号小于停车工位号时，小车自动向低位行驶。当小车到达呼车工位时自动停车。

（4）小车到达呼车工位时应停留 30s 供该工位使用，不应立即被其他工位呼走。

（5）临时停电后再复电，小车不会自动启动。

### 2. PLC 的 I/O 配置、程序流程图和梯形图

每个工位应设置 1 个限位开关和 1 个呼车按钮，系统要有用于启动和停止的按钮，这些是 PLC 的输入元件。小车要用 1 台电动机拖动，电动机反转小车驶向高位，电动机正转小车驶向低位，电动机正转和反转各需要 1 个接触器，是 PLC 的执行元件。另外，每个工位还要有 1 个指示灯作为呼车显示，且所有指示灯并联接于某一输出口上。电动机和指示灯是 PLC 的控制对象。PLC 的 I/O 配置如表 3-1-1 所示。

表 3-1-1　PLC 的 I/O 配置

| 限位开关（停车工位号） | | 呼车按钮（呼车工位号） | | 启动、停止 | | 输　　出 | |
| --- | --- | --- | --- | --- | --- | --- | --- |
| SQ$_1$ | X10 | SB$_1$ | X0 | 系统启动按钮 SB$_{01}$ | X20 | 可呼车指示灯 HL | Y3 |
| SQ$_2$ | X11 | SB$_2$ | X1 | 系统停止按钮 SB$_{02}$ | X21 | 电动机正转接触器 KM$_2$ | Y0 |
| SQ$_3$ | X12 | SB$_3$ | X2 | | | 电动机反转接触器 KM$_1$ | Y1 |
| SQ$_4$ | X13 | SB$_4$ | X3 | | | 制动接触器 KM$_3$ | Y2 |
| SQ$_5$ | X14 | SB$_5$ | X4 | | | | |
| SQ$_6$ | X15 | SB$_6$ | X5 | | | | |
| SQ$_7$ | X16 | SB$_7$ | X6 | | | | |
| SQ$_8$ | X17 | SB$_8$ | X7 | | | | |

根据控制要求，绘制出如图 3-1-14 所示的程序流程图。程序的编制使用传送比较类指令。其基本原理为分别传送停车工位号及呼车工位号并比较后决定小车的运动方向。用功能

指令编程的台车呼车 PLC 控制的梯形图如图 3-1-15 所示。

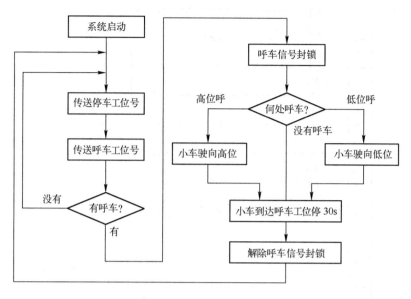

图 3-1-14　程序流程图

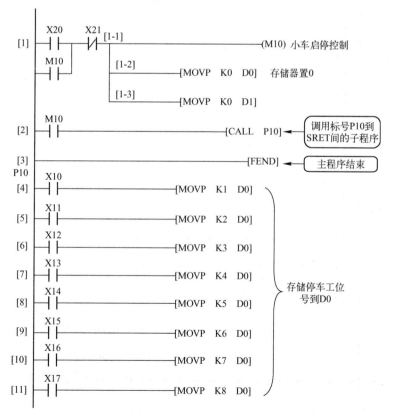

图 3-1-15　用功能指令编程的台车呼车 PLC 控制的梯形图

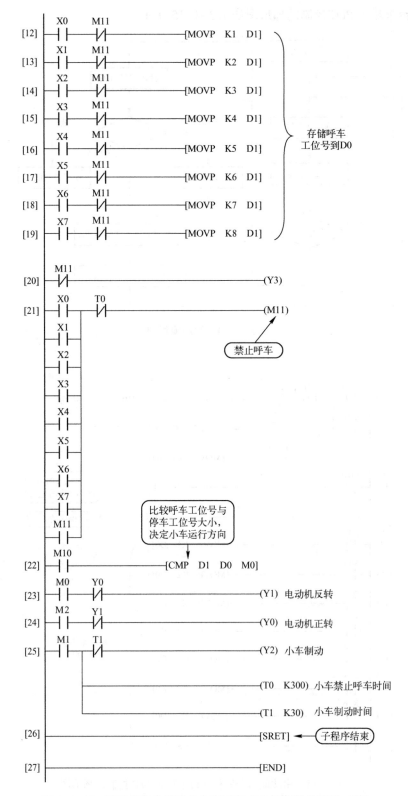

图 3-1-15　用功能指令编程的台车呼车 PLC 控制的梯形图（续）

### 3. 识读要点

（1）根据控制要求，采用传送指令和比较指令，即先把小车的停车工位号传送到一个内存单元 D0 中，再把呼车工位号传送到另一个内存单元 D1 中，然后将这两个内存单元的内容进行比较。若呼车工位号大于停车工位号，则小车向高位行驶；若呼车工位号小于停车工位号，则小车向低位行驶。

（2）若有某工位呼车，则应立即封锁其他工位的呼车信号。

（3）小车行驶到位后应在该工位停留一段时间，即延迟一定时间再解除对呼车信号的封锁。

（4）M11 为呼车封锁中间继电器，M10 为系统启动中间继电器。

### 4. 电路工作过程

1）启动

按下启动按钮 $SB_{01}$→X20 得电→X20[1] 闭合────────

├─┤执行 MOVP[1-2] 指令→将 0 送入 D0，停车工位号寄存器清零
│　执行 MOVP[1-3] 指令→将 0 送入 D1，呼车工位号寄存器清零
└─ M10[1] 得电→◎M10[2] 闭合→调用子程序 P10→接着进入子程序 P10[4～26]

2）右行工作过程

设小车现暂停于 2 号工位→$SQ_2$ 闭合→X11 得电→◎X11[5] 闭合→执行 MOVP[5] 指令，将 2 送入 D0，停车工位号寄存器为 2。#M11[20] 闭合→Y3[20] 得电→指示灯 HL 亮，指示可进行呼车。如果这时 4 号工位呼车→$SB_4$ 闭合→X3 得电。

X3 得电┤┌◎ X3[15] 闭合→执行 MOVP[15] 指令，将 4 送入 D1，呼车工位号寄存器为 4
　　　　└◎ X3[21] 闭合→M11[21] 得电并自锁────────

├─┤#M11[12～19] 断开，禁止其他工位呼车
│　#M11[20] 断开→Y3[20] 失电→指示灯 HL 灭，指示已有工位呼车，其他工位不可进行呼车
└ 由于◎M10[22] 已闭合，执行比较指令 [22]，将 D1 与 D0 相比较────────

└→ 此时 D1(4)>D0(2)→M0 得电→◎M0[23] 闭合→Y1[23] 得电────────

├─┤KM₁ 得电→电动机反转→小车由 2 号工位开始右行
│　#Y1[24] 断开，使 Y0[24] 不能得电，小车不能左行，互锁
└→ 小车右行经过 3 号工位，$SQ_3$ 闭合→X12 得电→◎X12[6] 闭合────────

└→ 执行 MOVP[6] 指令，将 3 送入 D0，停车工位号寄存器为 3────────

└→ 此时 D1(4)>D0(3)→M0 得电→◎M0[23] 闭合→Y1[23] 得电────────

Ⓐ

Ⓐ

┌── KM₁ 得电→电动机反转→小车由 3 号工位继续右行 ─────────
│
└── #Y1[24] 断开，使 Y0[24] 不能得电，小车不能左行，互锁

├──→ 小车右行到达 4 号工位，SQ₄ 闭合→X13 得电→◎X13[7] 闭合 ─────

├──→ 执行 MOVP[7] 指令，将 4 送入 D0，停车工位号寄存器为 4 ─────

├──→由于 D1(4)=D0(4)→┌── M1 得电→◎M1[25] 闭合 ─────────
│                    └── M0 失电→Y1[23] 失电→KM₁ 失电→电动机反转停止

├──┌── Y2[25] 得电 → KM₃ 得电 → 小车制动
│  │
│  ├── T1[25] 得电，开始 3s 计时→T1[25] 计时时间到→#T1[25] 断开 ─────
│  │  └── Y2[25] 失电→ KM₃ 失电→小车制动结束
│  └── T0[25] 得电，开始 30s 计时→T0[25] 计时时间到→#T0[21] 断开 ─────

└──→ M11[21] 失电→┌── #M11[12 ～ 19] 闭合，允许其他工位呼车
                  └── #M11[20] 闭合→Y3[20] 得电→指示灯 HL 亮，指示可进行呼车

3）左行工作过程

小车左行工作过程与右行工作过程类似，不再赘述。

4）原位不动

若小车停在 3 号工位，而 3 号工位呼叫，则小车原位不动。

小车停在 3 号工位，SQ₃ 受压→X12 得电→◎X12[6] 闭合→执行 MOVP[6] 指令，将 3 送入 D0，停车工位号寄存器为 3。

这时 3 号工位呼叫，SB₃ 闭合→X2 得电→◎X2[14] 闭合→执行 MOVP[14] 指令，将 3 送入 D1，呼车工位号寄存器为 3。

由于 D1(3)= D0(3)，因此执行比较指令[22]时，Y0[24]、Y1[23]不能得电，KM₂、KM₁ 不能得电→电动机停转→小车原位不动；而 T0[25]得电，开始 30s 计时→T0[25]计时时间到→#T0[21]断开→M11[21]失电，则 #M11[20]闭合→Y3[20]得电→指示灯 HL 亮，指示可进行呼车，同时 #M11[12 ～ 19]闭合，允许其他工位呼车。

# 第 2 节  物料传送带的 PLC 控制

【例 3-2-1】 3 级传送带顺序启动、 逆序停止的 PLC 控制

## 1. 控制要求

启动顺序：传送带 1 启动→传送带 1 启动后，传送带 2 才可以启动→传送带 2 启动后，传送带 3 才可以启动。

停止顺序：要停止传送带，只有停止传送带 3 后才能停止传送带 2，只有停止传送带 2 后才能停止传送带 1。

### 2. PLC 的 I/O 配置、PLC 的 I/O 接线和梯形图

PLC 的 I/O 配置如表 3-2-1 所示。3 级传送带顺序启动、逆序停止 PLC 控制的 PLC 的 I/O 接线如图 3-2-1 所示。3 级传送带顺序启动、逆序停止 PLC 控制的梯形图如图 3-2-2 所示。

表 3-2-1　PLC 的 I/O 配置

| 输 入 设 备 | | 输入继电器 | 输 出 设 备 | | 输出继电器 |
|---|---|---|---|---|---|
| 代　号 | 功　能 | | 代　号 | 功　能 | |
| $FR_1$ | 电动机 $M_1$ 的热保护继电器 | X11 | $KM_1$ | 传送带 1 电动机 $M_1$ 控制接触器 | Y1 |
| $FR_2$ | 电动机 $M_2$ 的热保护继电器 | X12 | $KM_2$ | 传送带 2 电动机 $M_2$ 控制接触器 | Y2 |
| $FR_3$ | 电动机 $M_3$ 的热保持继电器 | X13 | $KM_3$ | 传送带 3 电动机 $M_3$ 控制接触器 | Y3 |
| $SB_{11}$ | 传送带1的停止按钮 | X1 | | | |
| $SB_{12}$ | 传送带1的启动按钮 | X2 | | | |
| $SB_{21}$ | 传送带2的停止按钮 | X3 | | | |
| $SB_{22}$ | 传送带2的启动按钮 | X4 | | | |
| $SB_{31}$ | 传送带3的停止按钮 | X5 | | | |
| $SB_{32}$ | 传送带 3 的启动按钮 | X6 | | | |

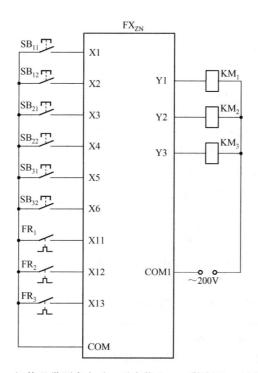

图 3-2-1　3 级传送带顺序启动、逆序停止 PLC 控制的 PLC 的 I/O 接线

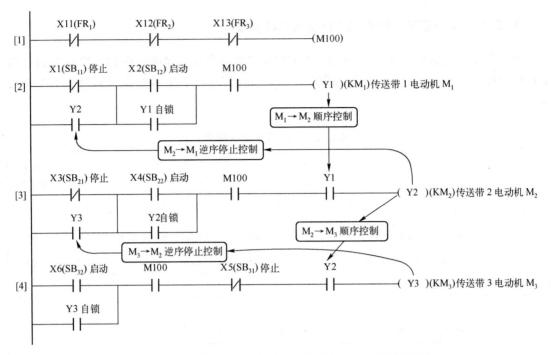

图 3-2-2　3 级传送带顺序启动、逆序停止 PLC 控制的梯形图

## 3. 电路工作过程

### 1）启动

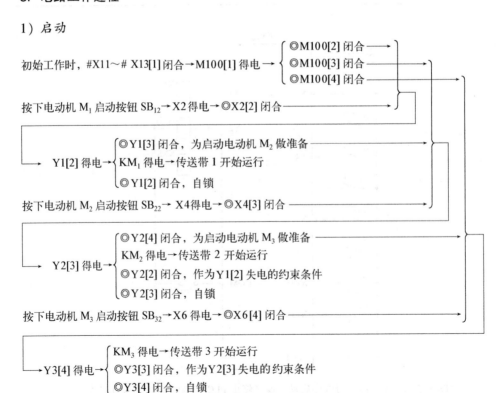

2）停止

按下停止按钮 $SB_{11}$、$SB_{21}$ 均不能使 Y1、Y2 失电，即不能使传送带 1、2 停止运行。

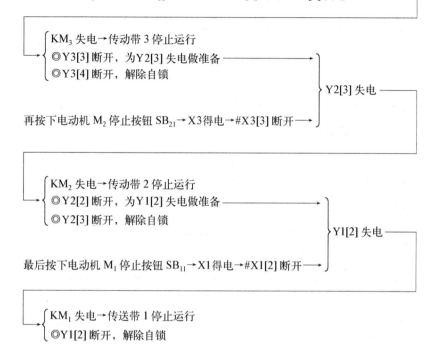

按下电动机 $M_3$ 停止按钮 $SB_{31}$→X5 得电→#X5[4] 断开→Y3[4] 失电──

$\left\{ \begin{array}{l} KM_3 \text{ 失电→传动带 3 停止运行} \\ ◎Y3[3] \text{ 断开，为 Y2[3] 失电做准备}── \\ ◎Y3[4] \text{ 断开，解除自锁} \end{array} \right.$ ⎫Y2[3] 失电──

再按下电动机 $M_2$ 停止按钮 $SB_{21}$→X3 得电→#X3[3] 断开──

$\left\{ \begin{array}{l} KM_2 \text{ 失电→传动带 2 停止运行} \\ ◎Y2[2] \text{ 断开，为 Y1[2] 失电做准备}── \\ ◎Y2[3] \text{ 断开，解除自锁} \end{array} \right.$ ⎫Y1[2] 失电──

最后按下电动机 $M_1$ 停止按钮 $SB_{11}$→X1 得电→#X1[2] 断开──

$\left\{ \begin{array}{l} KM_1 \text{ 失电→传送带 1 停止运行} \\ ◎Y1[2] \text{ 断开，解除自锁} \end{array} \right.$

## 【例 3-2-2】带式运输机循环延时顺序启动、延时逆序停止的 PLC 控制

### 1. 控制要求

某控制系统，能够实现多级（如 4 级）带式运输机的循环延时顺序启动、延时逆序停止控制，各级带式运输机分别由三相交流感应电动机 $M_1 \sim M_4$ 驱动。当按下启动按钮 $SB_1$ 时，1 号带式运输机立即启动运行；延时 5s 后，2 号带式运输机启动运行；延时 10s 后，3 号带式运输机启动运行；延时 15s 后，4 号带式运输机启动运行。任何时候按下停止按钮 $SB_2$，带式运输机逆启动顺序停止，相隔延时均为 8s，直至所有带式运输机均停止运行。在带式运输机停止运行的过程中，如果按下启动按钮 $SB_1$，则停止过程立即中断，带式运输机按照启动规则顺序延时启动，延时时间从启动按钮按下时刻算起。

### 2. PLC 的 I/O 配置和梯形图

输入信号：X0 为启动按钮 $SB_1$，X1 为停止按钮 $SB_2$。

输出信号：Y0 为控制电动机 $M_1$ 的 $KM_1$，Y1 为控制电动机 $M_2$ 的 $KM_2$，Y2 为控制电动机 $M_3$ 的 $KM_3$，Y3 为控制电动机 $M_4$ 的 $KM_4$。

带式运输机循环延时顺序启动、延时逆序停止 PLC 控制的梯形图如图 3-2-3 所示。

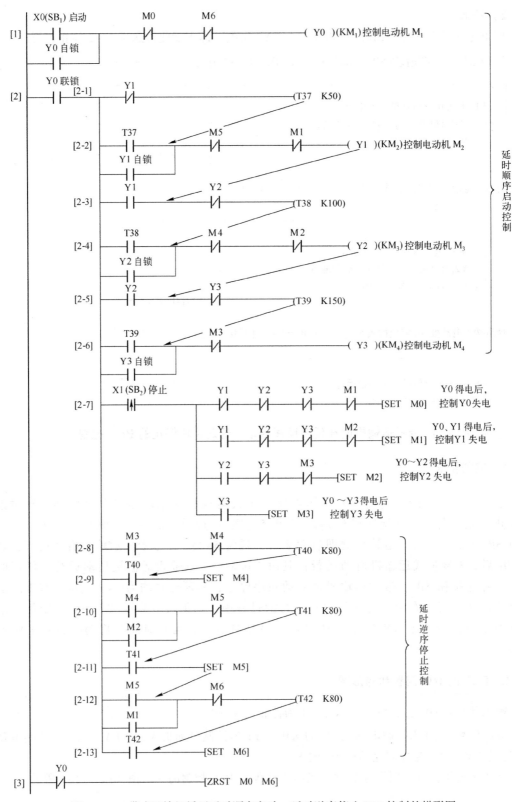

图 3-2-3　带式运输机循环延时顺序启动、延时逆序停止 PLC 控制的梯形图

## 3. 电路工作过程

### 1）延时顺序启动

按下启动按钮 SB$_1$→X0 得电→ ◎X0[1] 闭合→Y0[1] 得电───

- KM$_1$ 得电→电动机 M$_1$ 启动，1 号带式运输机启动运行
- ◎Y0[2] 闭合→T37[2-1] 得电，开始 5s 计时───
- #Y0[3] 断开
- ◎Y0[1] 闭合，自锁

───→ T37[2-1] 的 5s 计时时间到→◎T37[2-2] 闭合→Y1[2-2] 得电───

- KM$_2$ 得电→电动机 M$_2$ 启动，2 号带式运输机启动运行
- ◎Y1[2-3] 闭合→T38[2-3] 得电，开始 10s 计时───
- # Y1[2-7] 断开
- ◎Y1[2-7] 闭合
- # Y1[2-1] 断开→T37[2-1] 失电
- ◎Y1[2-2] 闭合，自锁

───→ T38[2-3] 的 10s 计时时间到→◎T38[2-4] 闭合→ Y2[2-4] 得电───

- KM$_3$ 得电→电动机 M$_3$ 启动，3 号带式运输机启动运行
- ◎Y2[2-5] 闭合→T39[2-5] 得电，开始 15s 计时───
- #Y2[2-7] 断开
- ◎Y2[2-7] 闭合
- #Y2[2-3] 断开→T38[2-3] 失电
- ◎Y2[2-4] 闭合，自锁

───→ T39[2-5] 的 15s 计时时间到→◎T39[2-6] 闭合→Y3[2-6] 得电───

- KM$_4$ 得电→电动机 M$_4$ 启动，4 号带式运输机启动运行
- #Y3[2-7] 断开
- ◎Y3[2-7] 闭合
- #Y3[2-5] 断开→T39[2-5]失电
- ◎Y3[2-6] 闭合，自锁

### 2）延时逆序停止

由于 Y0 ～ Y3 已得电 → { #Y1 ～ #Y3[2-7] 断开

　　　　　　　　　　　◎Y3[2-7] 闭合───────

按下停止按钮 SB$_2$→X1 得电→X1[2-7] 闭合→通过 X1[2-7] 的上升沿───

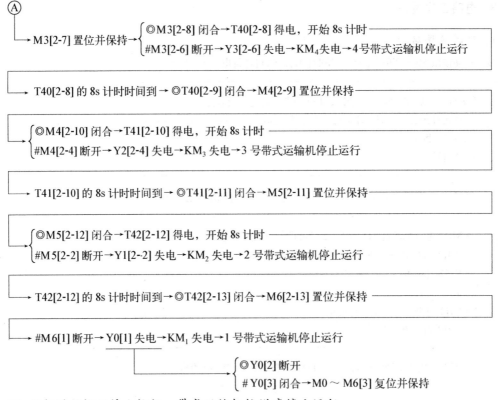

3）任何时候按下停止按钮，带式运输机按逆序停止运行

（1）1 号带式运输机启动后，立即按下停止按钮的电路工作过程如下。

1 号带式运输机启动后，2～4 号未启动，则 Y0[1]得电，而 Y1～Y3 未得电，因此 #Y1～#Y3[2-7]闭合，而◎Y1～◎Y3[2-7]断开。

按下停止按钮 SB₂→X1 得电→◎X1[2-7]闭合→其上升沿通过已闭合的#Y1～#Y3[2-7]，使 M0[2-7]置位并保持→#M0[1]断开→Y0[1]失电→KM₁ 失电→1 号带式运输机停止运行。

（2）1 号、2 号带式运输机启动后，立即按下停止按钮的电路工作过程如下。

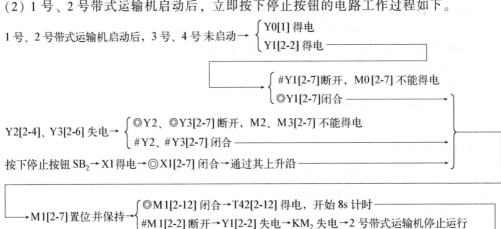

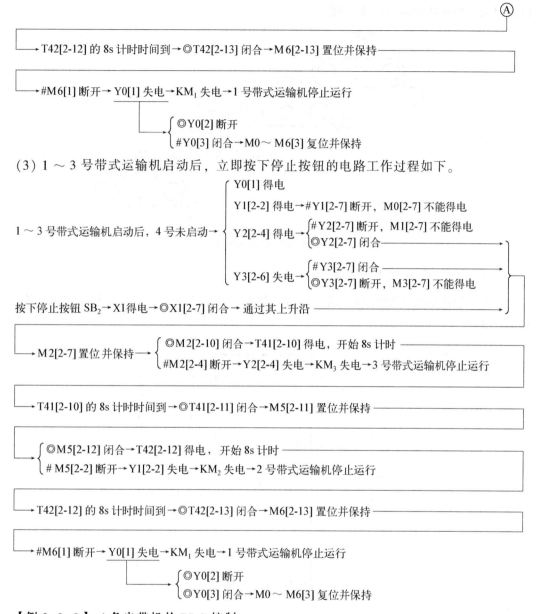

Ⓐ

└→ T42[2-12] 的 8s 计时时间到 →◎T42[2-13] 闭合 →M6[2-13] 置位并保持 ────────┐

└→ #M6[1] 断开 →Y0[1] 失电 →KM₁ 失电 →1 号带式运输机停止运行

        { ◎Y0[2] 断开
        { #Y0[3] 闭合 →M0～M6[3] 复位并保持

（3）1～3 号带式运输机启动后，立即按下停止按钮的电路工作过程如下。

1～3 号带式运输机启动后，4 号未启动 →
{
 Y0[1] 得电
 Y1[2-2] 得电 →#Y1[2-7] 断开，M0[2-7] 不能得电
 Y2[2-4] 得电 →{ #Y2[2-7] 断开，M1[2-7] 不能得电
         { ◎Y2[2-7] 闭合 ─────────┐
 Y3[2-6] 失电 →{ #Y3[2-7] 闭合 ─────────┐
         { ◎Y3[2-7] 断开，M3[2-7] 不能得电
}

按下停止按钮 SB₂ →X1 得电 →◎X1[2-7] 闭合 → 通过其上升沿 ────────────┘

└→ M2[2-7] 置位并保持 →{ ◎M2[2-10] 闭合 →T41[2-10] 得电，开始 8s 计时 ────────┐
          { #M2[2-4] 断开 →Y2[2-4] 失电 →KM₃ 失电 →3 号带式运输机停止运行

└→ T41[2-10] 的 8s 计时时间到 →◎T41[2-11] 闭合 →M5[2-11] 置位并保持 ────────┐

└→ { ◎M5[2-12] 闭合 →T42[2-12] 得电，开始 8s 计时 ────────┐
 { # M5[2-2] 断开 →Y1[2-2] 失电 →KM₂ 失电 →2 号带式运输机停止运行

└→ T42[2-12] 的 8s 计时时间到 →◎T42[2-13] 闭合 →M6[2-13] 置位并保持 ────────┐

└→ #M6[1] 断开 →Y0[1] 失电 →KM₁ 失电 →1 号带式运输机停止运行

        { ◎Y0[2] 断开
        { ◎Y0[3] 闭合 →M0～M6[3] 复位并保持

## 【例 3-2-3】 4 条皮带机的 PLC 控制

### 1. 控制要求

一个用 4 条皮带运输机的传送系统，分别用 4 台电动机带动。图 3-2-4 为 4 条皮带运输机的传送系统图。启动时先启动最末一条皮带机 D，经过 5s 延时，再依次启动其他皮带机。停止时应先停止最前一条皮带机 A，待料运送完毕后再依次停止其他皮带机。

当某条皮带机上有重物时，该皮带机前面的皮带机停止，该皮带机运行 5s 后停，而该皮带机以后的皮带机待料运完后才停止。例如，在皮带机 C 上有重物，皮带机 A、B 立即停止，过 5s，皮带机 C 停止，再过 5s，皮带机 D 停止。

皮带机 A、B、C、D，有负载时为 1，无负载时为 0。M₁、M₂、M₃、M₄ 表示传送电动

机，启动、停止用动合按钮来实现。

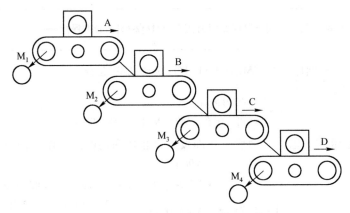

图 3-2-4  4 条皮带运输机的传送系统图

### 2. PLC 的 I/O 接线和梯形图

4 条皮带机 PLC 控制的 PLC 的 I/O 接线如图 3-2-5 所示。4 条皮带机 PLC 控制的梯形图如图 3-2-6 所示。

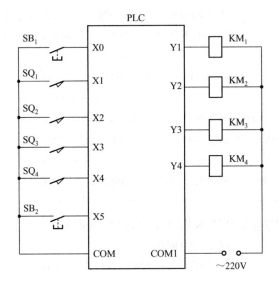

图 3-2-5  4 条皮带机 PLC 控制的 PLC 的 I/O 接线

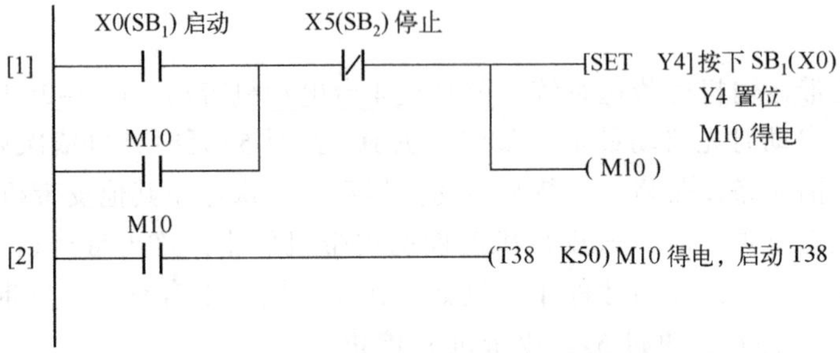

图 3-2-6  4 条皮带机 PLC 控制的梯形图

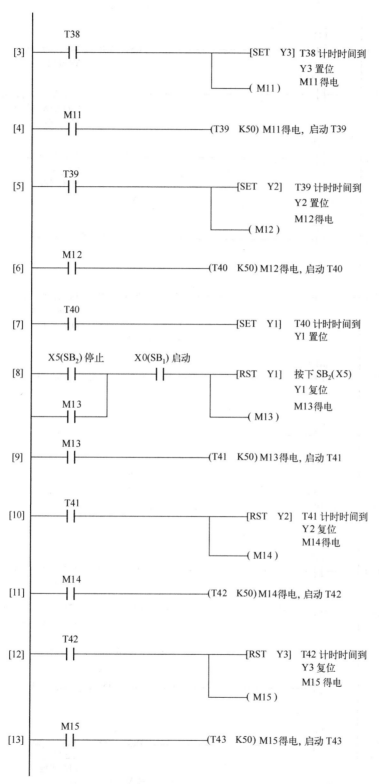

图 3-2-6　4 条皮带机 PLC 控制的梯形图（续）

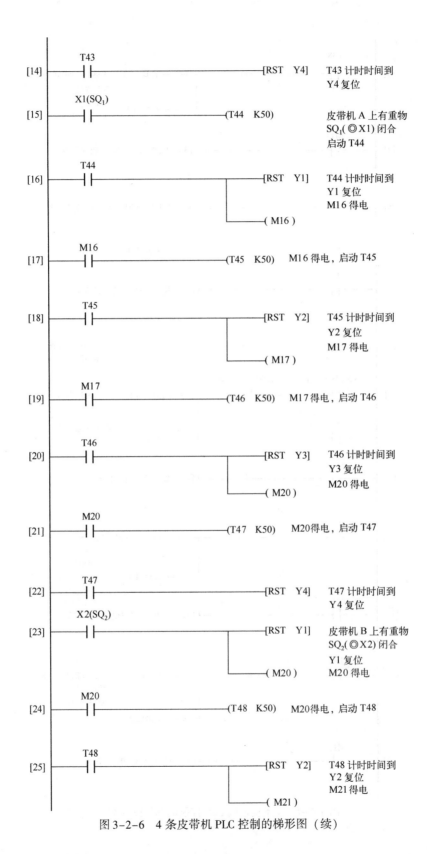

图 3-2-6　4 条皮带机 PLC 控制的梯形图（续）

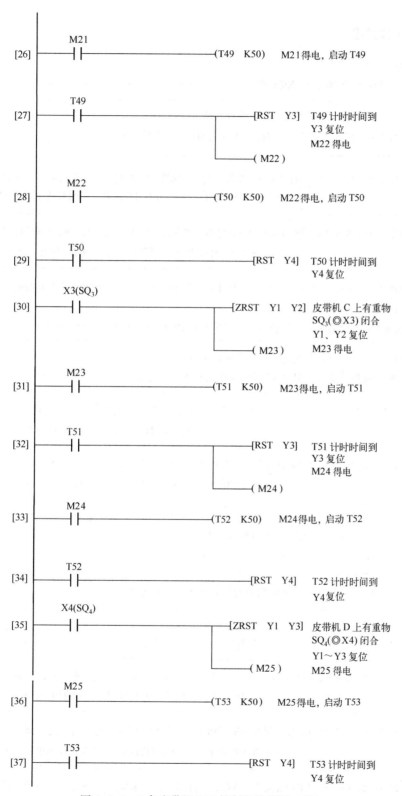

图 3-2-6　4 条皮带机 PLC 控制的梯形图（续）

### 3. 电路工作过程

1）顺序启动 $[1 \sim 7]$

按下启动按钮 SB$_1$→X0 得电→◎X0[1] 闭合 ─────────────

$\left\{\begin{array}{l} \text{Y4[1] 置位并保持→KM}_4 \text{ 得电→皮带机 D 开始运行} \\ \text{M10[1] 得电并自锁→◎M10[2] 闭合→T38[2] 得电，开始计时} \end{array}\right.$

→ T38[2] 计时时间到→ ◎T38[3] 闭合→ Y3[3] 置位并保持→KM$_3$ 得电→皮带机 C 开始运行
　　　　　　　　　　　└─────→ M11[3] 得电→◎M11[4] 闭合→T39[4] 得电，开始计时 ──

→ T39[4] 计时时间到→ ◎T39[5] 闭合→ Y2[5] 置位并保持→KM$_2$ 得电→皮带机 B 开始运行
　　　　　　　　　　　└─────→ M12[5] 得电→◎M12[6] 闭合→T40[6] 得电，开始计时 ──

→ T40[6] 计时时间到→ ◎T40[7] 闭合→ Y1[7] 置位并保持→KM$_1$ 得电→皮带机 A 开始运行

2）顺序停止 $[8 \sim 14]$

按下停止按钮 SB$_2$→X5 得电→◎X5[8] 闭合（◎X0[8] 已闭合）─────

$\left\{\begin{array}{l} \text{Y1[8] 复位并保持→KM}_1 \text{ 失电→皮带机 A 停止运行} \\ \text{M13[8] 得电并自锁→◎M13[9] 闭合→T41[9] 得电，开始计时} \end{array}\right.$

→ T41[9] 计时时间到→ ◎T41[10] 闭合→ Y2[10] 复位并保持→KM$_2$ 失电→皮带机 B 停止运行
　　　　　　　　　　└─────→ M14[10] 得电→◎M14[11] 闭合→T42[11] 得电，开始计时 ──

→ T42[11] 计时时间到→ ◎T42[12] 闭合→ Y3[12] 复位并保持→KM$_3$ 失电→皮带机 C 停止运行
　　　　　　　　　　└─────→ M15[12] 得电→◎M15[13] 闭合→T43[13] 得电，开始计时 ──

→ T43[13] 计时时间到→ ◎T43[14] 闭合→ Y4[14] 复位并保持→KM$_4$ 失电→皮带机 D 停止运行

3）皮带机 A 上有重物时的停止 $[15 \sim 22]$

皮带机 A 上有重物时，行程开关 SQ1 闭合→X1 得电→◎X1[15] 闭合 ─────

── T44[15] 得电，开始计时→T44[15] 计时时间到→◎T44[16] 闭合 ─────

$\left\{\begin{array}{l} \text{Y1[16] 复位并保持→KM}_1 \text{ 失电→皮带机 A 停止运行} \\ \text{M16[16] 得电→◎M16[17] 闭合→T45[17] 得电，开始计时} \end{array}\right.$

→T45[17] 计时时间到→ ◎T45[18] 闭合→ Y2[18] 复位并保持→KM$_2$ 失电→皮带机 B 停止运行
　　　　　　　　　　└─────→ M17[18] 得电→◎M17[19] 闭合→T46[19] 得电，开始计时 ──

→T46[19] 计时时间到→ ◎T46[20] 闭合→ Y3[20] 复位并保持→KM$_3$ 失电→皮带机 C 停止运行
　　　　　　　　　　└─────→ M20[20] 得电→◎M20[21] 闭合→T47[21] 得电，开始计时 ──

→T47[21] 计时时间到→ ◎T47[22] 闭合→ Y4[22] 复位并保持→KM$_4$ 失电→皮带机 D 停止运行

4）皮带机 B 上有重物时的停止 [23 ～ 29]

皮带机 B 上有重物时，SQ₂ 闭合→X2 得电→◎X2[23] 闭合

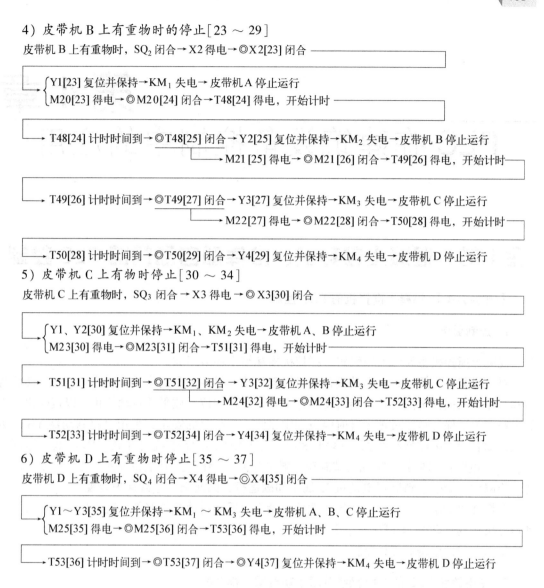

{ Y1[23] 复位并保持→KM₁ 失电→皮带机 A 停止运行
M20[23] 得电→◎M20[24] 闭合→T48[24] 得电，开始计时

→T48[24] 计时时间到→◎T48[25] 闭合→Y2[25] 复位并保持→KM₂ 失电→皮带机 B 停止运行
　　　　　　　　　　→M21[25] 得电→◎M21[26] 闭合→T49[26] 得电，开始计时

→T49[26] 计时时间到→◎T49[27] 闭合→Y3[27] 复位并保持→KM₃ 失电→皮带机 C 停止运行
　　　　　　　　　　→M22[27] 得电→◎M22[28] 闭合→T50[28] 得电，开始计时

→T50[28] 计时时间到→◎T50[29] 闭合→Y4[29] 复位并保持→KM₄ 失电→皮带机 D 停止运行

5）皮带机 C 上有物时停止 [30 ～ 34]

皮带机 C 上有重物时，SQ₃ 闭合→X3 得电→◎X3[30] 闭合

{ Y1、Y2[30] 复位并保持→KM₁、KM₂ 失电→皮带机 A、B 停止运行
M23[30] 得电→◎M23[31] 闭合→T51[31] 得电，开始计时

→T51[31] 计时时间到→◎T51[32] 闭合→Y3[32] 复位并保持→KM₃ 失电→皮带机 C 停止运行
　　　　　　　　　　→M24[32] 得电→◎M24[33] 闭合→T52[33] 得电，开始计时

→T52[33] 计时时间到→◎T52[34] 闭合→Y4[34] 复位并保持→KM₄ 失电→皮带机 D 停止运行

6）皮带机 D 上有重物时停止 [35 ～ 37]

皮带机 D 上有重物时，SQ₄ 闭合→X4 得电→◎X4[35] 闭合

{ Y1～Y3[35] 复位并保持→KM₁ ～ KM₃ 失电→皮带机 A、B、C 停止运行
M25[35] 得电→◎M25[36] 闭合→T53[36] 得电，开始计时

→T53[36] 计时时间到→◎T53[37] 闭合→◎Y4[37] 复位并保持→KM₄ 失电→皮带机 D 停止运行

# 第4章

# PLC 在建筑设备控制中的应用

## 第1节　混凝土搅拌机、仓库和自动门的 PLC 控制

### 【例 4-1-1】 混凝土搅拌机的 PLC 控制

#### 1. 控制要求

混凝土搅拌机主要由上料装置、搅拌机构和给水环节组成。

对上料装置的要求是：电动机正转时提起料斗，料斗上升到位后自动停止，并翻转将骨料和水泥倾入搅拌机滚筒，反转时使料斗下降，下降到位后放平并自动停止，以接受再一次的上料。为了保证料斗负重上升时停电和中途停止运行时的安全，采用电磁制动器 YB 作为机械制动装置。电磁抱闸线圈为单相 380V，与电动机 $M_2$ 定子绕组并联，$M_2$ 得电时抱闸打开，$M_2$ 失电时抱闸抱紧，实现机械制动。限位开关 $SQ_1$ 作为上升限位控制，限位开关 $SQ_2$ 作为下降限位控制。上料装置电动机 $M_2$ 属于间歇运行，因此未设过载保护装置。

对搅拌机的滚筒要求是：正转时搅拌混凝土，反转时使搅拌好的混凝土倒出，即要求拖动搅拌机构的电动机 $M_1$ 可以正、反转。

给水环节由电磁阀 YV 控制。

#### 2. 主电路和 PLC 的 I/O 接线及顺序功能图、梯形图

混凝土搅拌机 PLC 控制的主电路和 PLC 的 I/O 接线如图 4-1-1 所示。混凝土搅拌机 PLC 控制的顺序功能图如图 4-1-2 所示。混凝土搅拌机 PLC 控制的梯形图如图 4-1-3 所示。

#### 3. 识读要点

根据梯形图结构可看出，该梯形图采用顺序控制指令编写。梯级[3]为 3 个并行序列分支 S20、S24 和 S26。梯级[10]为 3 个并行序列分支 S23、S25 和 S28 合并。梯级[11]为两个选择序列分支。其中，1 个选择序列分支又分为 3 个并行序列分支。

根据 PLC 的 I/O 接线可知，$KM_1 \sim KM_4$ 和 YV 所对应的输出继电器为 $Y0 \sim Y4$，在梯形图中，$Y0 \sim Y4$ 线圈电路分别位于梯级[8、9、4、6、7]中。因此，梯级[4～6]为并行序列分支 I，控制上料；梯级[7]为并行序列分支 II，负责给水；梯级[8、9]为并行序列分支 III，控制搅拌和出料。

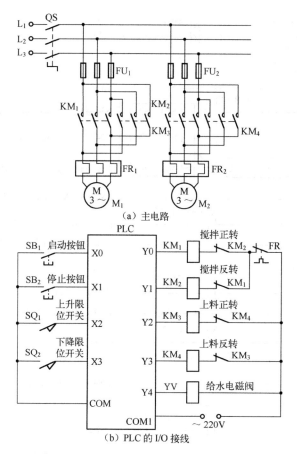

图 4-1-1　混凝土搅拌机 PLC 控制的主电路和 PLC 的 I/O 接线

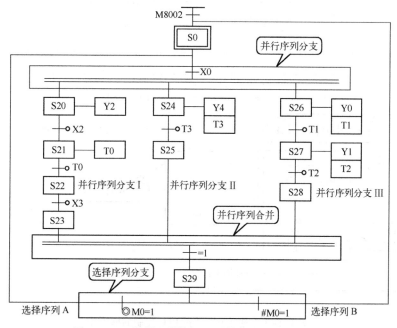

图 4-1-2　混凝土搅拌机 PLC 控制的顺序功能图

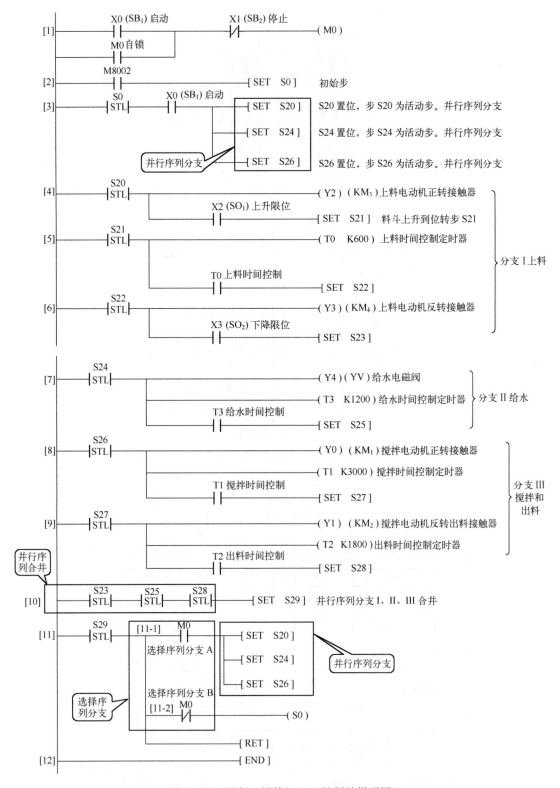

图 4-1-3　混凝土搅拌机 PLC 控制的梯形图

#### 4. 电路工作过程

1) 启动及并行序列分支

按下 SB₁→X0 得电

◎X0[1] 闭合→M0[1] 得电→ { ◎M0[11-1] 闭合
#M0[11-2] 断开
◎M0[11] 闭合，自锁 }

◎X0[3] 闭合

上电后，◎M8002[2] 闭合 1 个扫描周期→S0[2] 置位→步 S0 变为活动步→

→S20[3]、S24[3] 和 S26[3] 置位，S0[3] 复位→并行步 S20、S24 和 S26 变为活动步，步 S0 变为非活动步

2) 并行序列分支 I、II、III

当步 S20、S24 和 S26 变为活动步后，顺序执行并行序列分支 I、II、III。

(1) 执行并行序列分支 I。步 S20 变为活动步→Y2[4] 得电→KM₃ 得电→上料电动机正转启动运行→料斗上升→料斗上升到位，上升限位开关 SQ₁ 闭合→X2 得电→◎X2[4] 闭合→S21[4] 置位→步 S21 变为活动步，步 S20 变为非活动步。步 S20 变为非活动步→Y2[4] 失电→KM₃ 失电→上料电动机停转，开始装料。

步 S21 变为活动步→T0[5] 得电，开始上料计时→T0[5] 计时时间到→◎T0[5] 闭合→步 S22 变为活动步，步 S21 变为非活动步。步 S21 变为非活动步→T0[5] 失电。

步 S22 变为活动步→Y3[6] 得电→KM₄ 得电→上料电动机反转，料斗下降→料斗下降到位，下降限位开关 SQ₂ 闭合→X3 得电→◎X3[6] 闭合→S23[6] 置位→步 S23 变为活动步，步 S22 变为非活动步。步 S22 变为非活动步→Y3[6] 失电→KM₄ 失电→上料电动机停转。

并行序列分支 I 执行完毕。

(2) 执行并行序列分支 II。步 S24 变为活动步→Y4[7] 得电→YV 得电→给水电磁阀得电，打开，开始给水；同时，T3[7] 得电，开始计时→T3[7] 计时时间到→◎T3[7] 闭合→S25[7] 置位→步 S25 变为活动步，步 S24 变为非活动步。步 S24 变为非活动步→Y4[7] 失电→YV 失电→给水电磁阀失电，关闭，停止给水。

并行序列分支 II 执行完毕。

(3) 执行并行序列分支 III。步 S26 变为活动步→Y0[8] 得电→KM₁ 得电→搅拌电动机正转启动运行，开始正向搅拌；同时，T1[8] 得电，开始计时→T1[8] 计时时间到→◎T1[8] 闭合→S27[8] 置位→步 S27 变为活动步，步 S26 变为非活动步。步 S26 变为非活动步→Y0[8] 失电→KM₁ 失电→搅拌电动机停止正转运行。

步 S27 变为活动步→Y1[9] 得电→KM₂ 得电→搅拌电动机反转启动运行，开始反转出料；同时，T2[9] 得电，开始计时→T2[9] 计时时间到→◎T2[9] 闭合→S28[9] 置位→步 S28 变为活动步，步 S27 变为非活动步。步 S27 变为非活动步→Y1[9] 失电→KM₂ 失电→搅拌电动机停止反转出料。

并行序列分支 III 执行完毕。

3）并行序列分支Ⅰ、Ⅱ、Ⅲ合并

并行序列分支Ⅰ、Ⅱ、Ⅲ执行完毕→S29［10］置位→步 S29 变为活动步，步 S23、S25、S28 变为非活动步。

4）程序循环执行和停止

步 S29 已变为活动步。

（1）程序循环执行。M0[1]得电————

　　　┌ ◎M0[11-1]闭合→S20[11]、S24[11]、S26[11]置位————
　　　└ #M0[11-2]断开，S0[11]不能得电

　　└→步 S20、S24、S26 变为活动步，步 S29 变为非活动步→程序执行并行序列分支Ⅰ、Ⅱ、Ⅲ

（2）程序停止。按下SB$_2$→X1得电→#X1[1]断开→M0[1]失电————

　　　┌ ◎M0[11-1]断开，S20[11]、S24[11]、S26[11]不能置位
　　　└ #M0[11-2]闭合→S0[11]得电→步 S0 变为活动步，步 S29 变为非活动步————

　　└→程序在初始步等待下次启动

## 【例 4-1-2】 仓库大门的 PLC 控制

### 1. 控制要求

用 PLC 控制仓库大门的自动打开和关闭，以便让车辆进入或离开仓库。图 4-1-4 为 PLC 控制仓库大门的示意图。

（1）在操作面板上设有 SB$_1$ 和 SB$_2$ 两个动合按钮，SB$_1$ 用于启动大门控制系统，SB$_2$ 用于停止大门控制系统。

（2）用两种不同的传感器检测车辆。用超声波开关检测是否有车辆要进入大门。当本单位的车辆驶近大门时，车上发出特定编码的超声波，被门上的超声波开关识别出，输出逻辑 1 信号，则开启大门。用光电开关检测车辆是否已进入大门。光电开关由发射头和接收头两个部分组成，发射头发出特定频谱的红外光束，由接收头接收。当红外光束被车辆遮住时，接收头输出逻辑 1；当红外光束未被车辆遮住时，接收头输出逻辑 0。当光电开关检测到车辆已进入大门时，则关闭大门。

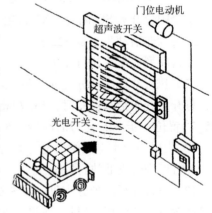

图 4-1-4　PLC 控制仓库大门的示意图

（3）门的上限装有限位开关 SQ$_1$，门的下限装有限位开关 SQ$_2$。

（4）门的上下运动由电动机驱动，开门接触器 KM$_1$ 得电时门打开，关门接触器 KM$_2$ 得电时门关闭。

### 2. PLC 的 I/O 配置、PLC 的 I/O 接线和梯形图

PLC 的 I/O 配置如表 4-1-1 所示。仓库大门 PLC 控制的 PLC 的 I/O 接线如图 4-1-5 所

示。仓库大门 PLC 控制的梯形图如图 4-1-6 所示。

表 4-1-1　PLC 的 I/O 配置

| 输入设备 | | 输入继电器 | 输出设备 | | 输出继电器 |
| --- | --- | --- | --- | --- | --- |
| 代号 | 功能 | | 代号 | 功能 | |
| SB₁ | 启动大门控制系统按钮 | X0 | KM₁ | 开门接触器 | Y0 |
| SB₂ | 停止大门控制系统按钮 | X1 | KM₂ | 关门接触器 | Y1 |
| SA₁ | 超声波开关 | X2 | | | |
| SA₂ | 光电开关 | X3 | | | |
| SQ₁ | 门上限位开关 | X4 | | | |
| SQ₂ | 门下限位开关 | X5 | | | |

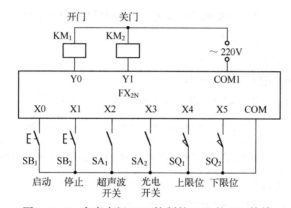

图 4-1-5　仓库大门 PLC 控制的 PLC 的 I/O 接线

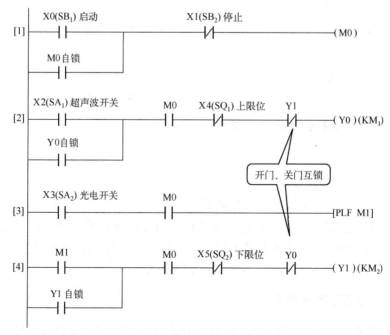

图 4-1-6　仓库大门 PLC 控制的梯形图

### 3. 电路工作过程

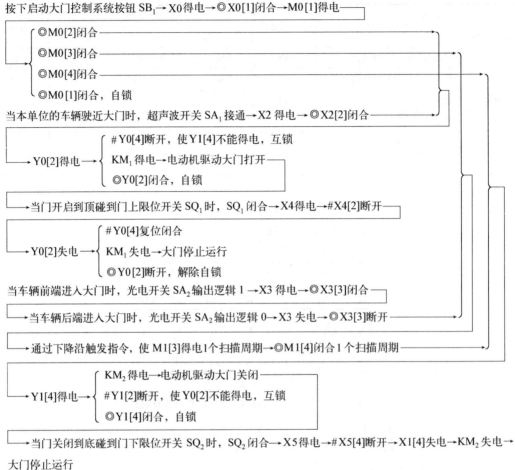

按下启动大门控制系统按钮 SB$_1$→X0 得电→◎X0[1]闭合→M0[1]得电

◎M0[2]闭合

◎M0[3]闭合

◎M0[4]闭合

◎M0[1]闭合，自锁

当本单位的车辆驶近大门时，超声波开关 SA$_1$ 接通→X2 得电→◎X2[2]闭合

→Y0[2]得电→
- #Y0[4]断开，使 Y1[4]不能得电，互锁
- KM$_1$ 得电→电动机驱动大门打开
- ◎Y0[2]闭合，自锁

→当门开启到顶碰到门上限位开关 SQ$_1$ 时，SQ$_1$ 闭合→X4 得电→#X4[2]断开

→Y0[2]失电→
- #Y0[4]复位闭合
- KM$_1$ 失电→大门停止运行
- ◎Y0[2]断开，解除自锁

当车辆前端进入大门时，光电开关 SA$_2$ 输出逻辑 1→X3 得电→◎X3[3]闭合

→当车辆后端进入大门时，光电开关 SA$_2$ 输出逻辑 0→X3 失电→◎X3[3]断开

→通过下降沿触发指令，使 M1[3]得电1个扫描周期→◎M1[4]闭合 1 个扫描周期

→Y1[4]得电→
- KM$_2$ 得电→电动机驱动大门关闭
- #Y1[2]断开，使 Y0[2]不能得电，互锁
- ◎Y1[4]闭合，自锁

→当门关闭到底碰到门下限位开关 SQ$_2$ 时，SQ$_2$ 闭合→X5 得电→#X5[4]断开→X1[4]失电→KM$_2$ 失电→

大门停止运行

按下停止大门控制系统按钮 SB$_2$，输入继电器 X1 动断触点断开，内部辅助继电器 M0 失电，其动合触点均断开，从而使输出继电器 Y0 和 Y1 不能接通，因此大门不会动作。

### 【例 4-1-3】 自动车库的 PLC 控制

#### 1. 控制要求

图 4-1-7 为自动车库示意图。

车库共有 100 个车位，进出使用各自的通道，通道口有电动栏杆机，有车进或有车出时栏杆可以抬起，且能自动放下。车辆进出分别由入口车检测传感器和出口车检测传感器判断。当车库内有空车位时，尚有车位指示灯亮表示可以继续停放，当车库内没有空车位时，则车位已满指示灯亮，表示已占满，不再允许车辆驶入。

#### 2. PLC 的 I/O 配置和梯形图

输入信号：X000 为启动按钮 SB$_1$，X001 为停止按钮 SB$_2$，X002 为初始化复位按钮 SB$_3$，X003 为入口车检测传感器，X004 为出口车检测传感器。

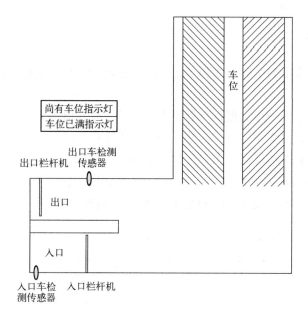

图 4-1-7　自动车库示意图

输出信号：Y001 为入口栏杆机接触器 $KM_1$，Y002 为出口栏杆机接触器 $KM_2$，Y003 为尚有车位指示灯 $HL_1$，Y004 为车位已满指示灯 $HL_2$。

自动车库 PLC 控制的梯形图如图 4-1-8 所示。

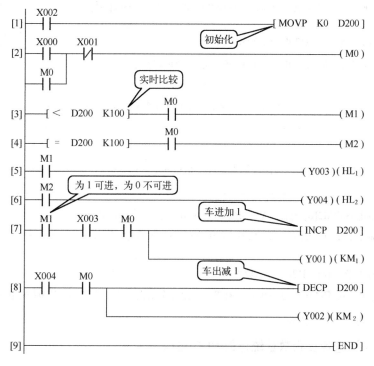

图 4-1-8　自动车库 PLC 控制的梯形图

### 3. 电路工作过程

控制关键是将车库中的实际停车数量跟车库容量进行比较，从而得出可以再停车和不可再停车两种结果。

将车位占用数存放于一个数据寄存器，当有车进入时其值加 1，当有车驶出时其值减 1，并不断将此值与容量数 100 相比较。若小于 100，则尚有车位指示灯亮；若等于 100，则表示车位已满，车位已满指示灯亮，入口栏杆机不打开。

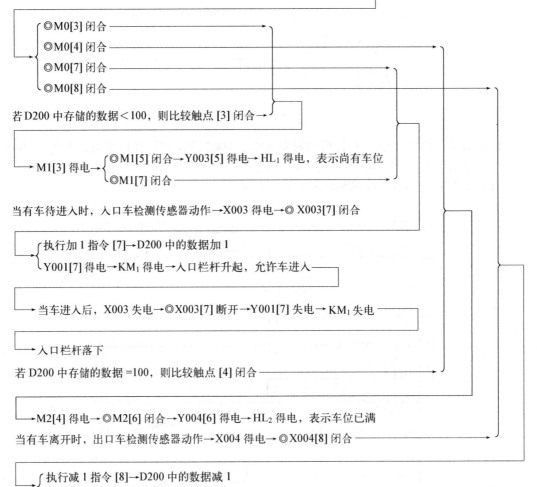

按下初始化复位按钮 SB$_3$→X002 得电→◎X002[1] 闭合→将 0 送 D200

按下启动按钮 SB$_1$→X000 得电→◎X000[2] 闭合→M0[2] 得电并自锁

> ◎M0[3] 闭合
> ◎M0[4] 闭合
> ◎M0[7] 闭合
> ◎M0[8] 闭合

若 D200 中存储的数据＜100，则比较触点 [3] 闭合→

→M1[3] 得电
> ◎M1[5] 闭合→Y003[5] 得电→HL$_1$ 得电，表示尚有车位
> ◎M1[7] 闭合

当有车待进入时，入口车检测传感器动作→X003 得电→◎X003[7] 闭合

> 执行加 1 指令 [7]→D200 中的数据加 1
> Y001[7] 得电→KM$_1$ 得电→入口栏杆升起，允许车进入

→当车进入后，X003 失电→◎X003[7] 断开→Y001[7] 失电→KM$_1$ 失电

→入口栏杆落下

若 D200 中存储的数据 =100，则比较触点 [4] 闭合

→M2[4] 得电→◎M2[6] 闭合→Y004[6] 得电→HL$_2$ 得电，表示车位已满

当有车离开时，出口车检测传感器动作→X004 得电→◎X004[8] 闭合

> 执行减 1 指令 [8]→D200 中的数据减 1
> Y002[8] 得电→KM$_2$ 得电→出口栏杆升起，允许车出去→当车离开后，X004 失电→◎X004[8] 断开

→Y002[8] 失电→出口栏杆落下

### 【例 4-1-4】 仓库货物数量统计的 PLC 控制

### 1. 控制要求

一个小型仓库需要对每天存放进来的货物进行统计：当货物数量达到 100 件时，仓库监

控室的绿灯亮；当货物数量达到 200 件时，仓库监控室的红灯报警，以提醒管理员注意。

## 2. 梯形图

仓库货物数量统计 PLC 控制的梯形图如图 4-1-9 所示。

## 3. 识读要点

（1）用 X0 对应货物的入库，每进来一件货物，由工作人员将 X0 接通一次，此时，C0 和 C1 自动地加 1 计数。当直到进来的货物数量达到 100 时，C0 计数满足设定值，其常开触点闭合，导致 Y0 接通，代表仓库监控室的绿灯亮。当进来的货物数量达到 200 时，C1 计数满足设定值，其常开触点闭合，导致 Y1 接通，代表仓库监控室的红灯亮，以提醒管理员注意。

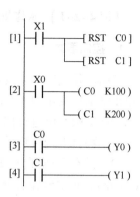

图 4-1-9 仓库货物数量统计 PLC 控制的梯形图

（2）因为脉冲是一个一个接着输入的，C0 和 C1 计数器的工作条件 X0 本身就是断续工作的，所以必须具有记忆功能才能完成计数的要求。（实际上，所有的计数器都有记忆功能，这一点与积算定时器相同。）当 X1 接通时，C0 和 C1 清零，以保证每一天 C0 和 C1 的计数从 0 开始。

## 4. 电路工作过程

每日进入仓库的货物数量情况模拟如图 4-1-10 所示。

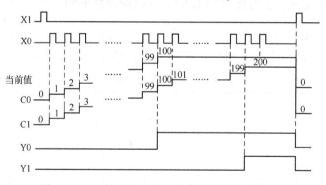

图 4-1-10 每日进入仓库的货物数量情况模拟

（1）每天开始工作时，在货物进来之前，由 X1 对 C0 和 C1 清零。在系统正常工作，对送进仓库的货物进行计数时，X1 保持断开状态，不影响 C0 和 C1 当前值随货物的增加而递增。次日，X1 再接通一次，C0 和 C1 重新从零开始计数，如此循环反复。在图 4-1-10 中，X1 的两个脉冲代表了两个工作日的开始。

（2）控制系统工作时，每进来一件货物，C0 和 C1 的当前值自动加 1。当第 100 件货物进来时，C0 的当前值恰好也为 100，等于它的设定值，导致 C0 的触点动作，其常开触点闭合，使得 Y0 接通，即仓库监控室的绿灯点亮。此后，C0 的当前值一直保持为 100，不再变化。

（3）C0 计数停止后，C1 继续计数。当第 200 件货物进来时，C1 的当前值恰好也为 200，等于它的设定值，导致 C1 的触点动作，其常开触点闭合，使得 Y1 接通，即仓库监控室的红灯点亮报警。此后，C1 的当前值一直保持为 200，不再变化。

# 第 2 节　供水系统的 PLC 控制

## 【例 4-2-1】　水塔供水系统的 PLC 控制

### 1. 控制要求

某高层住宅屋顶上设有 4.2m 高的生活水箱，由设在地下设备层的两台水泵为其供水。水箱正常水位变化为 3.5m，由安装在水箱内的水位上、下限开关 $SL_1$ 和 $SL_2$ 分别对水箱的上限水位和下限水位进行控制。

（1）两台电动机均采用 Y - △减压启动。

（2）设有手动/自动工作方式转换开关 SA。在手动工作方式时（触点 $SA_1$ 闭合，触点 $SA_2$ 断开），可由操作者分别启动每台水泵，水泵之间不进行联动。在自动工作方式时，由水位上、下限开关 $SL_1$ 和 $SL_2$ 对水泵的启停进行自动控制，且启动时要联动。

（3）两台水泵互为备用。在正常情况下要求一用一备，当运行中任意一台水泵出现故障时，备用水泵应立即投入运行。为了防止备用泵长期闲置而锈蚀，要求备用泵可在操作台上用按钮任意切换。

（4）在操作台上有两台水泵的备用状态、故障指示及水位上、下限指示。

### 2. PLC 的 I/O 配置、主电路和 PLC 的 I/O 接线及梯形图

PLC 的 I/O 配置如表 4-2-1 所示。水塔供水系统 PLC 控制的主电路和 PLC 的 I/O 接线如图 4-2-1 所示。水塔供水系统 PLC 控制的梯形图如图 4-2-2 所示。

表 4-2-1　PLC 的 I/O 配置

| 输入设备 | | 输入继电器 | 输出设备 | | 输出继电器 |
|---|---|---|---|---|---|
| 代号 | 功能 | | 代号 | 功能 | |
| $SB_5$ | 选择 1#泵备用按钮 | X1 | $KM_1$ | 1#电动机电源接触器 | Y0 |
| $SB_6$ | 选择 2#泵备用按钮 | X2 | $KM_2$ | 1#电动机星形连接接触器 | Y1 |
| $SB_1$ | 1#泵手动启动按钮 | X3 | $KM_3$ | 1#电动机三角形连接接触器 | Y2 |
| $SB_2$ | 2#泵手动启动按钮 | X4 | $KM_4$ | 2#电动机电源接触器 | Y3 |
| $SA_1$ | 选择手动工作方式 | X5 | $KM_5$ | 2#电动机星形连接接触器 | Y4 |
| $SA_2$ | 选择自动工作方式 | X6 | $KM_6$ | 2#电动机三角形连接接触器 | Y5 |
| $SL_1$ | 水位上限开关 | X7 | $HL_1$ | 1#泵备用指示灯 | Y6 |
| $SL_2$ | 水位下限开关 | X10 | $HL_2$ | 2#泵备用指示灯 | Y7 |
| $FR_1$ | 1#电动机过载保护继电器 | X11 | $HL_3$ | 水位上限指示灯 | Y10 |
| $FR_2$ | 2#电动机过载保护继电器 | X12 | $HL_4$ | 水位下限指示灯 | Y11 |
| $KP_1$ | 1#泵出口压力检测继电器 | X13 | $HL_5$ | 1#泵故障指示灯 | Y12 |
| $KP_2$ | 2#泵出口压力检测继电器 | X14 | $HL_6$ | 2#泵故障指示灯 | Y13 |
| $SB_3$ | 1#泵停止按钮 | X15 | | | |
| $SB_4$ | 2#泵停止按钮 | X16 | | | |

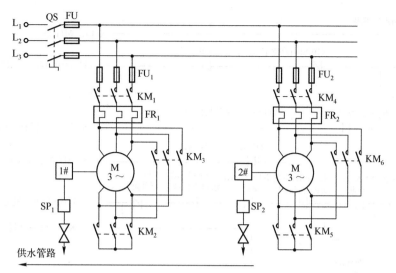

（a）主电路

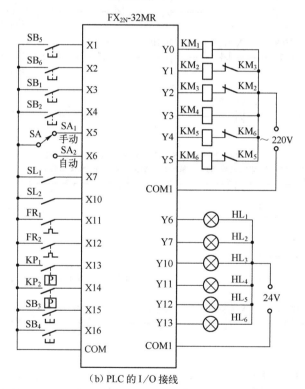

（b）PLC 的 I/O 接线

图 4-2-1　水塔供水系统 PLC 控制的主电路和 PLC 的 I/O 接线

图 4-2-2　水塔供水系统 PLC 控制的梯形图

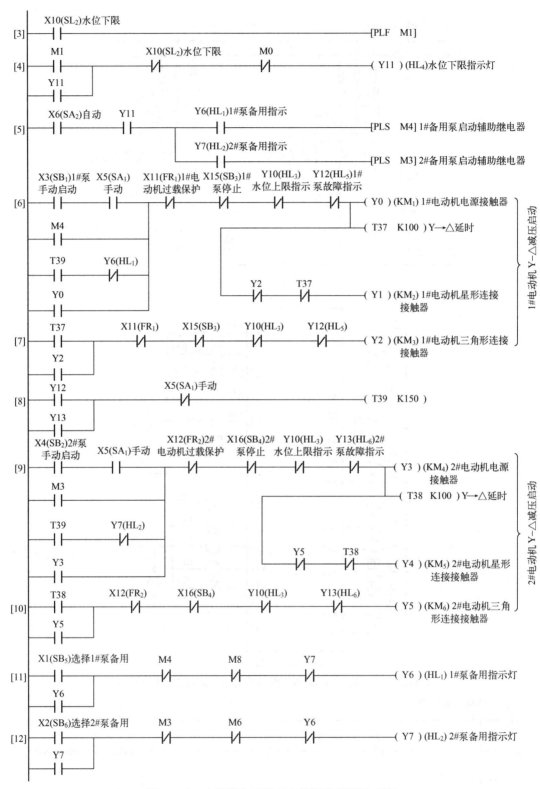

图 4-2-2　水塔供水系统 PLC 控制的梯形图（续）

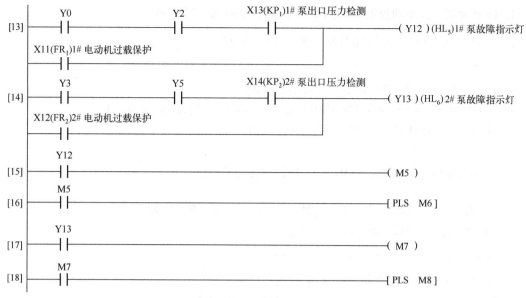

图 4-2-2　水塔供水系统 PLC 控制的梯形图（续）

### 3. 电路工作过程

1）备用泵选择 [11、12]

若选择 2#泵备用，按下选择 2#泵备用按钮 SB₆→X2 得电→◎X2[12]闭合→Y7[12]得电并自锁┐

└→┌ 2#泵备用指示灯 HL₂ 点亮，指示 2#泵备用

　　│ ◎Y7[5]闭合，为启动 2#备用泵做准备

　　└ #Y7[11]断开→Y6[11]失电，清除 1#泵以前的备用记忆，互锁

2）水位上、下限指示

安装在水箱上的水位上、下限开关 SL₁ 和 SL₂ 均为动合型。

当水位上升到上限位置时，SL₁ 闭合→X7 得电→◎X7[1、2]闭合，在◎X7[1]的上升沿产生 1 个扫描周期的脉冲信号使 M0[1]得电→◎M0[2]闭合→Y10[2]得电并自锁，使水位上限指示灯 HL₃ 点亮，发出水位上限指示，同时#Y10[6、7]或#Y10[9、10]断开，使 Y0[6]、Y2[7]或 Y3[9]、Y5[10]失电，进而使 KM₁、KM₃ 或 KM₄、KM₆ 失电，电动机停止运行。

当水位下降到下限位置时，SL₂ 断开→X10 失电→◎X10[3]断开，#X10[4]闭合。◎X10[3]断开，◎X10[3]的下降沿产生 1 个扫描周期的脉冲信号使 M1[3]得电→◎M1[4]闭合→Y11[4]得电并自锁，使水位下限指示灯 HL₄ 点亮，发出水位下限指示，同时◎Y11[5]闭合（◎Y7[5]已闭合），启动 2#备用泵。

3）手动工作方式

根据控制要求，手动工作方式不进行联动。

选择手动工作方式时，SA₁ 闭合→X5 得电→◎X5[6]闭合，为手动启动 1#泵做准备

　　　　　　　　　　　　　　├→#X5[8]断开，使 T39[8]不能得电，切除联动关系

　　　　　　　　　　　　　　└→◎X5[9]闭合，为手动启动 2#泵做准备

以 1#泵为例，其手动控制梯形图如图 4-2-2 中的[6、7]所示。

（1）启动：按下 1#泵手动启动按钮 SB$_1$→X3 得电→◎X3[6]闭合──

┌─── Y0[6]得电并自锁→KM$_1$得电→1#电动机接通电源───┐
├→ T37[6]得电，开始计时→T37[6]计时时间到───────┤ 1#电动机减压启动
└─── Y1[6]得电→KM$_2$得电→1#电动机以星形连接启动───┘

┌─ #T37[6]断开→Y1[6]失电→KM$_2$失电→1#电动机解除星形连接

└─ ◎T37[7]闭合→Y2[7]得电并自锁→KM$_3$得电→1#电动机以三角形连接运行

（2）停止：按下 1#泵停止按钮 SB$_3$→X15 得电──

┌─ #X15[6]断开→Y0[6]失电→KM$_1$失电──┐
│                                            ├ 1#电动机停止运行
└─ #X15[7]断开→Y2[7]失电→KM$_3$失电──┘

（3）高水位停机：当水位上升到上限位置时，SL$_1$闭合→X7 得电→◎X7[1]闭合──

──→其上升沿使 M0[1]得电 1 个扫描周期→◎M0[2]闭合 1 个扫描周期→Y10[2]得电并自锁──

┌─ #Y10[6]断开→Y0[6]失电→KM$_1$失电──┐
│                                            ├ 1#电动机停止运行
└─ #Y10[7]断开→Y2[7]失电→KM$_3$失电──┘

2#泵手动控制梯形图如图 4-2-2 中的[9、10]所示，其控制过程与 1#泵类似。

4）自动工作方式

在自动工作方式下，触点 SA$_2$闭合，触点 SA$_1$断开，输入继电器 X6 得电，◎X6[5]闭合；若选择 2#泵备用，按下 SB$_6$→X2 得电→◎X2[12]闭合→Y7[12]得电并自锁→◎Y7[5]闭合，为启动 2#备用泵做准备；当水位下降到下限位置时，SL$_2$断开→X10 失电→◎X10[3]断开，其下降沿通过下降沿触发指令，使 M1[3]得电 1 个扫描周期→◎M1[4]闭合 1 个扫描周期→Y11[4]得电并自锁→◎Y11[5]闭合，其上升沿通过上升沿触发指令，使 M3[5]得电 1 个扫描周期，◎M3[9]也闭合 1 个扫描周期→使 Y3[9]得电并自锁，T38[9]、Y4[9]也得电，2#电动机以星形连接启动，以下控制过程同手动。

5）工作泵故障，备用泵投入

（1）工作泵故障的检测。对工作泵的两种故障进行检测：①工作泵正常运行（Y0[6]与 Y2[7]得电，或 Y3[9]与 Y5[10]得电），但出水压力仍很低，KP$_1$或 KP$_2$断开，使输入继电器 X13 或 X14 得电，使◎X13[13]或◎X14[14]闭合；②电动机过载，输入继电器 X11 或 X12 得电，使◎X11[13]或◎X12[14]闭合。当上述两种条件之一出现时，使 Y12[13]或 Y13[14]得电，使 HL$_5$或 HL$_6$点亮，发出 1#泵或 2#泵故障指示。

（2）备用泵投入：设 1#泵为工作泵，2#泵为备用泵。

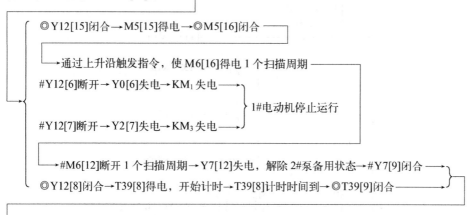

若 1#泵出现故障，则 Y12[13]得电

◎Y12[15]闭合→M5[15]得电→◎M5[16]闭合

通过上升沿触发指令，使 M6[16]得电 1 个扫描周期

#Y12[6]断开→Y0[6]失电→KM₁失电

#Y12[7]断开→Y2[7]失电→KM₃失电

1#电动机停止运行

#M6[12]断开 1 个扫描周期→Y7[12]失电，解除 2#泵备用状态→#Y7[9]闭合

◎Y12[8]闭合→T39[8]得电，开始计时→T39[8]计时时间到→◎T39[9]闭合

Y3[9]得电并自锁，T38[9]、Y4[9]也得电，然后 Y4[9]失电、Y5[10]得电，这样 2#泵正常运行，即备用泵实现了自动投入

## 【例 4-2-2】 根据压力上、下限变化由 4 台水泵进行恒压供水的 PLC 控制

### 1. 控制要求

（1）水泵启停控制：根据主管道给出的压力信号决定水泵的启停，当压力低于正常压力时启动一台水泵，若 10s 后仍低，则启动下一台水泵；当压力高于正常压力时，切断一台水泵，若 10s 后仍高，则切断下一台水泵。

（2）水泵的启停切换原则：恒压供水系统主要由 4 台水泵完成对主管道供水压力的维持，考虑到电动机的保护，要求 4 台水泵轮流运行；需要接通时，首先启动停止时间最长的那台水泵，而需要切断时，则先停止运行时间最长的那台水泵。

### 2. 主电路 PLC 的 I/O 接线和梯形图

主电路由 KM₁ ～ KM₄ 分别控制的 1#～ 4#水泵组成。根据压力上、下限变化由 4 台水泵进行恒压供水 PLC 控制的 PLC 的 I/O 接线如图 4-2-3 所示。其梯形图如图 4-2-4 所示。

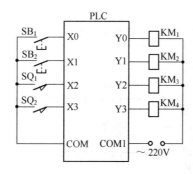

图 4-2-3　根据压力上、下限变化由 4 台水泵进行
恒压供水 PLC 控制的 PLC 的 I/O 接线

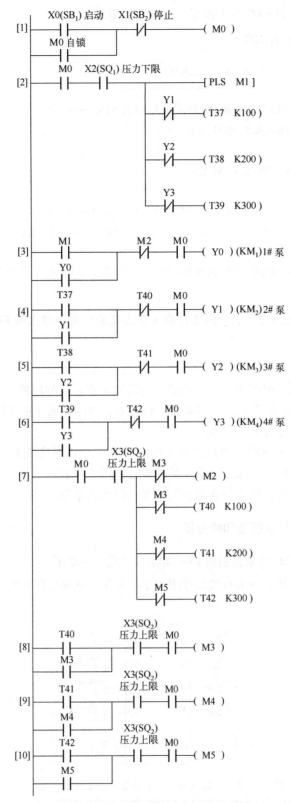

图 4-2-4　根据压力上、下限变化由 4 台水泵进行恒压供水 PLC 控制的梯形图

## 3. 电路工作过程

### 1) 启动

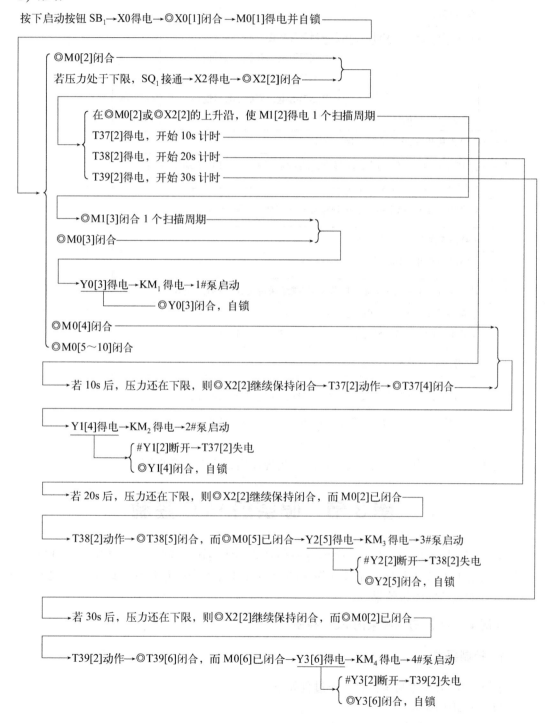

按下启动按钮 SB₁→X0得电→◎X0[1]闭合→M0[1]得电并自锁

◎M0[2]闭合

若压力处于下限，SQ₁接通→X2得电→◎X2[2]闭合

在◎M0[2]或◎X2[2]的上升沿，使 M1[2]得电 1 个扫描周期

T37[2]得电，开始 10s 计时

T38[2]得电，开始 20s 计时

T39[2]得电，开始 30s 计时

◎M1[3]闭合 1 个扫描周期

◎M0[3]闭合

Y0[3]得电→KM₁得电→1#泵启动

◎Y0[3]闭合，自锁

◎M0[4]闭合

◎M0[5～10]闭合

若 10s 后，压力还在下限，则◎X2[2]继续保持闭合→T37[2]动作→◎T37[4]闭合

Y1[4]得电→KM₂得电→2#泵启动

#Y1[2]断开→T37[2]失电

◎Y1[4]闭合，自锁

若 20s 后，压力还在下限，则◎X2[2]继续保持闭合，而 M0[2]已闭合

T38[2]动作→◎T38[5]闭合，而◎M0[5]已闭合→Y2[5]得电→KM₃得电→3#泵启动

#Y2[2]断开→T38[2]失电

◎Y2[5]闭合，自锁

若 30s 后，压力还在下限，则◎X2[2]继续保持闭合，而◎M0[2]已闭合

T39[2]动作→◎T39[6]闭合，而 M0[6]已闭合→Y3[6]得电→KM₄得电→4#泵启动

#Y3[2]断开→T39[2]失电

◎Y3[6]闭合，自锁

2）停止运行

若 4#泵启动后达到压力上限，则 SQ$_1$ 断开，SQ$_2$ 闭合。

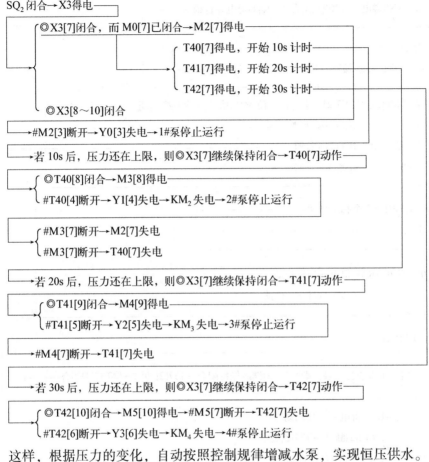

SQ$_1$ 断开→◎X2[2]断开→T37～T39[2]失电

SQ$_2$ 闭合→X3 得电

◎X3[7]闭合，而 M0[7]已闭合→M2[7]得电

T40[7]得电，开始 10s 计时

T41[7]得电，开始 20s 计时

T42[7]得电，开始 30s 计时

◎X3[8～10]闭合

→#M2[3]断开→Y0[3]失电→1#泵停止运行

→若 10s 后，压力还在上限，则◎X3[7]继续保持闭合→T40[7]动作

◎T40[8]闭合→M3[8]得电

#T40[4]断开→Y1[4]失电→KM$_2$ 失电→2#泵停止运行

#M3[7]断开→M2[7]失电

#M3[7]断开→T40[7]失电

→若 20s 后，压力还在上限，则◎X3[7]继续保持闭合→T41[7]动作

◎T41[9]闭合→M4[9]得电

#T41[5]断开→Y2[5]失电→KM$_3$ 失电→3#泵停止运行

→#M4[7]断开→T41[7]失电

→若 30s 后，压力还在上限，则◎X3[7]继续保持闭合→T42[7]动作

◎T42[10]闭合→M5[10]得电→#M5[7]断开→T42[7]失电

#T42[6]断开→Y3[6]失电→KM$_4$ 失电→4#泵停止运行

这样，根据压力的变化，自动按照控制规律增减水泵，实现恒压供水。

# 第 3 节　喷泉的 PLC 控制

喷泉广泛用于广场、车站、公园等各种公共和休闲娱乐场所。喷泉控制采用 PLC，就可以通过改变 PLC 中的程序，来改变喷泉的造型及各种不同颜色灯光的映射，使之产生千姿百态、五颜六色的喷泉效果。

### 【例 4-3-1】 普通喷泉的 PLC 控制

#### 1. 控制要求

有 A、B、C 3 组喷泉，其工作过程如下。

（1）A 组先喷 5s；

（2）B、C 组同时喷 5s，A 组停；

（3）A、B 组停，C 组喷 5s；

（4）A、B 组喷 2s，C 组停 2s；

（5）A、B、C 组同时喷 5s；

（6）A、B、C 组同时停 3s；

（7）然后重复（1）～（6）。

这样一个工作循环将分成 6 个时段，分别称为时段 1、时段 2……时段 6，时序图如图 4-3-1 所示。

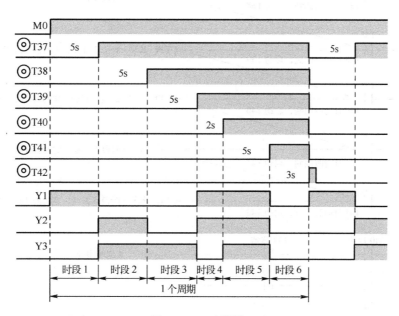

图 4-3-1　时序图

## 2. 梯形图

普通喷泉 PLC 控制的梯形图如图 4-3-2 所示。

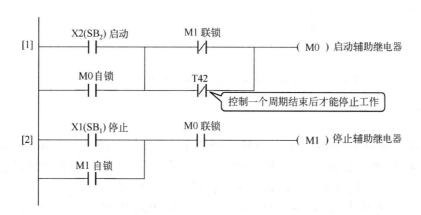

图 4-3-2　普通喷泉 PLC 控制的梯形图

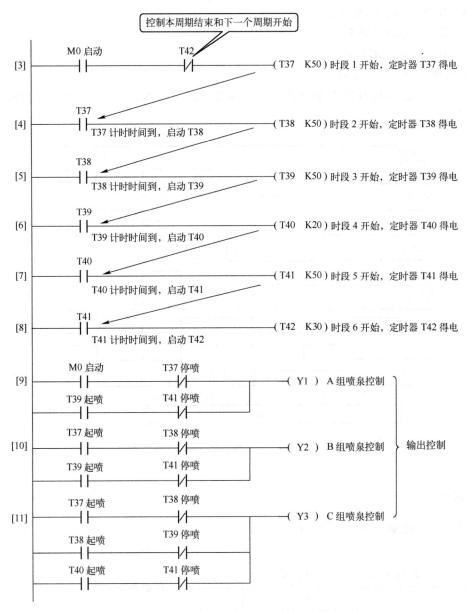

图 4-3-2　普通喷泉 PLC 控制的梯形图（续）

### 3. 识读要点

梯形图中把 T42 的动断触点#T42[3]串入 T37[3]线圈控制电路中，目的是使定时器能周期性地进行工作。把 T42 的动断触点#T42[1]与 M1 的动断触点#M1[1]并联在 M0 线圈控制电路中，其目的是不论 SB₁（◎X1[2]）何时按下，M0 必须到喷完一个周期后才会停止工作。

当 T42[8]计时时间到时，#T42[3]断开→T37[3]失电→相继使 T38[4]～T42[8]失电。T42[8]失电，其动断触点#T42[3]复位闭合→开始下一个周期。

按下停止按钮 SB₁→X1 得电→◎X1[2]闭合→M1[2]得电→#M1[1]断开。若一个周期未结束，T42[8]未得电，#T42[1]保持闭合，不能使 M0 失电；只有当一个周期结束时，T42[8]计时时间到，#T42[1]断开→M0[1]失电→◎M0[3]断开→T37[3]失电→相继使 T38[4]～ T42[8]失电，即喷完一个周期后才会停止工作。

**4. 电路工作过程**

1）启动

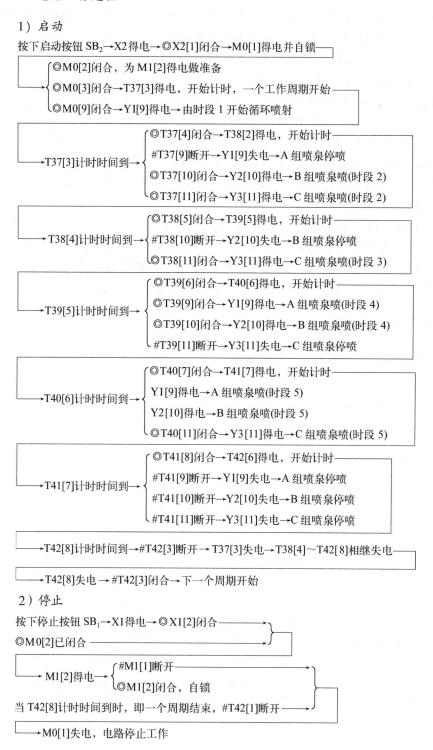

按下启动按钮 SB₂→X2得电→◎X2[1]闭合→M0[1]得电并自锁

　◎M0[2]闭合，为 M1[2]得电做准备

　◎M0[3]闭合→T37[3]得电，开始计时，一个工作周期开始

　◎M0[9]闭合→Y1[9]得电→由时段 1 开始循环喷射

T37[3]计时时间到

　◎T37[4]闭合→T38[2]得电，开始计时

　#T37[9]断开→Y1[9]失电→A 组喷泉停喷

　◎T37[10]闭合→Y2[10]得电→B 组喷泉喷(时段 2)

　◎T37[11]闭合→Y3[11]得电→C 组喷泉喷(时段 2)

T38[4]计时时间到

　◎T38[5]闭合→T39[5]得电，开始计时

　#T38[10]断开→Y2[10]失电→B 组喷泉停喷

　◎T38[11]闭合→Y3[11]得电→C 组喷泉喷(时段 3)

T39[5]计时时间到

　◎T39[6]闭合→T40[6]得电，开始计时

　◎T39[9]闭合→Y1[9]得电→A 组喷泉喷(时段 4)

　◎T39[10]闭合→Y2[10]得电→B 组喷泉喷(时段 4)

　#T39[11]断开→Y3[11]失电→C 组喷泉停喷

T40[6]计时时间到

　◎T40[7]闭合→T41[7]得电，开始计时

　Y1[9]得电→A 组喷泉喷(时段 5)

　Y2[10]得电→B 组喷泉喷(时段 5)

　◎T40[11]闭合→Y3[11]得电→C 组喷泉喷(时段 5)

T41[7]计时时间到

　◎T41[8]闭合→T42[6]得电，开始计时

　#T41[9]断开→Y1[9]失电→A 组喷泉停喷

　#T41[10]断开→Y2[10]失电→B 组喷泉停喷

　#T41[11]断开→Y3[11]失电→C 组喷泉停喷

T42[8]计时时间到→#T42[3]断开→ T37[3]失电→T38[4]～T42[8]相继失电

T42[8]失电 → #T42[3]闭合→下一个周期开始

2）停止

按下停止按钮 SB₁→X1得电→◎X1[2]闭合

◎M0[2]已闭合

M1[2]得电

　#M1[1]断开

　◎M1[2]闭合，自锁

当 T42[8]计时时间到时，即一个周期结束，#T42[1]断开

M0[1]失电，电路停止工作

### 【例 4-3-2】 花样喷泉的 PLC 控制

#### 1. 控制要求

花样喷泉平面图如图 4-3-3 所示。喷泉由 5 种不同的水柱组成。其中，1 表示大水柱所在的位置，其水量较大，喷射高度较高；2 表示中水柱所在的位置，由 6 个中水柱均匀分布在圆周 A 的轨迹上，其水量比大水柱的水量小，其喷射高度比大水柱低；3 表示小水柱所在的位置，由 150 个小水柱均匀分布在圆周 B 的轨迹上，其水柱较细，其喷射高度比中水柱略低；4 和 5 表示花朵式和旋转式喷泉所在的位置，各由 16 个喷头组成，均匀分布在圆周 C 的轨迹上，其水量和压力均较弱。图 4-3-3 中的 (1)、(2)、(3)、(4)、(5) 分别为各水柱相对应的起衬托作用的映灯，可为黄、红、绿、蓝或其他各种颜色。

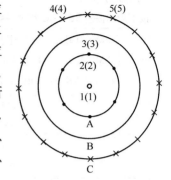

图 4-3-3 花样喷泉平面图

整个过程分为 8 段，每段 1min，且自动转换，全过程为 8min。其喷泉水柱的动作顺序为：启动〖1〗→〖2〗→〖1+3+4〗→〖2+5〗→〖1+2〗→〖2+3+4〗→〖2+4〗→〖1+2+3+4+5〗→〖1〗周而复始。在各水柱喷泉喷射的同时，其相应编号的映灯也照亮。直到按下停止按钮，水柱喷泉、映灯才停止工作。

#### 2. PLC 的 I/O 配置和梯形图

PLC 的 I/O 配置如表 4-3-1 所示。花样喷泉 PLC 控制的梯形图如图 4-3-4 所示。

表 4-3-1　PLC 的 I/O 配置

| 输入设备 | | 输入继电器 | 输出设备 | | 输出继电器 |
|---|---|---|---|---|---|
| 代　号 | 功　能 | | 代　号 | 功　能 | |
| SB$_1$ | 启动按钮 | X0 | KM$_1$ | 大水柱接触器 | Y0 |
| SB$_2$ | 停止按钮 | X1 | KM$_2$ | 中水柱接触器 | Y1 |
| | | | KM$_3$ | 小水柱接触器 | Y2 |
| | | | KM$_4$ | 花朵式喷泉接触器 | Y3 |
| | | | KM$_5$ | 旋转式喷泉接触器 | Y4 |
| | | | KM$_6$ | 大水柱映灯接触器 | Y5 |
| | | | KM$_7$ | 中水柱映灯接触器 | Y6 |
| | | | KM$_8$ | 小水柱映灯接触器 | Y7 |
| | | | KM$_9$ | 花朵式喷泉映灯接触器 | Y10 |
| | | | KM$_{10}$ | 旋转式喷泉映灯接触器 | Y11 |

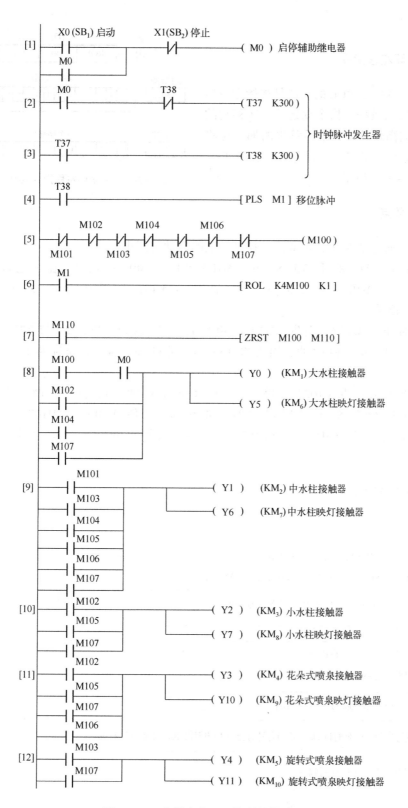

图 4-3-4　花样喷泉 PLC 控制的梯形图

### 3. 字循环左移指令

字循环左移指令 ROL 的功能是将指定目标元件中的二进制数按照指令规定的每次移动的位数由低位向高位移动，最后移出的那一位将进入进位标志位 M8022。字循环左移指令 ROL 的应用如图 4-3-5 所示。

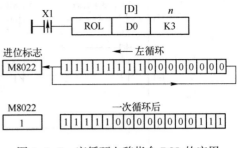

图 4-3-5 字循环左移指令 ROL 的应用

### 4. 识读要点

X0 和 X1 通过辅助继电器 M0[1]控制系统的启动与停止。

初始启动时，Y0[8]和 Y5[8]由 ◎M100[8]、◎M0[8]启动，在其他时间，Y0 ～ Y11[8 ～ 12]由 ◎M101 ～ ◎M107[8 ～ 12]启动。◎M101～◎M107[8 ～ 12]由字循环左移指令 ROL[6]提供。

移位脉冲由 ◎M1[6]提供，M1[4]由 ◎T38[4]启动，T38[3]与 T37[2]组成占空比为 50％ 的 1min 时钟脉冲，因此 ◎T38[4]通过 M1[4]每分钟提供 1 位移位脉冲 ◎M1[6]。

移位的初始数据由 M100[5]提供，循环移位前 M100 = 1，在 7 次循环移位过程中，M100 = 0。在进行第 8 次循环移位时，M110 = 1，使 M100 ～ M107、M110 复位。M101 ～ M107 复位后，#M101 ～ #M107[5]闭合，致使 M100 = 1，又开始新一轮字循环左移。

### 5. 电路工作过程

1) 循环工作

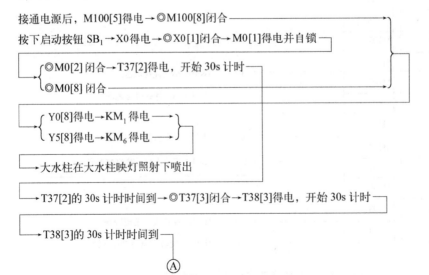

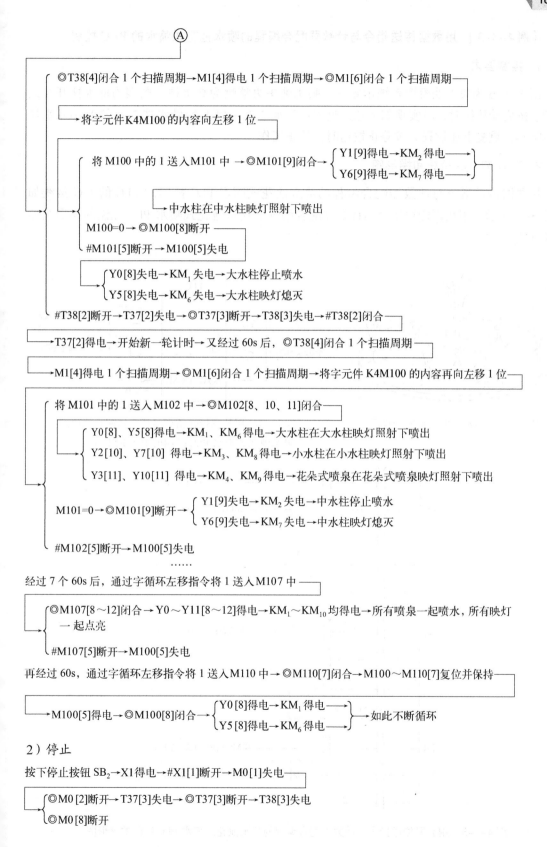

Ⓐ

◎T38[4]闭合 1 个扫描周期→M1[4]得电 1 个扫描周期→◎M1[6]闭合 1 个扫描周期

将字元件 K4M100 的内容向左移 1 位

将 M100 中的 1 送入 M101 中 →◎M101[9]闭合 {Y1[9]得电→KM₂ 得电→
Y6[9]得电→KM₇ 得电→}

中水柱在中水柱映灯照射下喷出

M100=0→◎M100[8]断开

#M101[5]断开→M100[5]失电

Y0[8]失电→KM₁ 失电→大水柱停止喷水
Y5[8]失电→KM₆ 失电→大水柱映灯熄灭

#T38[2]断开→T37[2]失电→◎T37[3]断开→T38[3]失电→#T38[2]闭合

T37[2]得电→开始新一轮计时→又经过 60s 后，◎T38[4]闭合 1 个扫描周期

M1[4]得电 1 个扫描周期→◎M1[6]闭合 1 个扫描周期→将字元件 K4M100 的内容再向左移 1 位

将 M101 中的 1 送入 M102 中 →◎M102[8、10、11]闭合

Y0[8]、Y5[8]得电→KM₁、KM₆ 得电→大水柱在大水柱映灯照射下喷出
Y2[10]、Y7[10] 得电→KM₃、KM₈ 得电→小水柱在小水柱映灯照射下喷出
Y3[11]、Y10[11] 得电→KM₄、KM₉ 得电→花朵式喷泉在花朵式喷泉映灯照射下喷出

M101=0→◎M101[9]断开 {Y1[9]失电→KM₂ 失电→中水柱停止喷水
Y6[9]失电→KM₇ 失电→中水柱映灯熄灭}

#M102[5]断开→M100[5]失电
……

经过 7 个 60s 后，通过字循环左移指令将 1 送入 M107 中

◎M107[8~12]闭合 → Y0~Y11[8~12]得电→KM₁~KM₁₀ 均得电→所有喷泉一起喷水，所有映灯
一起点亮

#M107[5]断开→M100[5]失电

再经过 60s，通过字循环左移指令将 1 送入 M110 中→◎M110[7]闭合→M100~M110[7]复位并保持

M100[5]得电→◎M100[8]闭合 {Y0[8]得电→KM₁ 得电→
Y5[8]得电→KM₆ 得电→} 如此不断循环

2）停止

按下停止按钮 SB₂→X1得电→#X1[1]断开→M0[1]失电

◎M0[2]断开→ T37[3]失电→ ◎T37[3]断开→T38[3]失电
◎M0[8]断开

**【例 4-3-3】 用数据传送指令与计数器配合编程的喷水池花式喷水的 PLC 控制**

### 1. 控制要求

图 4-3-6 为喷水池模拟系统示意图。喷水池中央喷嘴为高水柱，周围为低水柱开花式喷嘴。按启动按钮时，应实现如下花式喷水：高水柱 3s→停 1s→低水柱 2s→停 1s→双水柱 1s→停 1s，重复上述过程。按停止按钮时，停止工作。

### 2. PLC 的 I/O 接线和梯形图

用数据传送指令与计数器配合编程的喷水池花式喷水 PLC 控制的 PLC 的 I/O 接线如图 4-3-7 所示。用数据传送指令与计数器配合编程的喷水池花式喷水 PLC 控制的梯形图如图 4-3-8 所示。

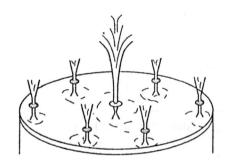

图 4-3-6　喷水池模拟系统示意图

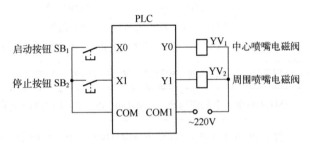

图 4-3-7　用数据传送指令与计数器配合编程的喷水池花式喷水 PLC 控制的 PLC 的 I/O 接线

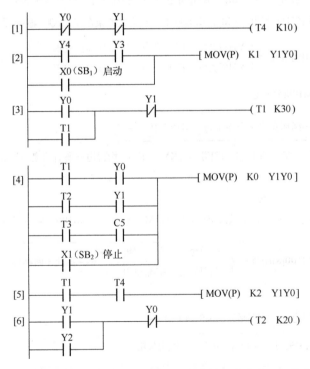

图 4-3-8　用数据传送指令与计数器配合编程的喷水池花式喷水 PLC 控制的梯形图

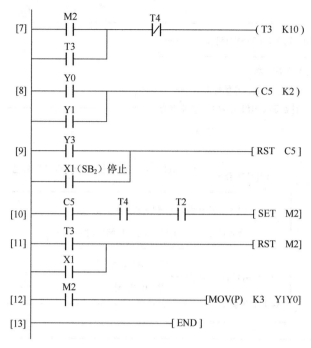

图 4-3-8　用数据传送指令与计数器配合编程的喷水池花式喷水 PLC 控制的梯形图（续）

## 3. 电路工作过程

1）运行

按下启动按钮 SB₁→X0 得电→◎X0[2] 闭合→将二进制数"01"（K1）送 Y1Y0→Y0[2] 得电

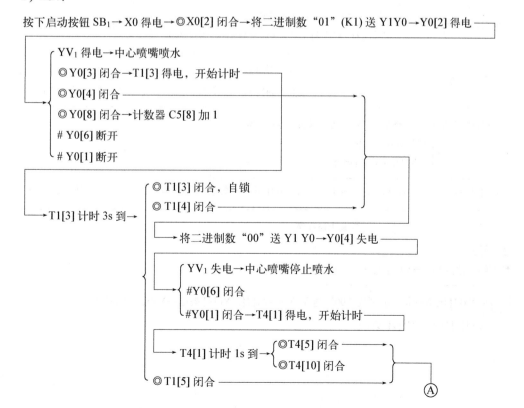

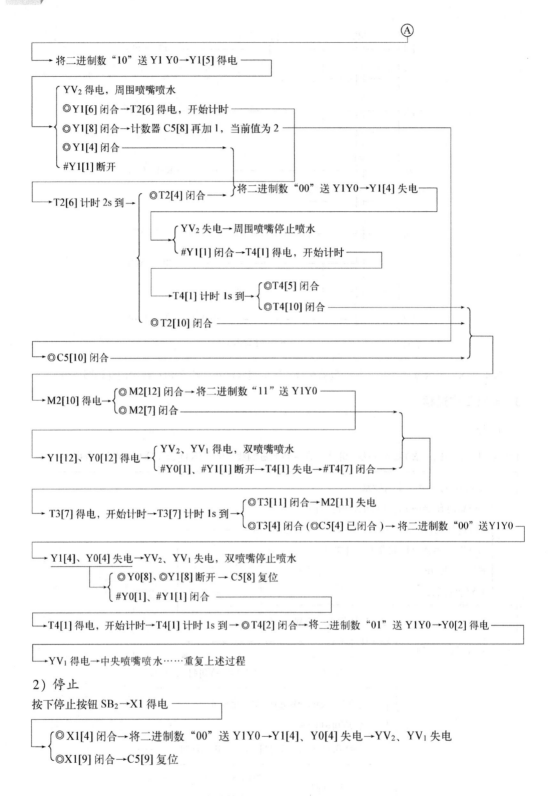

Ⓐ

将二进制数 "10" 送 Y1 Y0→Y1[5] 得电

YV$_2$ 得电，周围喷嘴喷水

◎Y1[6] 闭合→T2[6] 得电，开始计时

◎Y1[8] 闭合→计数器 C5[8] 再加 1，当前值为 2

◎Y1[4] 闭合

#Y1[1] 断开

→T2[6] 计时 2s 到→ ◎T2[4] 闭合→将二进制数 "00" 送 Y1Y0→Y1[4] 失电

YV$_2$ 失电→周围喷嘴停止喷水

#Y1[1] 闭合→T4[1] 得电，开始计时

→T4[1] 计时 1s 到→ ◎T4[5] 闭合

◎T4[10] 闭合

◎T2[10] 闭合

◎C5[10] 闭合

→M2[10] 得电→ ◎M2[12] 闭合→将二进制数 "11" 送 Y1Y0

◎M2[7] 闭合

→Y1[12]、Y0[12] 得电→ YV$_2$、YV$_1$ 得电，双喷嘴喷水

#Y0[1]、#Y1[1] 断开→T4[1] 失电→#T4[7] 闭合

→T3[7] 得电，开始计时→T3[7] 计时 1s 到→ ◎T3[11] 闭合→M2[11] 失电

◎T3[4] 闭合（◎C5[4] 已闭合）→将二进制数 "00" 送 Y1Y0

→Y1[4]、Y0[4] 失电→YV$_2$、YV$_1$ 失电，双喷嘴停止喷水

◎Y0[8]、◎Y1[8] 断开 → C5[8] 复位

#Y0[1]、#Y1[1] 闭合

→T4[1] 得电，开始计时→T4[1] 计时 1s 到→ ◎T4[2] 闭合→将二进制数 "01" 送 Y1Y0→Y0[2] 得电

→YV$_1$ 得电→中央喷嘴喷水⋯⋯重复上述过程

2）停止

按下停止按钮 SB$_2$→X1 得电

◎X1[4] 闭合→将二进制数 "00" 送 Y1Y0→Y1[4]、Y0[4] 失电→YV$_2$、YV$_1$ 失电

◎X1[9] 闭合→C5[9] 复位

# 第5章

# 机械手、大小铁球分选系统和交通信号灯的 PLC 控制

## 第1节 机械手和大小铁球分选系统的 PLC 控制

### 【例5-1-1】 移动工件机械手的 PLC 控制

#### 1. 控制要求

图5-1-1为机械手动作示意图。其功能是将工件从 A 处移送到 B 处。机械手的升降和左右移动分别使用了双线圈的电磁阀，在某方向的驱动线圈失电时能保持在原位，必须驱动反方向的线圈才能反向运动。上升、下降对应的电磁阀线圈分别是 $YV_2$、$YV_1$，右行、左行对应的电磁阀线圈分别是 $YV_3$、$YV_4$。机械手的夹具使用单线圈电磁阀 $YV_5$，线圈得电时夹紧工件，断电时松开工件。

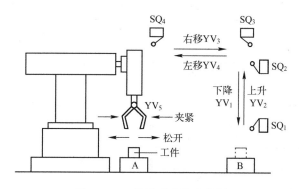

图5-1-1 机械手动作示意图

图5-1-2表示了安装在机械手上的负载和检测其动作的各种元件，以及在 PLC 输入、输出端分配的编号。

有关到位信号分别是：右限位开关为 $SQ_3$，左限位开关为 $SQ_4$，上限位开关为 $SQ_2$，下限位开关为 $SQ_1$。

夹持装置不带限位开关，一旦夹紧电磁阀导通，就同时驱动 PLC 内的定时器，设定时间（延时 1.7s）一到，夹持动作也就完成了。

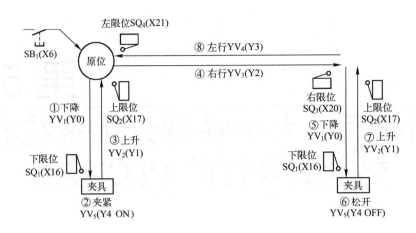

图 5-1-2　机械手负载和检测元器件示意图

## 2. PLC 的 I/O 配置、PLC 的 I/O 接线和梯形图

PLC 的 I/O 配置如表 5-1-1 所示。移动工件机械手 PLC 控制的 PLC 的 I/O 接线如图 5-1-3 所示。移动工件机械手 PLC 控制的梯形图如图 5-1-4 ~ 图 5-1-8 所示。

表 5-1-1　PLC 的 I/O 配置

| 输 入 设 备 | | 输入继电器 | 输 出 设 备 | | 输入继电器 |
|---|---|---|---|---|---|
| 代　号 | 功　能 | | 代　号 | 功　能 | |
| SA₁ | 手动挡 | X0 | YV₁ | 下降电磁阀线圈 | Y0 |
| SA₂ | 回原位挡 | X1 | YV₂ | 上升电磁阀线圈 | Y1 |
| SA₃ | 单步挡 | X2 | YV₃ | 右行电磁阀线圈 | Y2 |
| SA₄ | 单周期挡 | X3 | YV₄ | 左行电磁阀线圈 | Y3 |
| SA₅ | 连续挡 | X4 | YV₅ | 松紧电磁阀线圈 | Y4 |
| SB₉ | 回原位按钮 | X5 | | | |
| SB₁ | 启动按钮 | X6 | | | |
| SB₂ | 停止按钮 | X7 | | | |
| SB₃ | 下降按钮 | X10 | | | |
| SB₄ | 上升按钮 | X11 | | | |
| SB₅ | 右行按钮 | X12 | | | |
| SB₆ | 左行按钮 | X13 | | | |
| SB₇ | 夹紧按钮 | X14 | | | |
| SB₈ | 松开按钮 | X15 | | | |
| SQ₁ | 下限位开关 | X16 | | | |
| SQ₂ | 上限位开关 | X17 | | | |
| SQ₃ | 右限位开关 | X20 | | | |
| SQ₄ | 左限位开关 | X21 | | | |

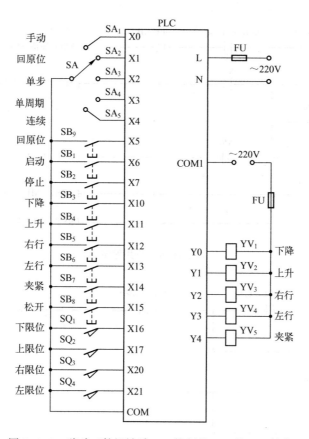

图 5-1-3　移动工件机械手 PLC 控制的 PLC 的 I/O 接线

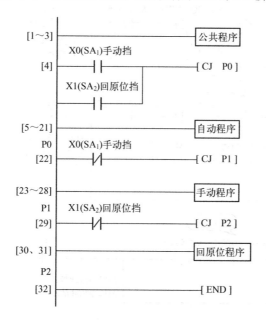

图 5-1-4　移动工件机械手 PLC 控制程序的总体结构

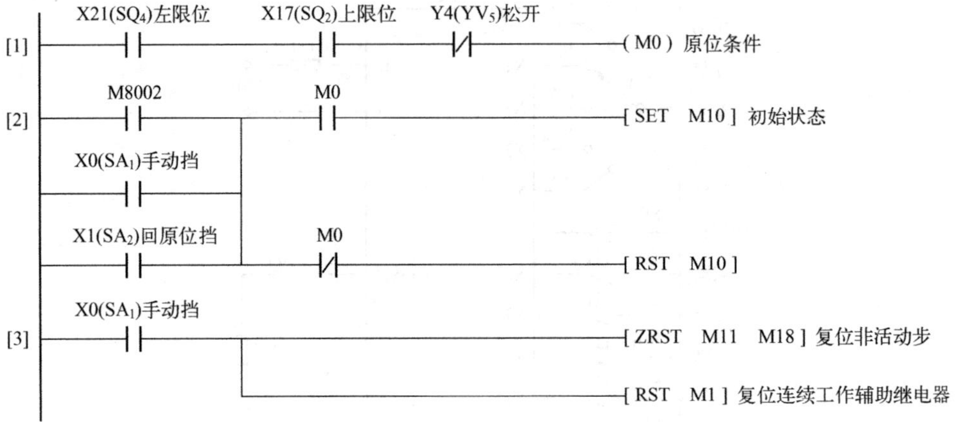

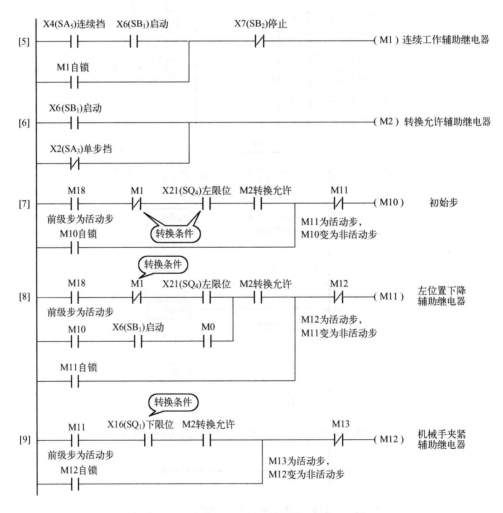

图 5-1-5　公共程序

图 5-1-6　自动（步进、单周期和连续）程序

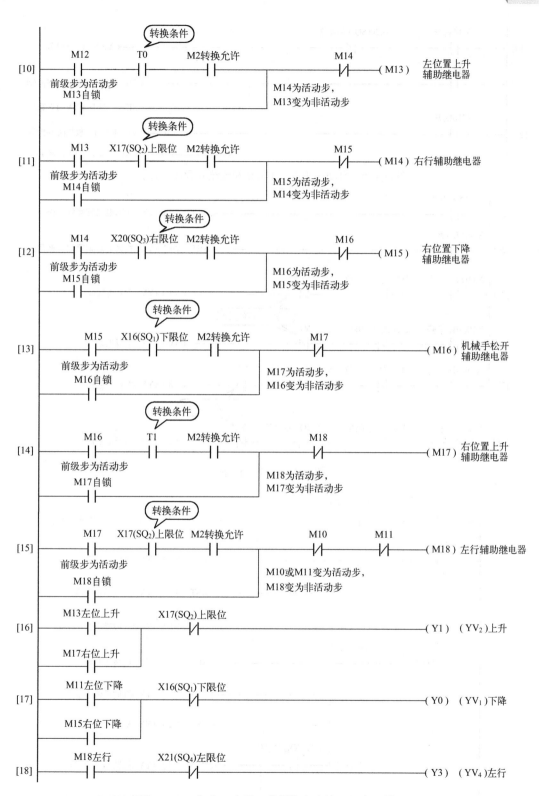

图 5-1-6　自动（步进、单周期和连续）程序（续）

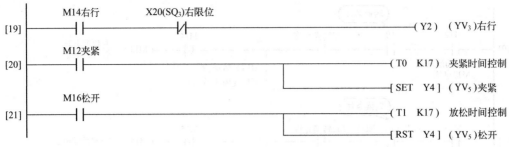

图 5-1-6　自动（步进、单周期和连续）程序（续）

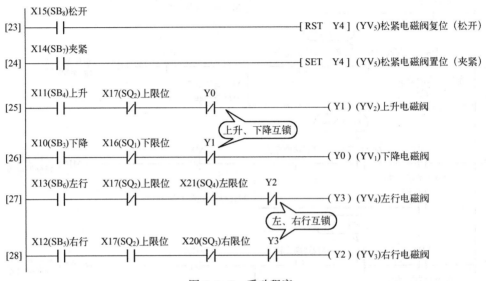

图 5-1-7　手动程序

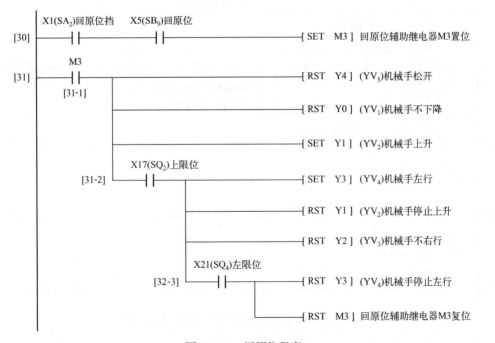

图 5-1-8　回原位程序

### 3. 识读要点

当选择手动工作方式时，工作方式选择开关 SA 的触点 SA₁ 闭合，使输入继电器 X0 得电，将执行公共程序和手动程序。

当选择自动回原位方式时，工作方式选择开关 SA 的触点 SA₂ 闭合，使输入继电器 X1 得电，将执行公共程序和回原位程序。

当选择单步、单周期、连续工作方式时，工作方式选择开关 SA 的相应触点 SA₃、SA₄、SA₅ 闭合，将执行公共程序和自动程序。

当选择单周期工作方式时，在初始状态下，按下启动按钮 SB₁→X6 得电→◎X6[5]闭合，从初始步 M10 开始，按图 5-1-6 的规定完成一个周期后，返回并停留在初始步。如果在操作过程中按下停止按钮，则机械手停在该工序上，再按下启动按钮，则又从该工序继续工作，最后停在原位。

当选择连续工作方式时，在初始状态下，按下启动按钮 SB₁，机械手从初始步开始一个周期一个周期地反复连续工作。按下停止按钮，并不马上停止，完成最后一个周期的工作后，系统才返回并停留在初始步。

当选择单步工作方式时，从初始步开始，按一下启动按钮，系统转换到下一步，完成该步任务后，自动停止工作停留在该步，再按一下启动按钮，才往前走一步。

机械手在最上面、最左边且夹持装置松开时，系统处于规定的初始条件，称为"原位条件"。此时，左限位开关 X21(SQ₄)的动合触点◎X21[1]、上限位开关 X17(SQ₂)的动合触点◎X17[1]处于闭合状态，夹紧电磁阀 Y4(YV₅)的动断触点#Y4[1]也处于闭合状态，因此原位条件辅助继电器 M0[1]得电，◎M0[2]闭合、#M0[2]断开，表示机械手在原位。

### 4. 电路工作过程

1）程序的总体结构

移动工件机械手 PLC 控制程序的总体结构如图 5-1-4 所示，分为公共程序、自动程序、手动程序和回原位程序 4 个部分。其中，自动程序包括单步、单周期和连续工作的程序，由于它们的工作顺序相同，因此把它们合编在一起。

2）公共程序

公共程序用于自动程序和手动程序相互切换的处理，如图 5-1-5 所示。

当 Y4 复位（夹紧电磁阀 YV₅ 松开）、左限位开关 X21 和上限位开关 X17 的动合触点接通时，辅助继电器 M0[1]得电，表示机械手在原位。

当机械手处于原位状态（M0[1]得电）时，开始执行用户程序（M8002[2]为 ON），系统处于手动或回原位状态（X0 或 X1 为 ON，因此◎X0[2]或◎X1[2]闭合），初始步对应的辅助继电器 M10[2]得电，为进入单步、单周期和连续工作方式做好准备。如果 M0[1]未得电，则其动断触点#M0[2]闭合，使初始步 M10[7]复位，变为不活动步，进入单步、单周期和连续工作方式后，按启动按钮启动也不会转换到下一步，因此禁止了单步、单周期和连续工作方式的运行。

当系统处于手动工作方式时，必须将初始步以外的各步对应的辅助继电器 M11 ～ M18

[8 ～ 15]复位，通过成批复位指令 ZRST[3]实现，同时将表示连续工作状态的 M1[3]复位，否则当系统从自动工作方式切换到手动工作方式，然后又返回到自动工作方式时，可能会出现有两个活动步的异常情况，引起错误的动作。

3）自动程序

自动程序如图 5-1-6 所示。自动程序包括单步、单周期和连续工作方式程序，其中 M1[5]、M11 ～ M18[8 ～ 15]是用典型的启保停电路来控制的。这 3 种工作方式主要用连续工作辅助继电器 M1[5]和转换允许辅助继电器 M2[6]来区分。

（1）单步与非单步的区分：在非单步（连续、单周期）工作方式下，工作方式选择开关 SA 的单步挡触点 SA$_3$ 断开→X2 失电→#X2[6]闭合→M2[6]得电，允许转换，串联在各启保停电路 M11 ～ M18[8 ～ 15]中的启动电路中的 M2 的动合触点◎M2[8 ～ 15]闭合，允许步与步之间的转换；在单步工作方式下，触点 SA$_3$ 闭合→X2 得电→#X2[6]断开→M2[6]失电→◎M2[8 ～ 15]断开，不允许步与步之间的转换，当某一步的工作结束后，转换条件虽然满足，但如果没有按下启动按钮 SB$_1$（◎X6[6]）未闭合），则 M2[6]处于 OFF 状态，启保停电路的启动电路处于断开状态，不会转换到下一步，一直要等到按下启动按钮 SB$_1$→X6 得电→◎X6[6]闭合→M2[6]得电→◎M2[8 ～ 15]闭合，转换条件才会使系统进入下一步。

由此可见，在连续、单周期工作方式下，触点 SA$_3$ 断开→X2 失电→#X2[6]闭合→M2[6]得电；在单步工作方式下，触点 SA$_3$ 闭合→X2 得电→#X2[6]断开→M2[6]失电。

（2）单周期与连续的区分：在连续工作方式下，触点 SA$_5$ 闭合，◎X4[5]闭合，按下启动按钮 SB$_1$，X6 得电，◎X6[5]闭合，则 M1[5]得电并自锁，#M1[7]断开，◎M1[8]闭合；在单周期工作方式下，触点 SA$_5$ 断开，◎X4[5]断开，因此 M1[5]不能得电，#M1[7]闭合，◎M1[8]断开。

① 在单周期工作方式下，当机械手在最后一步 M18[15]返回最左边时，左限位开关 SQ$_4$ 闭合→X21 得电→◎X21[7]闭合，而此时#M1[7]闭合，因此满足转换条件，将返回并停留在初始步 M10。按一次启动按钮，系统只工作一个周期。

② 在连续工作方式下，当机械手从最后一步 M18[15]返回最左边时，左限位开关 SQ$_4$ 闭合→X21 得电→◎X21[8]闭合，由于 M1[5]处于 ON 状态，◎M1[8]闭合，转换条件 ◎M1·◎X21 满足，因此系统返回步 M11[8]，反复连续地工作下去。按下停止按钮 SB$_2$→X7 得电→#X7[5]断开→M1[5]失电→◎M1[8]断开且#M1[7]闭合，但系统不会立即停止工作，在完成当前工作周期的全部操作后，机械手在步 M18[15]返回最左边时，左限位开关 SQ$_4$ 闭合→X21 得电→◎X21[7]、◎X21[8]闭合，但由于 M1[5]失电，◎M1[8]断开，不满足转换条件◎M1·◎X21，因此不能转移到步 M11[8]，而#M1[7]闭合，转移条件#M1·◎X21 满足，系统才返回并停留在初始步。

（3）单周期工作过程：在单周期工作方式下，触点 SA$_4$ 闭合，SA$_3$ 断开，因此 X3 得电，X2 失电。X2 失电，#X2[6]闭合，使 M2[6]得电，◎M2[8 ～ 15]闭合，为 M11 ～ M18[8 ～ 15]得电做准备。

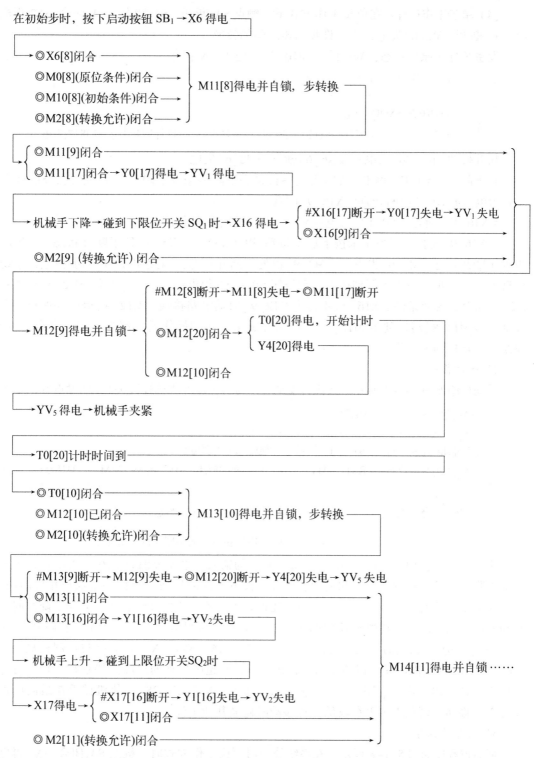

以后系统将这样一步一步地工作下去，直到步 M18［15］，机械手左行返回原位，左限位开关 X21 的动合触点◎X21［7］闭合，因为#M1［7］闭合，将返回初始步 M10［7］，机械手停止运动。

（4）单步工作过程：在单步工作方式下，触点 SA$_5$ 断开，SA$_3$ 闭合。SA$_3$ 闭合→X2 得电→#X2[6]断开→M2[6]失电，不允许步与步之间的转换。

设系统处于原位状态，M0[1]和 M10[7]均处于 ON 状态。

按下启动按钮 SB$_1$→X6 得电————

◎ X6[6]闭合→M2[6]得电

◎ X6[8]闭合→M11[8]得电并自锁，系统进入下降步→◎M11[17]闭合→Y0[17]得电

松开按钮 SB$_1$→X6 失电→◎X6[6]断开→M2[6]失电。

在下降步，Y0[17]得电→YV$_1$ 得电→机械手下降→碰到下限位开关 SQ$_1$ 时，SQ$_1$ 闭合→X16 得电→#X16[17]断开且◎X16[9]闭合。

#X16[17]断开→Y0[17]失电→YV$_1$ 失电→机械手停止下降。

◎X16[9]闭合，但由于未按下启动按钮 SB$_1$（X6），◎X6[5]处于断开状态，◎X6[6]也处于断开状态，M2[6]失电，◎M2[9]也处于断开状态，因此 M12[9]不能得电，系统不会转换到下一步。一直要等到按下启动按钮 SB$_1$→X6 得电→◎X6[6]闭合→M2[6]得电→◎M2[9]闭合，转换条件◎X16[9]才会使 M12[9]启动电路接通，M12[9]得电并保持，系统才能由步 M11[8]转换到步 M12[9]。以后完成某一步的操作后，都必须按一次启动按钮，系统才能转换到下一步。

4）手动程序

手动程序如图 5-1-7 所示。当执行手动程序时，工作方式选择开关 SA 的触点 SA$_1$ 闭合。

SA 的触点 SA$_1$ 闭合→ X0 得电————

◎X0[2]闭合→执行"RST　M10"指令，使辅助继电器复位

◎X0[3]闭合→执行"ZRST　M11　M18"指令和"RST　M1"指令，使 M11～M18 复位，使连续工作辅助继电器 M1 复位

◎X0[4]闭合→执行"CJ　P0"指令，程序跳转到 P0 处→到 P0 处，#X0[22]断开→

→不执行"CJ　P1"指令，而顺序执行手动程序

手动工作时，用 6 个按钮 SB$_3$～ SB$_8$（相应的输入继电器分别为 X10 ～ X15）控制机械手的下降、上升、右行、左行和夹紧、松开。按下不同的按钮，机械手就执行相应的操作。为了保证系统的安全运行，在手动程序中还设置了一些必要的互锁，如上升与下降之间、左行与右行之间，以防止功能相反的两个输出继电器同时得电。上、下、左、右限开关 SQ$_2$、SQ$_1$、SQ$_4$、SQ$_3$（相应的输入继电器分别为 X17、X16、X21、X20）分别与控制机械手 Y1、Y0、Y3、Y2 的线圈串联，以防止由于机械手运行时超限出现的故障。特别是左行、右行的程序中 [27、28] 串联上限位开关 SQ$_2$ 的动合触点◎X17[27、28]，使机械手在最高位置时才能左右移动，以免机械手在较低位置移动时碰撞其他工件。

5）回原位程序

回原位程序如图 5-1-8 所示。在系统处于回原位工作方式时，触点 SA$_2$ 闭合→X1 得电→◎X1[30]闭合，此时按下回原位按钮 SB$_9$→X5 得电→◎X5[30]闭合，使 M3[30]得电→◎M3[31]闭合。

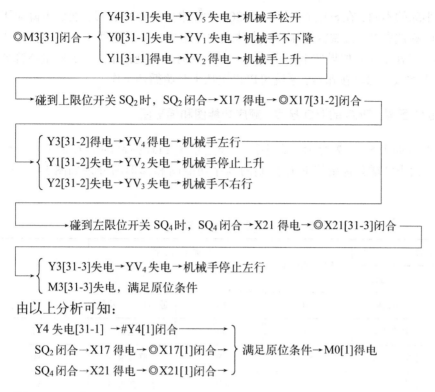

由以上分析可知：

Y4 失电[31-1] →#Y4[1]闭合

SQ₂ 闭合→X17 得电→◎X17[1]闭合 } 满足原位条件→M0[1]得电

SQ₄ 闭合→X21 得电→◎X21[1]闭合

## 【例 5-1-2】 大小铁球分选系统的 PLC 控制

### 1. 控制过程及控制要求

大小铁球分选系统示意图如图 5-1-9 所示。当机械臂处于原始位置时，上限位开关 $SQ_3$ 和左限位开关 $SQ_1$ 闭合，抓球电磁铁处于失电状态，这时按下启动按钮后，机械臂下降，当碰到下限位开关 $SQ_2$ 时停止下降，且电磁铁得电抓球。如果抓住的是小球，则大小球检测开关 SQ 为 ON；如果抓住的是大球，则 SQ 为 OFF。2s 后，机械臂上升，碰到上限位开关 $SQ_3$ 后右

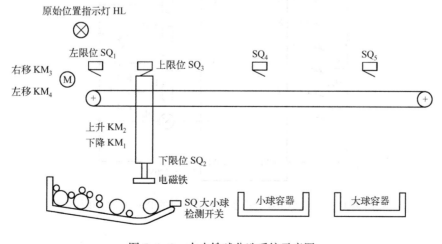

图 5-1-9　大小铁球分选系统示意图

移，它会根据大小球的不同，在 SQ$_4$（小球）或 SQ$_5$（大球）处停止右移，然后下降至下限位开关处停止，电磁铁失电，机械臂把球放在小球或大球箱里，2s 后返回。如果不按停止按钮，则机械臂一直工作下去；如果按下停止按钮，则不管何时何处按下，机械臂最终都要停止在原始位置。再次按下启动按钮后，系统可以再次从头开始循环工作。

### 2. PLC 的 I/O 配置、PLC 的 I/O 接线、顺序功能图和梯形图

PLC 的 I/O 配置如表 5-1-2 所示。大小铁球分选系统 PLC 控制的 PLC 的 I/O 接线如图 5-1-10 所示。大小铁球分选系统 PLC 控制的顺序功能图和梯形图分别如图 5-1-11 和图 5-1-12 所示。

表 5-1-2　PLC 的 I/O 配置

| 输入设备 | | 输入继电器 | 输出设备 | | 输出继电器 |
|---|---|---|---|---|---|
| 代　号 | 功　能 | | 代　号 | 功　能 | |
| SB | 启动按钮 | X0 | HL | 原始位置指示灯 | Y5 |
| SQ$_1$ | 左限位开关 | X1 | YV | 抓球电磁铁 | Y1 |
| SQ$_2$ | 下限位开关 | X2 | KM$_1$ | 下降接触器 | Y0 |
| SQ$_3$ | 上限位开关 | X3 | KM$_2$ | 上升接触器 | Y2 |
| SQ$_4$ | 小球右限位开关 | X4 | KM$_3$ | 右移接触器 | Y3 |
| SQ$_5$ | 大球右限位开关 | X5 | KM$_4$ | 左移接触器 | Y4 |
| SQ | 大小球检测开关 | X6 | | | |

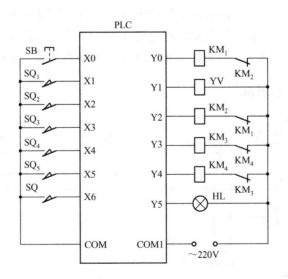

图 5-1-10　大小铁球分选系统 PLC 控制的 PLC 的 I/O 接线

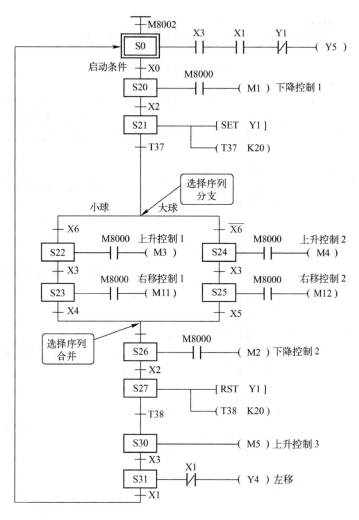

图 5-1-11 大小铁球分选系统 PLC 控制的顺序功能图

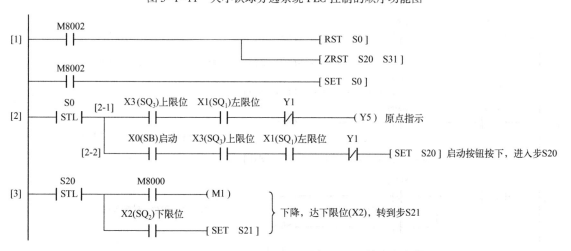

图 5-1-12 大小铁球分选系统 PLC 控制的梯形图

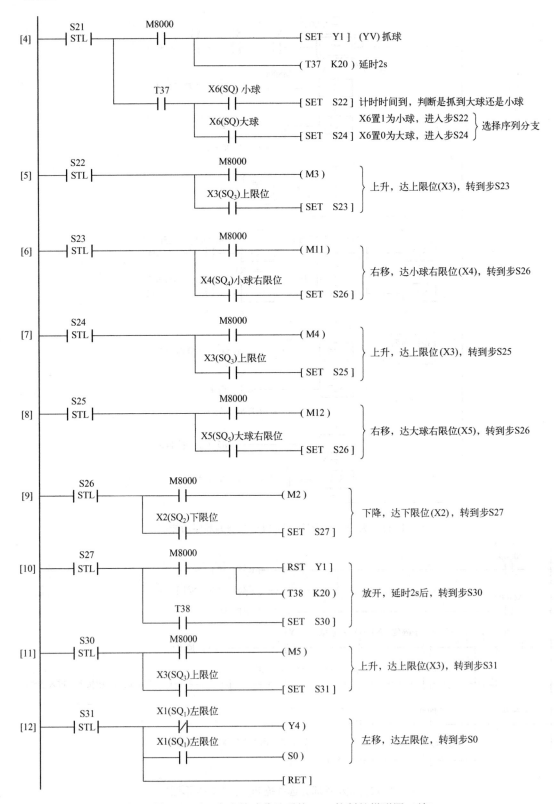

图 5-1-12　大小铁球分选系统 PLC 控制的梯形图（续）

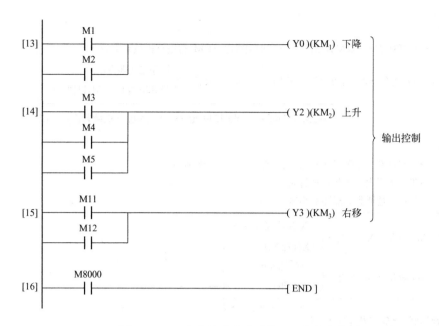

图 5-1-12　大小铁球分选系统 PLC 控制的梯形图（续）

## 3. 电路工作过程

### 1）初始状态

◎M8002[1]闭合→$\begin{cases} S0[1]、S20 ～S31[1]清零 \\ S0[1]置位并保持→进入步 S0 \end{cases}$

### 2）步 S0[2]

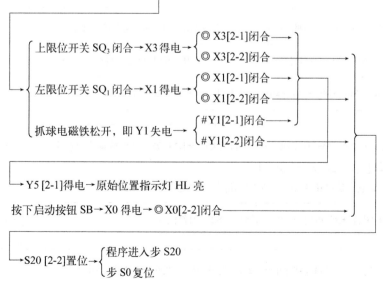

3）步 S20［3］

◎M8000[3]闭合→M1[3]得电→◎M1[13]闭合→Y0[13]得电→KM$_1$得电→机械臂下降→

机械臂下降到位，SQ$_2$闭合→X2 得电→◎X2[3]闭合→S21 [3]置位→ { 程序进入步 S21
 步 S20 复位→M1[3]失电→

→◎M1[13]断开 → Y0[13]失电 → KM$_1$失电 → 机械臂停止下降

4）步 S21［4］

◎M8000[4]闭合→ Y1 [4]置位并保持→YV 得电→抓球电磁铁开始抓球

 → T37[4]得电，开始抓球计时

大小球检测开关 SQ 判断是抓到大球还是小球

{ 抓到小球，SQ 闭合→X6 得电→ { ◎X6[4]闭合
             # X6[4]断开
 抓到大球，SQ 断开→X6 失电→ { ◎X6[4]断开
             # X6[4]闭合

→T37[4] 计时时间到→◎T37[4]闭合→ { 

→S22 [4]置位→ { 程序进入步 S22
     步 S21 复位 } 选择序列分支

→S24 [4]置位→ { 程序进入步 S24
     步 S21 复位

5）步 S22［5］、步 S23［6］，选择序列分支 A

◎M8000 [5]闭合→M3[5]得电→◎M3[14]闭合→Y2[14]得电→KM$_2$得电→机械臂上升→

→机械臂上升到位，SQ$_3$闭合→X3 得电→◎X3[5]闭合→S23 [5]置位→

{ 程序进入步 S23
 步 S22 复位→M3[5]失电→◎M3[14]断开→Y2[14]失电→KM$_2$失电→机械臂停止上升

→◎M8000 [6]闭合→M11[6]得电→◎M11[15]闭合→ Y3 [15]得电→KM$_3$得电→机械臂右移→

→机械臂抓小球右移到位，SQ$_4$闭合→X4 得电→◎X4[6]闭合→S26[6]置位→

{ 程序进入步 S26
 步 S23 复位→M11[6]失电→◎M11[15]断开→Y3[15]失电→KM$_3$失电→机械臂停止右移

6）步 S24[7]、步 S25[8]，选择序列分支 B

◎M8000 [7]闭合→ M4[7]得电→◎M4[14]闭合→ Y2[14]得电→KM$_2$得电→机械臂上升→

→机械臂上升到位，SQ$_3$闭合→X3 得电→◎X3[7]闭合→S25 [7]置位→

{ 程序进入步 S25
 步 S24 复位→M4[7]失电→◎M4[14]断开→Y2[14]失电→KM$_2$失电→机械臂停止上升

Ⓐ Ⓑ Ⓒ

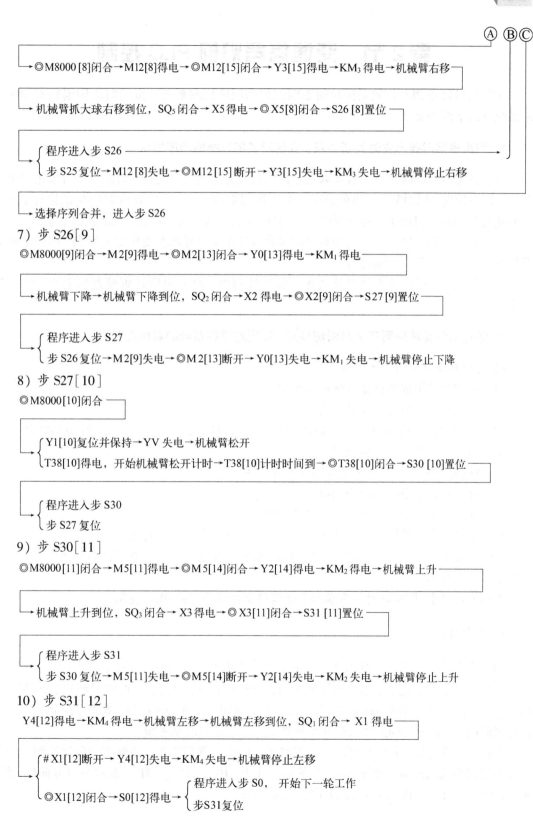

Ⓐ Ⓑ Ⓒ

→◎M8000 [8]闭合→M12[8]得电→◎M12[15]闭合→Y3[15]得电→KM₃ 得电→机械臂右移—

└→机械臂抓大球右移到位，SQ₅ 闭合→X5 得电→◎X5[8]闭合→S26 [8]置位—

┌ 程序进入步 S26
└ 步 S25 复位→M12 [8]失电→◎M12[15]断开→Y3[15]失电→KM₃ 失电→机械臂停止右移

└→选择序列合并，进入步 S26

**7）步 S26[9]**

◎M8000[9]闭合→M2[9]得电→◎M2[13]闭合→Y0[13]得电→KM₁ 得电—

└→机械臂下降→机械臂下降到位，SQ₂ 闭合→X2 得电→◎X2[9]闭合→S27 [9]置位—

┌ 程序进入步 S27
└ 步 S26 复位→M2[9]失电→◎M2[13]断开→Y0[13]失电→KM₁ 失电→机械臂停止下降

**8）步 S27[10]**

◎M8000[10]闭合—

┌ Y1[10]复位并保持→YV 失电→机械臂松开
└ T38[10]得电，开始机械臂松开计时→T38[10]计时时间到→◎T38[10]闭合→S30 [10]置位—

┌ 程序进入步 S30
└ 步 S27 复位

**9）步 S30[11]**

◎M8000[11]闭合→M5[11]得电→◎M5[14]闭合→Y2[14]得电→KM₂ 得电→机械臂上升—

└→机械臂上升到位，SQ₃ 闭合→X3 得电→◎X3[11]闭合→S31 [11]置位—

┌ 程序进入步 S31
└ 步 S30 复位→M5[11]失电→◎M5[14]断开→Y2[14]失电→KM₂ 失电→机械臂停止上升

**10）步 S31[12]**

Y4[12]得电→KM₄ 得电→机械臂左移→机械臂左移到位，SQ₁ 闭合→ X1 得电—

┌ #X1[12]断开→ Y4[12]失电→KM₄ 失电→机械臂停止左移
│
│                              ┌ 程序进入步 S0，开始下一轮工作
└ ◎X1[12]闭合→S0[12]得电 ┤
                               └ 步S31复位

# 第 2 节　交通信号灯的 PLC 控制

交通信号灯的 PLC 控制是按时间原则编程的顺序控制系统。按时间原则编程的顺序控制系统有以下两种类型。

**1. 利用多定时器产生时间切换点，实现对被控系统的顺序控制**

（1）各定时器同时启动。若获取各输出信号状态变化的时间点，则该程序所采用的定时器均是同时定时、同时复位，也就是说一个工作周期内，各定时器计时时间均是相对于 $t_0$ 时刻的绝对时间的。但由于各定时器的计时时间不同，因而形成不同的状态变化时间点。

（2）各定时器顺序启动。用相对时间来获取各输出信号状态变化的时间点，即一个定时器计时结束时启动另一个定时器。

二者相比，采用前者能使思路清晰，编程较简单，而采用后者则使逻辑复杂，编程较困难。

**2. 通过时钟脉冲序列产生时间切换点，实现对被控系统的顺序控制**

1）时钟脉冲序列的产生方法
（1）单定时器组成的自复位脉冲发生器。
（2）双定时器组成的脉冲发生器。
（3）特殊位存储器 M8012 提供周期为 1min、占空比为 50% 的时钟脉冲；M8013 提供周期为 1s、占空比为 50% 的时钟脉冲。
2）通过时钟脉冲序列产生时间切换点的方法
（1）通过比较指令产生时间切换点。
（2）通过多个不同设定值的计数器产生时间切换点。
（3）通过一个计数器对时钟脉冲进行计数，再对计数器计数值通过比较指令产生时间切换点。将计数器计数过程中间值与给定值进行比较，确定被控对象在不同时间点上启停，从而控制各输出接通顺序。

**【例 5-2-1】　用相对时间编程的十字路口交通信号灯的 PLC 控制**

**1. 控制要求**

当工作人员合上正常工作开关 SA$_1$ 后，南北方向红灯亮 30s，期间东西方向绿灯亮 25s 后，闪烁 3s 灭，黄灯亮 2s；然后切换成东西方向红灯亮 30s，期间南北方向绿灯亮 25s 后，闪烁 3s 灭，黄灯亮 2s，如此循环。当工作人员合上夜间运行开关 SA$_2$ 后，东西、南北两方向的黄灯同时闪烁，提醒夜间过往人员和车辆在通过十字路口时减速慢行。

由控制要求可知，各信号灯的亮灭严格按时间先后顺序工作，是典型的顺序控制。信号灯及各定时器状态波形图如图 5-2-1 所示。其中，HL$_{R1}$、HL$_{G1}$、HL$_{Y1}$ 表示东西方向红、绿、黄灯；HL$_{R2}$、HL$_{G2}$、HL$_{Y2}$ 表示南北方向红、绿、黄灯。

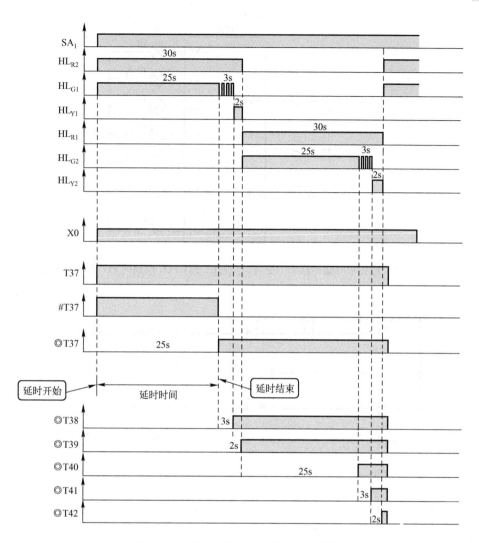

图 5-2-1 信号灯及各定时器状态波形图

## 2. PLC 的 I/O 接线和梯形图

用相对时间编程的十字路口交通信号灯 PLC 控制的 PLC 的 I/O 接线如图 5-2-2 所示。其梯形图如图 5-2-3 所示。

## 3. 识读要点

在梯形图中，使用了 6 个定时器 T37 ～ T42 和 1 个特殊标志位存储器 M8013。定时器 T37 ～ T42 的作用如表 5-2-1 所示，其状态波形图如图 5-2-1 所示。

各时间段的特征用 PLC 内部的定时器 T37 ～ T42 予以反映。当正常工作开关 SA₁ 闭合后，输入继电器 X0 得电，◎X0［1］闭合，使 T37［1］开始计时，25s 计时时间到其动合触点闭合，使 T38［2］开始计时，3s 计时时间到其动合触点闭合，使 T39［3］开始计时，以此类推。当一个定时器计时时间到的时候，下一个定时器就开始计时，最后当 T42［6］计时时间到的时候，将所有定时器线圈断开，一个周期结束，下一个周期又开始。

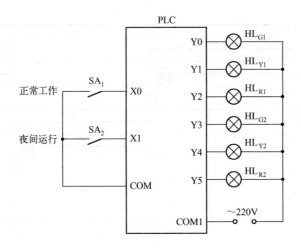

图 5-2-2　用相对时间编程的十字路口交通信号灯 PLC 控制的 PLC 的 I/O 接线

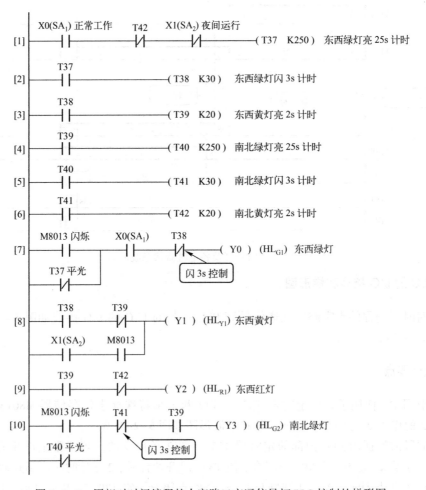

图 5-2-3　用相对时间编程的十字路口交通信号灯 PLC 控制的梯形图

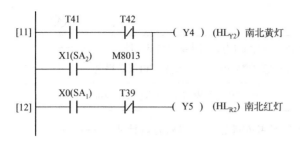

图 5-2-3　用相对时间编程的十字路口交通信号灯 PLC 控制的梯形图（续）

当夜间运行开关 SA₂ 闭合后，采用特殊存储器标志位 M8013 使东西、南北两方向的黄灯同时闪烁。

表 5-2-1　定时器 T37 ～ T42 的作用

| 定 时 器 | 控制信号灯 | | 功 能 |
| --- | --- | --- | --- |
| T37 | $HL_{G1}$ | 25 s | 东西绿灯亮 25 s |
| T38 | $HL_{G1}$ | 3 s | 东西绿灯闪 3 s |
| T39 | $HL_{Y1}$ | 2 s | 东西黄灯亮 2 s |
| T40 | $HL_{G2}$ | 25 s | 南北绿灯亮 25 s |
| T41 | $HL_{G2}$ | 3 s | 南北绿灯闪 3 s |
| T42 | $HL_{Y2}$ | 2 s | 南北黄灯亮 2 s |

### 4. 电路工作过程

1) 正常工作

正常工作开关 SA₁ 闭合→X0 得电

- ◎X0[1]闭合→T37[1]得电，东西绿灯亮 25s 计时
- ◎X0[7]闭合→Y0[7]得电→$HL_{G1}$ 得电，东西绿灯亮
- ◎X0[12]闭合→Y5[12]得电→$HL_{R2}$ 得电，南北红灯亮

→T37[1]计时时间到
- ◎T37[2]闭合→T38[2]得电，东西绿灯闪 3s 计时
- #T37[7]断开→通过◎M8013[7]，使 Y0[7]间歇得电→$HL_{G1}$ 间歇得电，东西绿灯闪烁

→T38[2]计时时间到
- ◎T38[3]闭合→T39[3]得电，东西黄灯亮 2s 计时
- #T38[7]断开→Y0[7]失电→$HL_{G1}$ 失电，东西绿灯灭
- ◎T38[8]闭合→Y1[8]得电→$HL_{Y1}$ 得电，东西黄灯亮

→T39[3]计时时间到
- ◎T39[4]闭合→T40[4]得电，南北绿灯亮 25s 计时
- #T39[8]断开→Y1[8]失电→$HL_{Y1}$ 失电，东西黄灯灭
- ◎T39[9]闭合→Y2[9]得电→$HL_{R1}$ 得电，东西红灯亮
- ◎T39[10]闭合→Y3[10]得电→$HL_{G2}$ 得电，南北绿灯亮
- #T39[12]断开→Y5[12]失电→$HL_{R2}$ 失电，南北红灯灭

Ⓐ

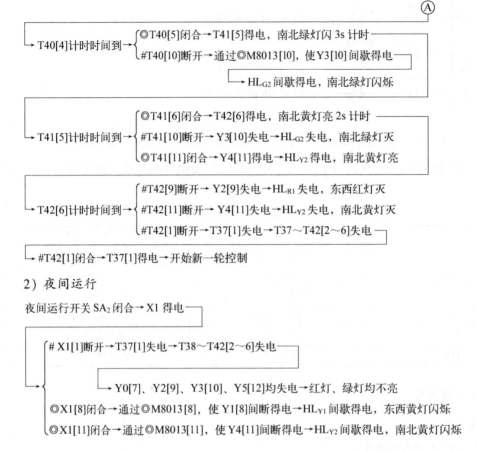

Ⓐ

→ T40[4]计时时间到 → ⎰◎T40[5]闭合 → T41[5]得电，南北绿灯闪 3s 计时 ⎱
⎰#T40[10]断开 → 通过◎M8013[10]，使Y3[10]间歇得电 ⎱

→ HL$_{G2}$ 间歇得电，南北绿灯闪烁

→ T41[5]计时时间到 → ⎧◎T41[6]闭合 → T42[6]得电，南北黄灯亮 2s 计时 ⎫
⎨#T41[10]断开 → Y3[10]失电 → HL$_{G2}$ 失电，南北绿灯灭 ⎬
⎩◎T41[11]闭合 → Y4[11]得电 → HL$_{Y2}$ 得电，南北黄灯亮 ⎭

→ T42[6]计时时间到 → ⎧#T42[9]断开 → Y2[9]失电 → HL$_{R1}$ 失电，东西红灯灭 ⎫
⎨#T42[11]断开 → Y4[11]失电 → HL$_{Y2}$ 失电，南北黄灯灭 ⎬
⎩#T42[1]断开 → T37[1]失电 → T37~T42[2~6]失电 ⎭

→ #T42[1]闭合 → T37[1]得电 → 开始新一轮控制

2）夜间运行

夜间运行开关 SA$_2$ 闭合 → X1 得电

⎧#X1[1]断开 → T37[1]失电 → T38~T42[2~6]失电 ⎫
⎪ ⎪
⎪ → Y0[7]、Y2[9]、Y3[10]、Y5[12]均失电 → 红灯、绿灯均不亮 ⎪
⎨ ⎬
⎪◎X1[8]闭合 → 通过◎M8013[8]，使Y1[8]间断得电 → HL$_{Y1}$ 间歇得电，东西黄灯闪烁 ⎪
⎩◎X1[11]闭合 → 通过◎M8013[11]，使Y4[11]间断得电 → HL$_{Y2}$ 间歇得电，南北黄灯闪烁 ⎭

## 【例 5-2-2】 用绝对时间编程的十字路口交通信号灯的 PLC 控制

### 1. 控制要求

（1）在正常情况下，信号灯系统开始工作时，先南北方向红灯（HL$_{R1}$）亮 30s，东西方向绿灯（HL$_{G2}$）常亮 25s，闪烁 3s（1s 内通 0.5s，断 0.5s），然后东西方向黄灯（HL$_{Y2}$）亮 2s；30s 后东西方向亮红灯（HL$_{R2}$），南北方向亮绿灯（HL$_{G1}$）和黄灯（HL$_{Y1}$），即周期时间为 60s。南北和东西两方向采取对称接法（有些路口根据流量的不同采取非对称接法，即同一方向的通行时间和停止时间不对称）。

（2）南北方向出现紧急情况时，南北方向绿灯常亮，而东西方向红灯常亮。

（3）东西方向出现紧急情况时，东西方向绿灯常亮，而南北方向红灯常亮。

（4）在夜间情况下，东西与南北方向均只有黄灯闪烁（1s 内通 0.5s，断 0.5s）。

### 2. PLC 的 I/O 接线和梯形图

用绝对时间编程的十字路口交通信号灯 PLC 控制的 PLC 的 I/O 接线如图 5-2-4 所示。其梯形图如图 5-2-5 所示。

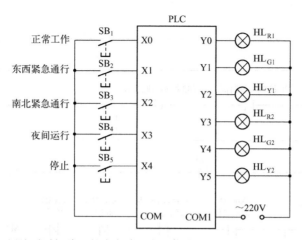

图 5-2-4　用绝对时间编程的十字路口交通信号灯 PLC 控制的 PLC 的 I/O 接线

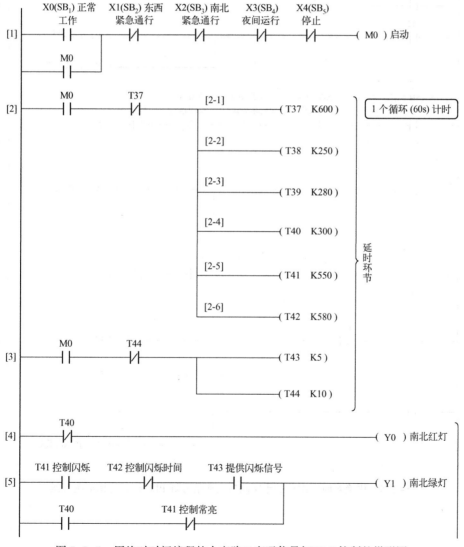

图 5-2-5　用绝对时间编程的十字路口交通信号灯 PLC 控制的梯形图

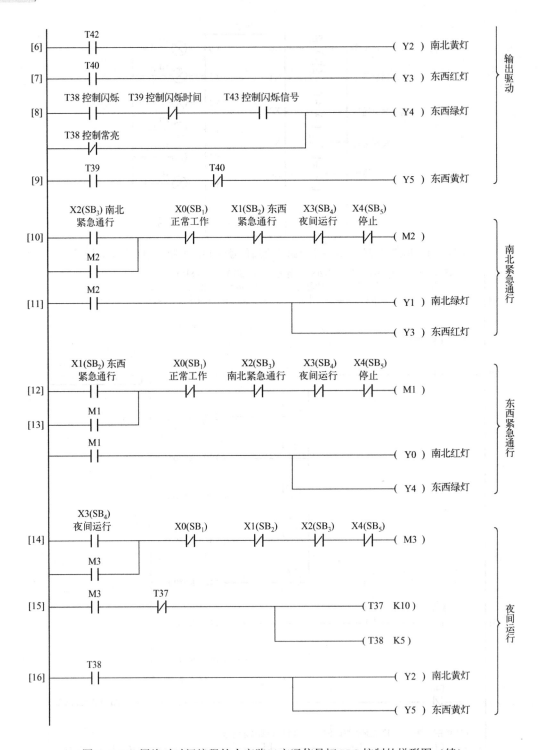

图 5-2-5　用绝对时间编程的十字路口交通信号灯 PLC 控制的梯形图（续）

### 3. 识读要点

在正常情况下，$HL_{R1}$、$HL_{G1}$、$HL_{Y1}$、$HL_{R2}$、$HL_{G2}$、$HL_{Y2}$（Y0 ～ Y5）的状态波形图如图 5-2-6（a）所示。在梯形图中使用了 6 个定时器 T37 ～ T42，其状态波形图如图 5-2-6（b）所示。

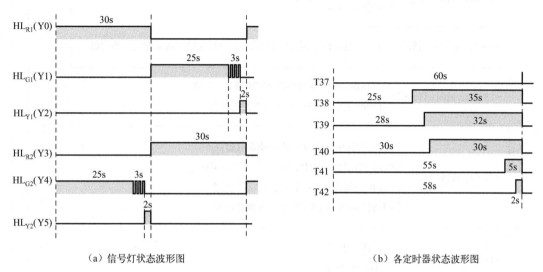

（a）信号灯状态波形图　　　　　　　（b）各定时器状态波形图

图 5-2-6　信号灯及各定时器状态波形图

### 4. 电路工作过程

1）正常工作

按下正常工作按钮 $SB_1$→ X0 得电

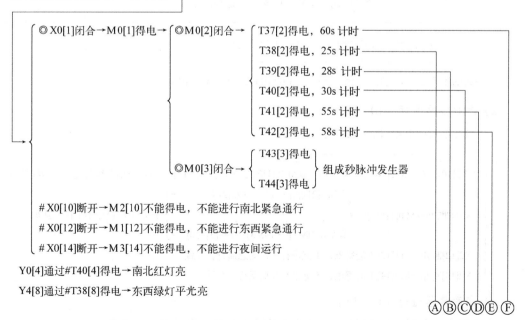

Y0[4]通过#T40[4]得电→南北红灯亮

Y4[8]通过#T38[8]得电→东西绿灯平光亮

2）南北紧急通行 ［10、11］

按下南北紧急通行按钮 SB₃→X2 得电

┌ ◎ X2[10]闭合→M2[10]得电并自锁→◎M2[11]闭合→Y1[11]、Y3[11]得电→南北绿灯亮，东西红灯亮
│
│                    ┌◎M0[2]断开→T37～T42[2]失电─────┐
│ # X2[1]断开→M0[1]失电 ┤                              ├ 正常工作程序不工作，互锁
┤                    └◎M0[3]断开→T43[3]、T44[3]失电──┘
│
│ # X2[12]断开→M1[12]不能得电，不能进行东西紧急通行，互锁
│
└ # X2[14]断开→M3[14]不能得电，不能进行夜间运行，互锁

3）东西紧急通行 ［12、13］

东西紧急通行的工作过程与南北紧急通行的工作过程类似，不再赘述。

4）夜间运行 [14 ～ 16]

定时器 T37[15]、T38[15]组成秒脉冲发生器。

按下夜间运行按钮 SB₄→ X3 得电 ┐

┌ {#X3[1、10、12]断开→不能进入正常工作，不能进入东西、南北紧急通行
└ {◎X3[14]闭合→M 3[14]得电并自锁→◎M 3[15]闭合→T37[15]、T38[15]得电 ┐

└→ 由 T38[15]提供秒脉冲，使◎T38[16]间歇闭合→Y2[16]、Y5[16]间歇得电→南北黄灯、东西黄灯闪烁

## 【例 5-2-3】　人行横道交通信号灯的 PLC 控制

### 1. 控制要求

图 5-2-7（a）为人行横道交通信号灯布置示意图。当行人过马路时，可按下分别装在马路两侧的按钮 SB₁(X0) 或 SB₂(X1)，则交通信号灯按图 5-2-7（b）所示进行工作。在工作期间，任何按钮被按下都不起作用。

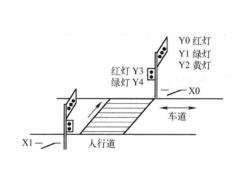

（a）人行横道交通信号灯布置示意图

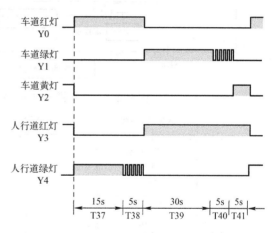

（b）各信号灯状态波形图

图 5-2-7　人行横道交通信号灯布置示意图和各信号灯状态波形图

### 2. PLC 的 I/O 配置、顺序功能图和梯形图

PLC 的 I/O 配置如表 5-2-2 所示。人行横道交通信号灯 PLC 控制的顺序功能图如图 5-2-8 所示。人行横道交通信号灯 PLC 控制的梯形图如图 5-2-9 所示。

表 5-2-2　PLC 的 I/O 配置

| 输入设备 | | 输入继电器 | 输出设备 | | 输出继电器 |
| --- | --- | --- | --- | --- | --- |
| 代　号 | 功　能 | | 代　号 | 功　能 | |
| SB₁ | 启动按钮 1 | X0 | HL₁ | 车道红灯 | Y0 |
| SB₂ | 启动按钮 2 | X1 | HL₂ | 车道绿灯 | Y1 |
| SB₃ | 停止按钮 | X2 | HL₃ | 车道黄灯 | Y2 |
| | | | HL₄ | 人行道红灯 | Y3 |
| | | | HL₅ | 人行道绿灯 | Y4 |

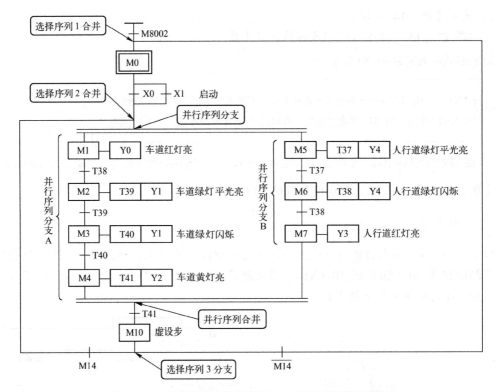

图 5-2-8 人行横道交通信号灯 PLC 控制的顺序功能图

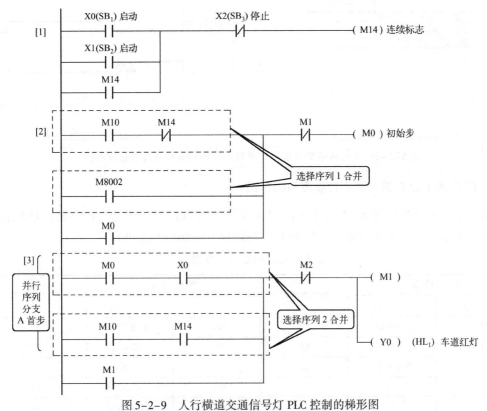

图 5-2-9 人行横道交通信号灯 PLC 控制的梯形图

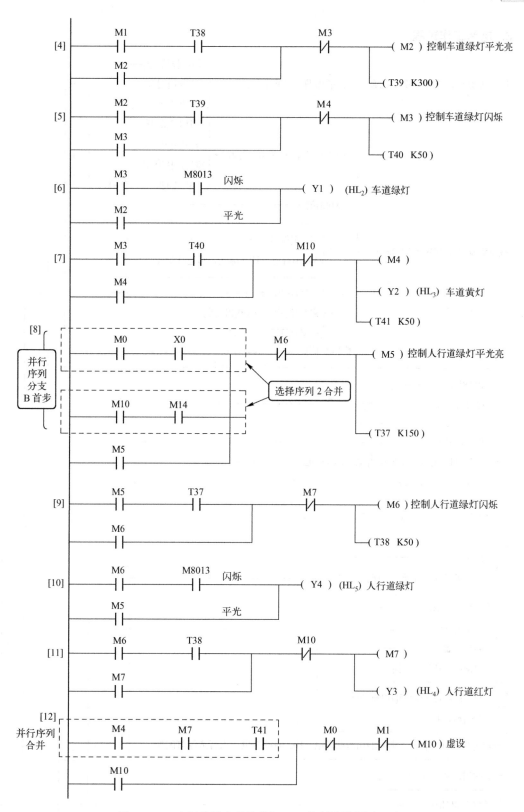

图 5-2-9　人行横道交通信号灯 PLC 控制的梯形图（续）

### 3. 电路工作过程

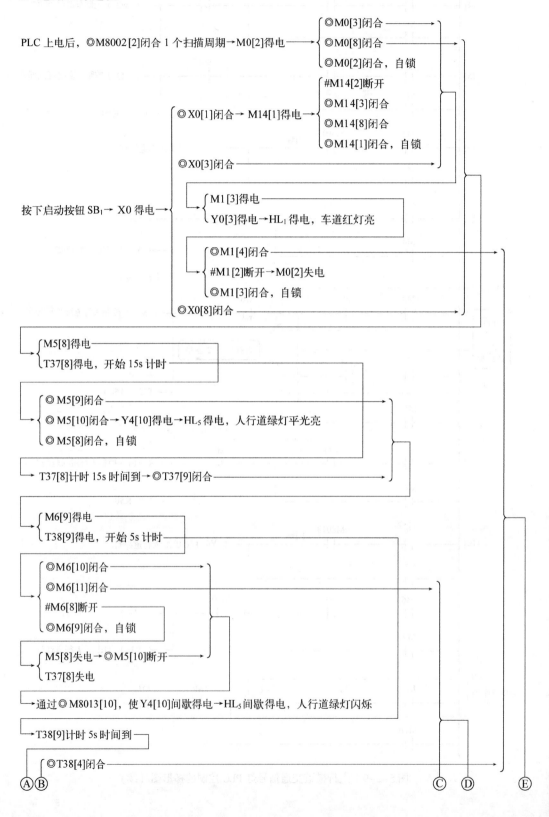

PLC 上电后，◎M8002[2]闭合 1 个扫描周期→M0[2]得电

- ◎M0[3]闭合
- ◎M0[8]闭合
- ◎M0[2]闭合，自锁

◎X0[1]闭合→M14[1]得电
- #M14[2]断开
- ◎M14[3]闭合
- ◎M14[8]闭合
- ◎M14[1]闭合，自锁

◎X0[3]闭合

按下启动按钮 SB$_1$→X0 得电
- M1[3]得电
- Y0[3]得电→HL$_1$ 得电，车道红灯亮

- ◎M1[4]闭合
- #M1[2]断开→M0[2]失电
- ◎M1[3]闭合，自锁

◎X0[8]闭合

- M5[8]得电
- T37[8]得电，开始 15s 计时

- ◎M5[9]闭合
- ◎M5[10]闭合→Y4[10]得电→HL$_5$ 得电，人行道绿灯平光亮
- ◎M5[8]闭合，自锁

- T37[8]计时 15s 时间到→◎T37[9]闭合

- M6[9]得电
- T38[9]得电，开始 5s 计时

- ◎M6[10]闭合
- ◎M6[11]闭合
- #M6[8]断开
- ◎M6[9]闭合，自锁

- M5[8]失电→◎M5[10]断开
- T37[8]失电

- 通过◎M8013[10]，使 Y4[10]间歇得电→HL$_5$ 间歇得电，人行道绿灯闪烁

- T38[9]计时 5s 时间到

- ◎T38[4]闭合

Ⓐ Ⓑ          Ⓒ Ⓓ          Ⓔ

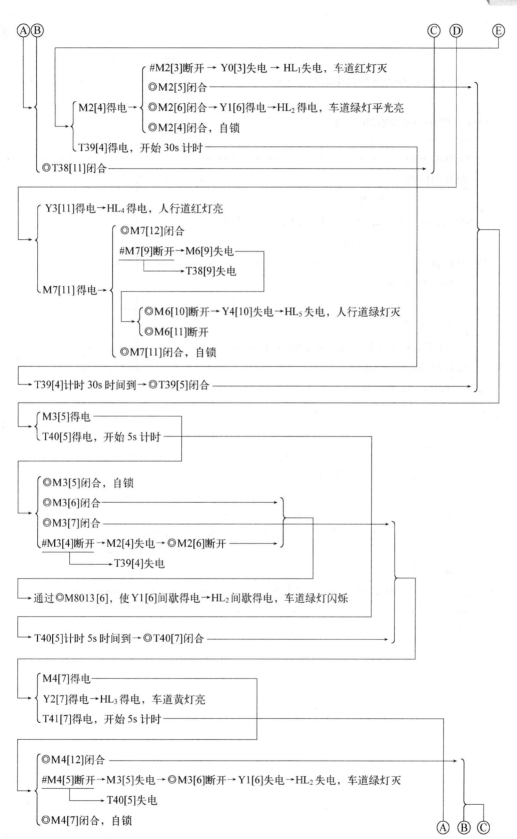

Ⓐ Ⓑ　　　　　　　　　　　　　　　　　　　　　　Ⓒ Ⓓ　Ⓔ

#M2[3]断开 → Y0[3]失电 → HL₁失电，车道红灯灭

◎M2[5]闭合

M2[4]得电 →　◎M2[6]闭合 → Y1[6]得电 → HL₂得电，车道绿灯平光亮

◎M2[4]闭合，自锁

T39[4]得电，开始 30s 计时

◎T38[11]闭合

Y3[11]得电 → HL₄得电，人行道红灯亮

◎M7[12]闭合

#M7[9]断开 → M6[9]失电

→ T38[9]失电

M7[11]得电 →

◎M6[10]断开 → Y4[10]失电 → HL₅失电，人行道绿灯灭

◎M6[11]断开

◎M7[11]闭合，自锁

→ T39[4]计时 30s 时间到 → ◎T39[5]闭合

M3[5]得电

T40[5]得电，开始 5s 计时

◎M3[5]闭合，自锁

◎M3[6]闭合

◎M3[7]闭合

#M3[4]断开 → M2[4]失电 → ◎M2[6]断开

→ T39[4]失电

→ 通过◎M8013[6]，使 Y1[6]间歇得电 → HL₂间歇得电，车道绿灯闪烁

→ T40[5]计时 5s 时间到 → ◎T40[7]闭合

M4[7]得电

Y2[7]得电 → HL₃得电，车道黄灯亮

T41[7]得电，开始 5s 计时

◎M4[12]闭合

#M4[5]断开 → M3[5]失电 → ◎M3[6]断开 → Y1[6]失电 → HL₂失电，车道绿灯灭

→ T40[5]失电

◎M4[7]闭合，自锁

Ⓐ Ⓑ Ⓒ

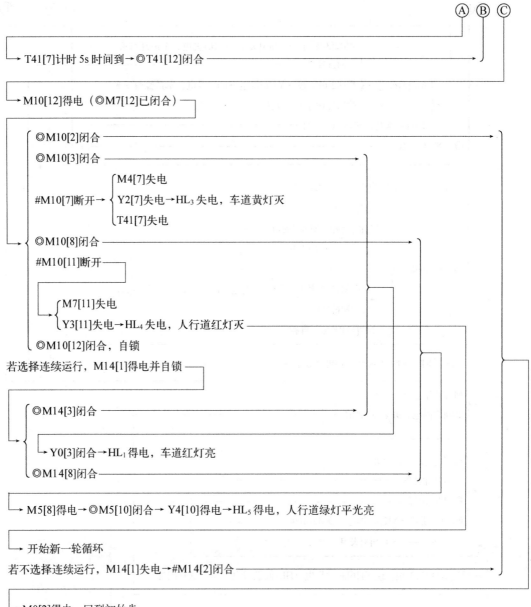

Ⓐ Ⓑ Ⓒ

→ T41[7]计时 5s 时间到→◎T41[12]闭合

→ M10[12]得电（◎M7[12]已闭合）

◎M10[2]闭合

◎M10[3]闭合

#M10[7]断开→ { M4[7]失电
Y2[7]失电→HL$_3$失电，车道黄灯灭
T41[7]失电 }

◎M10[8]闭合

#M10[11]断开

{ M7[11]失电
Y3[11]失电→HL$_4$失电，人行道红灯灭 }

◎M10[12]闭合，自锁

若选择连续运行，M14[1]得电并自锁

{ ◎M14[3]闭合

→ Y0[3]闭合→HL$_1$得电，车道红灯亮 }

◎M14[8]闭合

→ M5[8]得电→◎M5[10]闭合→ Y4[10]得电→HL$_5$得电，人行道绿灯平光亮

→ 开始新一轮循环

若不选择连续运行，M14[1]失电→#M14[2]闭合

→ M0[2]得电，回到初始步

# 第6章

## 灯光、密码锁、抢答器、饮料机、洗衣机和报时器的 PLC 控制

## 第1节  灯光的 PLC 控制

### 【例6-1-1】 霓虹灯顺序控制

#### 1. 控制要求

现有 8 只霓虹灯管（$HL_1 \sim HL_8$）接于 K2Y0，要求当 X0 为 ON 时，霓虹灯 $HL_1 \sim HL_8$ 以正序每隔 1s 轮流点亮，当 $HL_8$（Y7）亮后，停 5s；然后，反序每隔 1s 轮流点亮，当 $HL_1$（Y0）再亮后，停 5s，重复上述过程。当 X1 为 ON 时，霓虹灯停止工作。

#### 2. 梯形图

霓虹灯顺序控制的梯形图如图 6-1-1 所示。

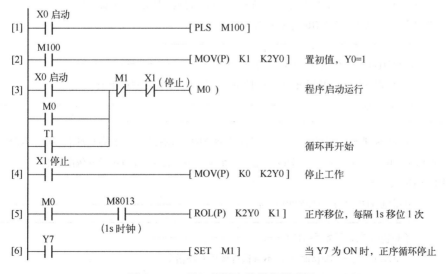

图 6-1-1  霓虹灯顺序控制的梯形图

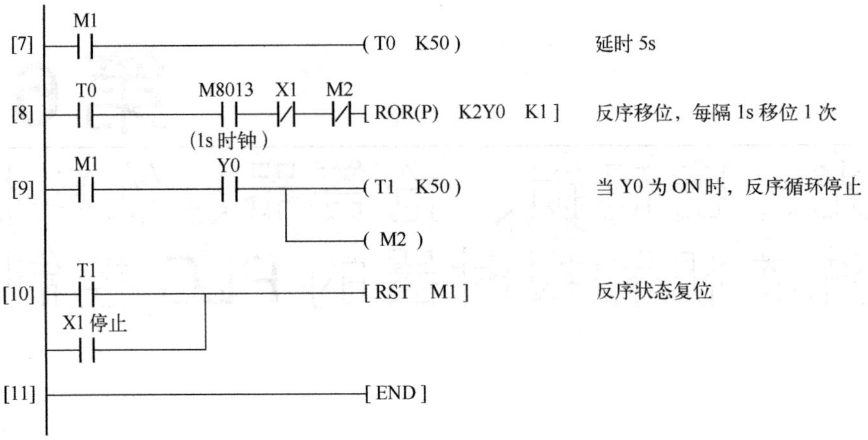

```
        M1
[7]  ─┤├────────────────────────( T0   K50 )      延时 5s

        T0      M8013   X1   M2
[8]  ─┤├──────┤├────┤├──┤/├─[ ROR(P)  K2Y0  K1 ]   反序移位，每隔1s移位1次
              (1s时钟)

        M1      Y0
[9]  ─┤├──────┤├──────────────( T1   K50 )        当Y0为ON时，反序循环停止
                        ├──────( M2 )

        T1
[10] ─┤├───────────────────────[ RST  M1 ]        反序状态复位
      X1 停止
     ─┤├──┤

[11] ──────────────────────────[ END ]
```

图 6-1-1　霓虹灯顺序控制的梯形图（续）

## 3. 电路工作过程

### 1）运行

当 X0 由 OFF 变为 ON 时 ─┐

┌─ ◎X0[1]闭合→M100[1]得电 1 个扫描周期→◎M100[2]闭合 1 个扫描周期 ─┐
│                                                              │
│                         └→执行 MOV[2]指令，Y0[2]置位，Y0 置初值→HL$_1$ 亮
│
└─ ◎X0[3]闭合→M0[3]得电并自锁→◎M0[5]闭合 ─┐

└→在 1s 时钟脉冲 M8013 的控制下，执行不带进位的循环左移指令 ROL(P)[5]，Y0→Y1，HL$_2$ 亮；
Y1→Y2，HL$_3$ 亮…… 每隔 1s 左移位 1 次，Y1～Y7 依次得电，HL$_2$～HL$_8$ 依次点亮

Y7 得电（HL$_8$亮）→◎Y7[6]闭合→M1[6]得电并保持 ─┐

    ┌ ◎M1[7]闭合→T0[7]得电，开始 5s 计时 ─┐
 └→ ┤ #M1[3]断开→M0[3]失电→◎M0[5]断开，不再执行循环左移指令
    └ ◎M1[9]闭合 ─────────────────────────────────────────────┐

└→T0[7]计时 5s 到→◎T0[8]闭合→在 1s 时钟脉冲 M8013 的控制下，执行循环右移指令 ROR（P）[8]，
Y7→Y6，HL$_7$ 点亮；Y6→Y5，HL$_6$ 点亮……每隔 1s 右移位 1 次，Y6～Y0 依次得电，
HL$_7$～HL$_1$ 依次点亮

Y0 得电（HL$_1$亮）→◎Y0[9]闭合 ─────────────────────────┐

    ┌ T1[9]得电，开始 5s 计时 ─┐
 └→ ┤
    └ M2[2]得电→#M2[8]断开，不再执行循环右移指令

Ⓐ

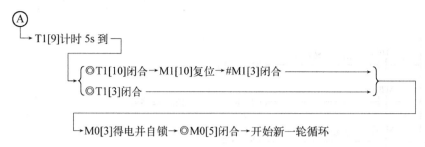

2）停止

X1 为 ON→
  {
  #X1[3]断开→M0[3]失电→◎M0[5]断开，不执行循环左移指令
  ◎X1[4]闭合→将 K0→K2Y0，Y0～Y7 失电→HL₁～HL₈ 灭
  #X1[8]断开，不执行循环右移指令
  ◎X1[10]闭合→M1[10]复位并保持
  }

## 【例 6-1-2】　由时钟序列通过计数器产生不同时间切换点的 3 组彩灯循环的 PLC 控制

### 1. 控制要求

3 组彩灯相隔 5s 依次点亮，各点亮 10s 后熄灭，循环往复。

### 2. PLC 的 I/O 配置、梯形图和时序图

PLC 的 I/O 配置为：输入信号为 X1，为电源开关 SA；输出信号为 Y1 ～ Y3，分别控制彩灯 HL₁～ HL₃。

3 组彩灯循环 PLC 控制的梯形图如图 6-1-2 所示。3 组彩灯运行 1 个周期的时序图如图 6-1-3 所示。由此可知，$t_0$～ $t_4$ 为 3 组彩灯运行 1 个周期中亮灭状态发生变化的时间点。电路工作过程时序图如图 6-1-4 所示。

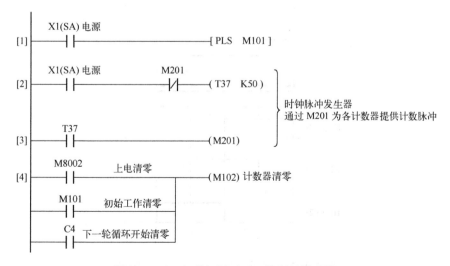

图 6-1-2　3 组彩灯循环 PLC 控制的梯形图

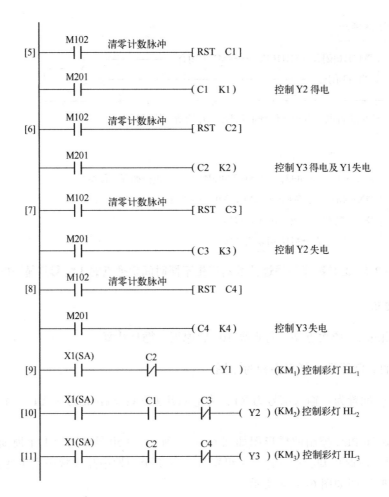

图 6-1-2　3 组彩灯循环 PLC 控制的梯形图（续）

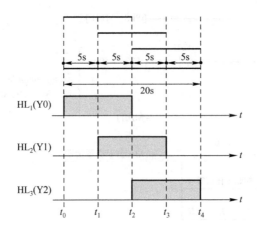

图 6-1-3　3 组彩灯运行 1 个周期的时序图

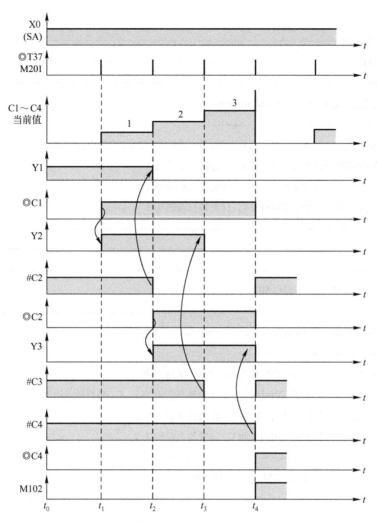

图 6-1-4　电路工作过程时序图

## 3. 电路工作过程

PLC 上电后，M8002[4] 闭合 1 个扫描周期→M102[4] 得电 1 个扫描周期→◎M102[5 ～ 8] 闭合 1 个扫描周期→计数器 C1 ～ C4[5 ～ 8] 上电清零

合上电源开关 SA→X1 得电

◎X1[1] 闭合→通过上升沿触发指令，使 M101[1] 得电 1 个扫描周期→◎M101[4] 闭合 1 个扫描周期→M102[4] 得电 1 个扫描周期→◎M102[5 ～ 8] 闭合 1 个扫描周期→计数器 C1～C4[5 ～ 8] 初始工作清零

◎X1[2] 闭合→T37[2] 得电，T37[2] 与 M201[3] 组成时钟脉冲发生器，通过 M201[3] 为各计数器提供 5s 的计数脉冲

◎X1[9] 闭合→Y1[9] 得电→KM₁ 得电→彩灯 HL₁ 亮

Ⓐ　　　　　　　　　　　　　　　　　　　　　　　　　　　　Ⓑ

Ⓐ                                                     Ⓑ

◎X1[10]闭合

◎X1[11]闭合

当 M201[3]提供第 1 个 5s 计数脉冲时

◎M201[5]闭合→计数器 C1[5]加 1，计数器当前值为 1，C1[5]的触点动作

◎M201[6]闭合→计数器 C2[6]加 1，计数器当前值为 1

◎M201[7]闭合→计数器 C3[7]加 1，计数器当前值为 1

◎M201[8]闭合→计数器 C4[8]加 1，计数器当前值为 1

◎C1[10]闭合

Y2[10]得电→KM₂ 得电→彩灯 HL₂ 亮

当 M201[3]提供第 2 个 5s 计数脉冲时

◎M201[5]闭合→计数器 C1[5]的当前值为 1，保持不变

◎M201[6]闭合→计数器 C2[6]再加 1，计数器当前值为 2，C2[6]的触点动作

◎M201[7]闭合→计数器 C3[7]再加 1，计数器当前值为 2

◎M201[8]闭合→计数器 C4[8]再加 1，计数器当前值为 2

#C2[9]断开→Y1[9]失电→KM₁ 失电→彩灯 HL₁ 灭

◎C2[11]闭合

Y3[11]得电→KM₃ 得电→彩灯 HL₃ 亮

当 M201[3]提供第 3 个 5s 计数脉冲时

◎M201[5]闭合→计数器 C1[5]的当前值为 1，保持不变

◎M201[6]闭合→计数器 C2[6]的当前值为 2，保持不变

◎M201[7]闭合→计数器 C3[7]再加 1，计数器当前值为 3，C3[7]的触点动作

◎M201[8]闭合→计数器 C4[8]再加 1，计数器当前值为 3

#C3[10]断开→Y2[10]失电→KM₂ 失电→彩灯 HL₂ 灭

当 M201[3]提供第 4 个 5s 计数脉冲时

Ⓐ

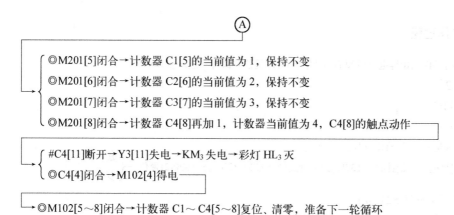

Ⓐ

◎M201[5]闭合→计数器 C1[5]的当前值为 1，保持不变

◎M201[6]闭合→计数器 C2[6]的当前值为 2，保持不变

◎M201[7]闭合→计数器 C3[7]的当前值为 3，保持不变

◎M201[8]闭合→计数器 C4[8]再加 1，计数器当前值为 4，C4[8]的触点动作

#C4[11]断开→Y3[11]失电→KM₃ 失电→彩灯 HL₃ 灭

◎C4[4]闭合→M102[4]得电

◎M102[5～8]闭合→计数器 C1～ C4[5～8]复位、清零，准备下一轮循环

## 【例 6-1-3】 用顺序控制指令编程的舞台灯光的 PLC 控制

### 1. 控制要求

根据舞台灯光效果的要求，红灯先亮，2s 后绿灯亮，再过 3s 后黄灯亮。待红、绿、黄灯全亮 3min 后，全部熄灭。

### 2. 梯形图

用顺序控制指令编程的舞台灯光 PLC 控制的梯形图如图 6-1-5 所示。

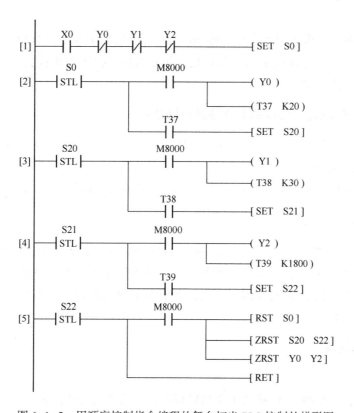

图 6-1-5　用顺序控制指令编程的舞台灯光 PLC 控制的梯形图

### 3. 电路工作过程

按下启动按钮 SB→X0 得电→◎X0[1] 闭合→S0[1] 置位并保持→进入步 S0[2]

1）步 S0[2]

◎M8000[2] 闭合

{ Y0[2] 置位并保持→HL$_1$ 得电，红灯亮

T37[2] 得电，开始计时→T37[2] 计时时间到→◎T37[2] 闭合→S20[2] 置位 { 进入步 S20  步 S0 复位

2）步 S20[3] 和步 S21[4]

其工作过程与步 S0[2] 类似，不再赘述。

3）步 S22[5]

◎M8000[5] 闭合

{ S0、S20 ～ S22[5] 复位

Y0 ～ Y2[5] 复位→HL$_1$ ～ HL$_3$ 失电，红、绿、黄灯全灭

## 【例 6-1-4】 应用乘除运算指令编程的流水灯 PLC 控制

### 1. 控制要求

一组灯有 8 盏，要求当按下启动按钮 SB$_1$ 时，正序每隔 1ms 单灯移位，直到第 8 盏灯亮后，再反序每隔 1ms 单灯移位至第 1 盏灯亮，如此循环。按下停止按钮 SB$_2$，所有灯熄灭。要求应用乘除运算指令编程。

### 2. PLC 的 I/O 配置、PLC 的 I/O 接线和梯形图

PLC 的 I/O 配置为：输入为 X0、X1，分别为启动按钮 SB$_1$ 和停止按钮 SB$_2$；输出为 Y7 ～ Y0，分别为灯 HL$_7$ ～ HL$_0$。

应用乘除运算指令编程的流水灯 PLC 控制的梯形图如图 6-1-6 所示。

### 3. 识读要点

二进制数 0001 每乘以 2 一次，值为 1 的二进制位向左移 1 位，即第 1 次为 0010，为第 2 次为 0100，第 3 次为 1000，如此用来控制彩灯，可以产生单灯左移位的效果。同样，采用除法指令，对二进制数 1000 每除以 2 一次，其值为 1 的二进制位向右移 1 位，从而可以产生单灯右移位的效果。

### 4. 电路工作过程

1）运行

PLC 上电后，◎M8002[1] 接通 1 个扫描周期，自动进入初始步 S0，按下启动按钮 SB$_1$，X0 的动合触点闭合，程序转移至步 S21。

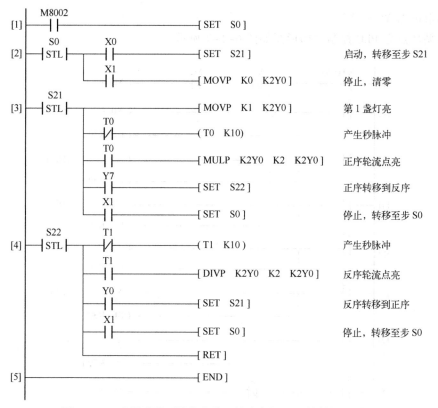

图6-1-6 应用乘除运算指令编程的流水灯 PLC 控制的梯形图

（1）灯光正序轮流点亮：在步 S21，先传送常数 1 到 K2Y0，第 1 盏灯亮；然后在秒脉冲◎T0[3]的作用下，K2Y0 作乘以 2 运算，数据向左移位，第 2 ~ 8 盏灯以正序轮流点亮；当 Y7 为 1 时，程序转移至步 S22。

（2）灯光反序轮流点亮：在步 S22，第 8 盏灯亮，在秒脉冲◎T1[4]的作用下，K2Y0 作除以 2 运算，数据向右移位，第 7 ~ 1 盏灯以反序轮流点亮；当 Y0 为 1 时，程序转移至步 S21，反复循环。

2）停止

按下停止按钮 $SB_2$，X1 的动合触点闭合，程序转移至步 S0，K2Y0 清零，灯光熄灭。

## 【例6-1-5】 彩灯循环点亮的 PLC 控制

### 1. 控制要求

（1）合上开关 SA，彩灯开始按间隔3s依次点亮，依次输出 Y0 ~ Y5。

（2）当彩灯全部点亮时，维持5s，然后全部熄灭。

（3）全部熄灭2s后，自动重复下一轮循环。

（4）重复循环满5次时，让彩灯全部熄灭时间延长至8s，再重复下一轮循环。

（5）打开开关 SA 时，彩灯全部熄灭。

### 2. PLC 的 I/O 配置和梯形图

PLC 的 I/O 配置为：输入为电源开关 SA，对应输入继电器 X0；输出为彩灯 $HL_0$ ~ $HL_5$，对应输出继电器 Y0 ～ Y5。

彩灯循环点亮 PLC 控制的梯形图如图 6-1-7 所示。

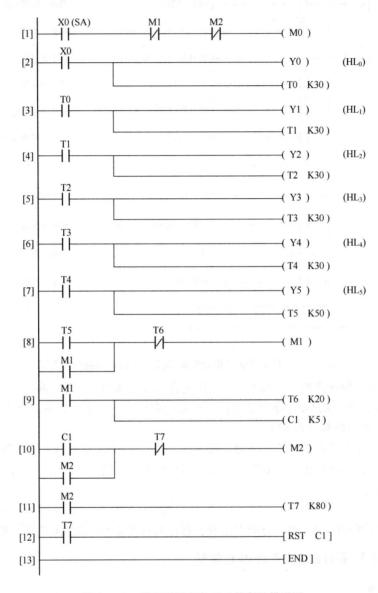

图 6-1-7　彩灯循环点亮 PLC 控制的梯形图

### 3. 识读要点

小循环：合上开关 SA→彩灯开始依次循环点亮（间隔 3s）→彩灯全部点亮（维持 5s）→彩灯全部熄灭（维持 2s）→重复小循环 5 次。

大循环：小循环满 5 次→彩灯全部熄灭（维持 8s）→重复小循环。

只要打开开关 SA，彩灯立即无条件全部熄灭。

#### 4. 电路工作过程

1）运行

合上启动开关 SA→X0 得电→◎X0[1]闭合→M0[1]得电→◎M0[2]闭合———┐

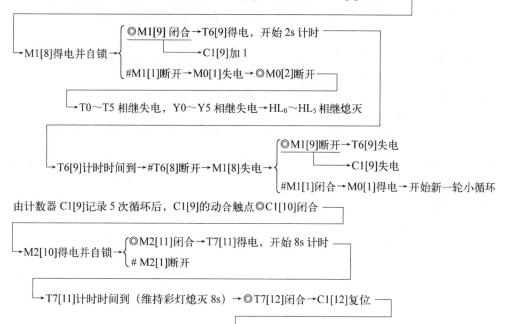

接着通过 T1［3］、T2［4］、T3［5］、T4［6］实现彩灯循环点亮间隔 3s 的定时，使 Y2、Y3、Y4、Y5 间隔 3s 依次得电，HL$_2$ ～ HL$_5$ 依次点亮。

由计数器 C1[9]记录 5 次循环后，C1[9]的动合触点◎C1[10]闭合———┐

2）停止

只要打开启动开关 SA，X0 的常开触点恢复断开，彩灯立即全部熄灭。

### 【例 6-1-6】 彩灯闪烁与循环的 PLC 控制

#### 1. 控制要求

有两组彩组，每组有 8 盏。当按下启动按钮后，第 1 组 8 盏彩灯周期性闪烁，亮 1s，灭 1s，15s 后该组彩灯全部熄灭后，第 2 组彩灯开始循环左移点亮，假设这组彩灯初始时为第 1 盏、第 3 盏灯亮（即初始值为 0000 0101），循环周期为 1s。

#### 2. PLC 的 I/O 配置和梯形图

PLC 的 I/O 配置为：输入为 X0 和 X1，分别为启动按钮 SB$_1$ 和停止按钮 SB$_2$；输出为 Y0 ～ Y7、Y10 ～ Y17，分别为彩灯 HL$_1$ ～ HL$_8$、HL$_{01}$ ～ HL$_{08}$。

彩灯闪烁与循环 PLC 控制的梯形图如图 6-1-8 所示。

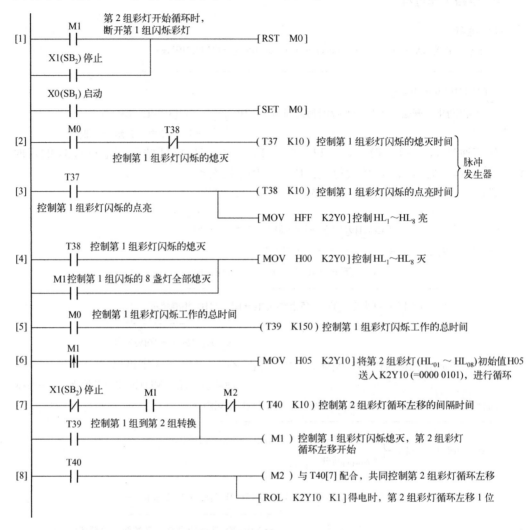

图 6-1-8　彩灯闪烁与循环 PLC 控制的梯形图

### 3. 识读要点

（1）启动按钮 X0（SB$_1$）、停止按钮 X1（SB$_2$），通过 M0［1］控制系统的启动和停止。

（2）第 1 组彩灯 HL$_1$～ HL$_8$ 通过 MOV［3、4］指令控制。通过梯级［3］的 MOV［3］指令，将 HFF 送入 K2Y0，即使 K2Y0 = 1111 1111，即控制第 1 组彩灯 HL$_1$～ HL$_8$ 点亮。通过梯级［4］的 MOV［4］指令，将 H00 送入 K2Y0，即使 K2Y0 = 0000 0000，即控制第 1 组彩灯熄灭。MOV［3］指令由 ◎T37［3］控制，MOV［4］指令由 ◎T38［4］控制，而 T37［2］、T38［3］组成周期为 2s、占空比为 50% 的脉冲发生器，致使 HL$_1$～ HL$_8$ 亮 1s，灭 1s。

（3）第 2 组彩灯 HL$_{01}$～ HL$_{08}$ 通过字节循环左移指令 ROL［8］控制。通过梯级［6］的 MOV［6］指令，将 H05 送入 K2Y10，使 K2Y10 = 0000 0101，即控制第 2 组彩灯的 HL$_{03}$、HL$_{01}$ 亮。梯级［8］的 ROL［8］指令使 K2Y10 循环左移 1 位。K2Y10 的初始值由 MOV［6］指令提供，而

MOV[6]指令由◎M1[6]启动，M1[7]又由◎T39[7]启动，T39[5]又由◎M0[5]启动，而M0[1]又由◎X0[1]、◎X1[1]控制。

系统启动后，M0[1]得电→通过◎M0[5]使T39[5]计时15s→T39[7]闭合→M1[7]得电

┌ ◎M1[4]闭合→执行MOV[4]指令，将H00送入K2Y0，使K2Y0=0000 0000→第1组彩灯灭
┤ ◎M1[6]闭合→执行MOV[6]指令，将H05送入K2Y10，使K2Y10=0000 0101→$HL_{03}$、$HL_{01}$亮
└ ◎M1[7]闭合，自锁

T40[7]与M2[8]配合，产生1s的移位脉冲，通过◎T40[8]送给循环左移指令，而循环移位的初始值K2Y10=0000 0101。

（4）第1组彩灯到第2组彩灯的转换。由梯形图可看出，为了使第1组彩灯全部熄灭，应使◎M1[4]闭合，即M1[7]应得电。而使M1[7]得电，应使◎T39[7]闭合，即T39[5]应得电。

控制系统工作后→◎M0[5]闭合→T39[5]即得电，开始15s计时→T39[5]计时时间到→◎T39[7]闭合

┌ ◎M1[4]闭合→将H00送入K2Y0→$HL_1$～$HL_8$全部熄灭
→ M1[7]得电→┤ ◎M1[6]闭合→将H05送入K2Y10→第2组彩灯中的$HL_{03}$、$HL_{01}$亮
└ ◎M1[7]闭合，自锁

T40[7]与M2[8]配合，产生1s的移位脉冲，通过◎T40[8]送给循环左移指令。每个移位脉冲，使K2Y10左移1位，第2组彩灯开始循环左移。

### 4. 电路工作过程

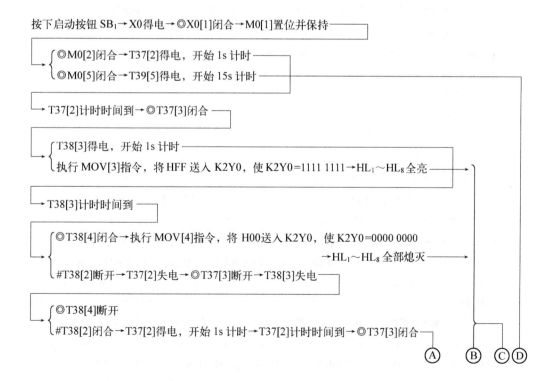

按下启动按钮$SB_1$→X0得电→◎X0[1]闭合→M0[1]置位并保持

┌ ◎M0[2]闭合→T37[2]得电，开始1s计时
┤ ◎M0[5]闭合→T39[5]得电，开始15s计时

→ T37[2]计时时间到→◎T37[3]闭合

┌ T38[3]得电，开始1s计时
┤ 执行MOV[3]指令，将HFF送入K2Y0，使K2Y0=1111 1111→$HL_1$～$HL_8$全亮

→ T38[3]计时时间到

┌ ◎T38[4]闭合→执行MOV[4]指令，将H00送入K2Y0，使K2Y0=0000 0000
┤           →$HL_1$～$HL_8$全部熄灭
└ #T38[2]断开→T37[2]失电→◎T37[3]断开→T38[3]失电

┌ ◎T38[4]断开
└ #T38[2]闭合→T37[2]得电，开始1s计时→T37[2]计时时间到→◎T37[3]闭合

(A) (B) (C) (D)

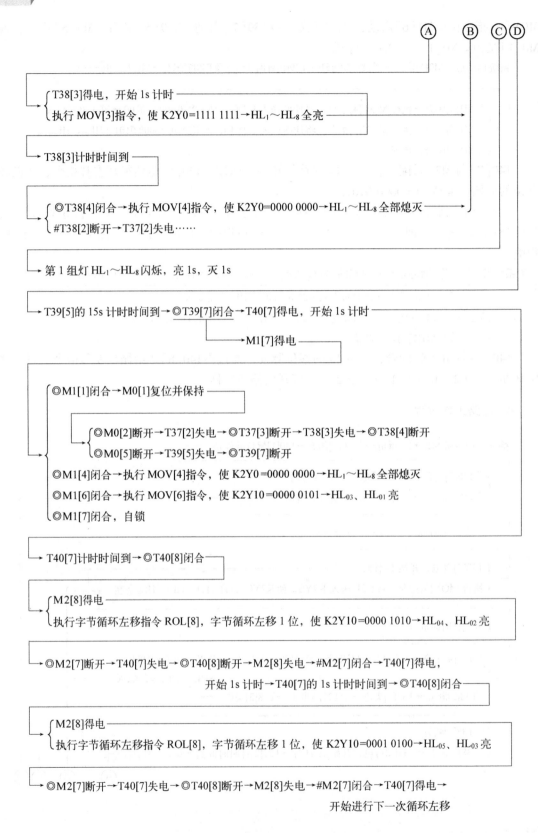

A    B   C D

{ T38[3]得电，开始 1s 计时

执行 MOV[3]指令，使 K2Y0=1111 1111→HL$_1$～HL$_8$ 全亮

T38[3]计时时间到

{ ◎T38[4]闭合→执行 MOV[4]指令，使 K2Y0=0000 0000→HL$_1$～HL$_8$ 全部熄灭

#T38[2]断开→T37[2]失电……

第 1 组灯 HL$_1$～HL$_8$ 闪烁，亮 1s，灭 1s

T39[5]的 15s 计时时间到→◎T39[7]闭合→T40[7]得电，开始 1s 计时

M1[7]得电

{ ◎M1[1]闭合→M0[1]复位并保持

{ ◎M0[2]断开→T37[2]失电→◎T37[3]断开→T38[3]失电→◎T38[4]断开

◎M0[5]断开→T39[5]失电→◎T39[7]断开

◎M1[4]闭合→执行 MOV[4]指令，使 K2Y0 =0000 0000→HL$_1$～HL$_8$ 全部熄灭

◎M1[6]闭合→执行 MOV[6]指令，使 K2Y10=0000 0101→HL$_{03}$、HL$_{01}$ 亮

◎M1[7]闭合，自锁

T40[7]计时时间到→◎T40[8]闭合

{ M2[8]得电

执行字节循环左移指令 ROL[8]，字节循环左移 1 位，使 K2Y10=0000 1010→HL$_{04}$、HL$_{02}$ 亮

◎M2[7]断开→T40[7]失电→◎T40[8]断开→M2[8]失电→#M2[7]闭合→T40[7]得电，

开始 1s 计时→T40[7]的 1s 计时时间到→◎T40[8]闭合

{ M2[8]得电

执行字节循环左移指令 ROL[8]，字节循环左移 1 位，使 K2Y10=0001 0100→HL$_{05}$、HL$_{03}$ 亮

◎M2[7]断开→T40[7]失电→◎T40[8]断开→M2[8]失电→#M2[7]闭合→T40[7]得电→

开始进行下一次循环左移

## 【例 6-1-7】 8 盏灯顺序点亮、逆序熄灭的 PLC 控制

### 1. 控制要求

有 8 盏灯分别接于 Y0 ~ Y7，要求 8 盏灯每隔 1s 顺序点亮，逆顺熄灭，再循环。当 X0 为 ON 时，第 1 盏灯亮，1s 后第 2 盏灯也亮，再过 1s 后第 3 盏灯也亮，最后全亮。当第 8 盏灯亮 1s 后，从第 8 盏灯开始灭，过 1s 后第 7 盏灯也灭，最后全熄灭。当第 1 盏灯熄灭 1s 后再循环上述过程。当 X0 为 OFF 时，8 盏灯全部熄灭。

### 2. 梯形图

8 盏灯顺序点亮、逆序熄灭 PLC 控制的梯形图如图 6-1-9 所示。

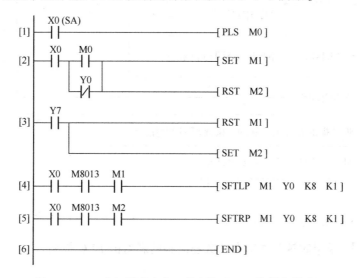

图 6-1-9　8 盏灯顺序点亮、逆序熄灭 PLC 控制的梯形图

### 3. 电路工作过程

1）运行

8 盏灯顺序点亮时用 SFTLP 指令每隔 1s 写入一个为 1 的状态。8 盏灯逆序熄灭时用 SFTRP 指令每隔 1s 写入一个为 0 的状态。

合上启动开关 SA→X0 得电

◎X0[1]闭合→执行 PLS 指令，使 M0[1]仅在◎X0[1]由断开变为接通时的

1 个扫描周期为 ON→◎M0[2]闭合→

◎X0[2]闭合

M1[2]置位

M2[2]复位

Ⓐ Ⓑ　　　　　　　　　　Ⓒ

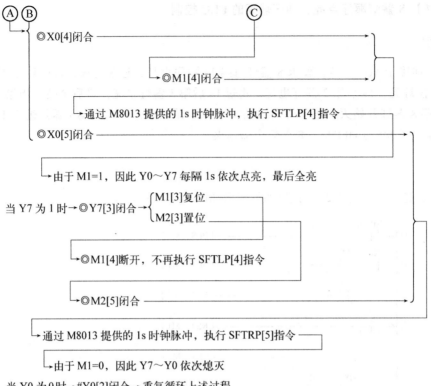

当 Y0 为 0 时→#Y0[2]闭合→重复循环上述过程

2）停止

断开启动开关 SA→X0 失电→8 盏灯全灭

## 【例 6-1-8】 采用时钟脉冲结合计数器编程的彩灯的 PLC 控制

### 1. 控制要求

有 6 盏彩灯 HL$_0$～ HL$_5$（Y0 ～ Y5），开始工作后，HL$_0$ 先亮，以后每隔 2s 依次顺序点亮 1 盏灯，直到 6 盏灯全亮 2s 后，每隔 2s 依次逆序熄灭 1 盏灯，直到 6 盏灯全熄灭 2s 后再循环。

### 2. PLC 的 I/O 配置和梯形图

PLC 的 I/O 配置为：输入为 X0，为启动开关 SA；输出为 Y0 ～ Y5，分别为彩灯 HL$_0$～ HL$_5$。采用时钟脉冲结合计数器编程的彩灯 PLC 控制的梯形图如图 6-1-10 所示。

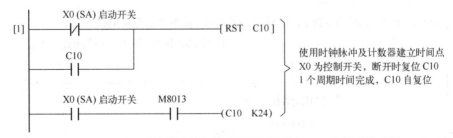

图 6-1-10 采用时钟脉冲结合计数器编程的彩灯 PLC 控制的梯形图

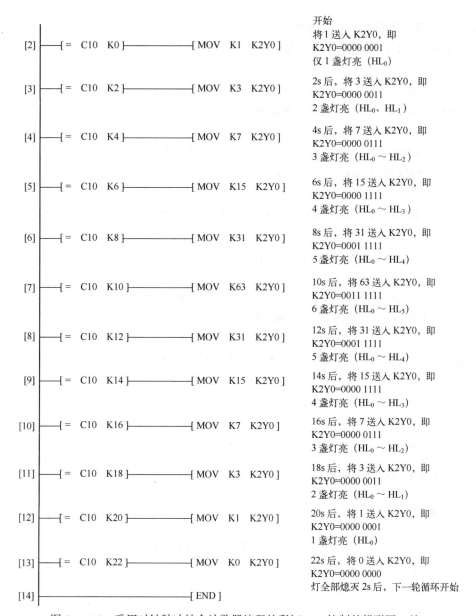

[2] ├─[= C10 K0]───────[MOV K1 K2Y0]

开始
将 1 送入 K2Y0，即
K2Y0=0000 0001
仅 1 盏灯亮（HL$_0$）

[3] ├─[= C10 K2]───────[MOV K3 K2Y0]

2s 后，将 3 送入 K2Y0，即
K2Y0=0000 0011
2 盏灯亮（HL$_0$、HL$_1$）

[4] ├─[= C10 K4]───────[MOV K7 K2Y0]

4s 后，将 7 送入 K2Y0，即
K2Y0=0000 0111
3 盏灯亮（HL$_0$ ～ HL$_2$）

[5] ├─[= C10 K6]───────[MOV K15 K2Y0]

6s 后，将 15 送入 K2Y0，即
K2Y0=0000 1111
4 盏灯亮（HL$_0$ ～ HL$_3$）

[6] ├─[= C10 K8]───────[MOV K31 K2Y0]

8s 后，将 31 送入 K2Y0，即
K2Y0=0001 1111
5 盏灯亮（HL$_0$ ～ HL$_4$）

[7] ├─[= C10 K10]──────[MOV K63 K2Y0]

10s 后，将 63 送入 K2Y0，即
K2Y0=0011 1111
6 盏灯亮（HL$_0$ ～ HL$_5$）

[8] ├─[= C10 K12]──────[MOV K31 K2Y0]

12s 后，将 31 送入 K2Y0，即
K2Y0=0001 1111
5 盏灯亮（HL$_0$ ～ HL$_4$）

[9] ├─[= C10 K14]──────[MOV K15 K2Y0]

14s 后，将 15 送入 K2Y0，即
K2Y0=0000 1111
4 盏灯亮（HL$_0$ ～ HL$_3$）

[10] ├─[= C10 K16]─────[MOV K7 K2Y0]

16s 后，将 7 送入 K2Y0，即
K2Y0=0000 0111
3 盏灯亮（HL$_0$ ～ HL$_2$）

[11] ├─[= C10 K18]─────[MOV K3 K2Y0]

18s 后，将 3 送入 K2Y0，即
K2Y0=0000 0011
2 盏灯亮（HL$_0$ ～ HL$_1$）

[12] ├─[= C10 K20]─────[MOV K1 K2Y0]

20s 后，将 1 送入 K2Y0，即
K2Y0=0000 0001
1 盏灯亮（HL$_0$）

[13] ├─[= C10 K22]─────[MOV K0 K2Y0]

22s 后，将 0 送入 K2Y0，即
K2Y0=0000 0000
灯全部熄灭 2s 后，下一轮循环开始

[14] ─────────────────[END]

图 6-1-10　采用时钟脉冲结合计数器编程的彩灯 PLC 控制的梯形图（续）

## 3. 电路工作过程

### 1）启动计数器 C10[1]

PLC 上电后，#X0[1] 闭合→计数器 C10[1] 清零

M8013 提供脉冲宽度为 0.5s、周期为 1s 的时钟脉冲→◎M8013[1]闭合─┐

合上启动开关 SA→X0 得电→{ ◎X0[1]闭合 ────────────────┤
　　　　　　　　　　　　　 { #X0[1]断开 　　　　　　　　　　　 }

└→启动计数器 C10[1]，开始每秒计数 1 次

2）执行数据传送指令，点亮彩灯

当 C10[1] 开始计数时，C10[2]= 0，比较触点[2]闭合——

→ 将 1 送入 K2Y0，K2Y0=0000 0001，即 Y0 = 1→HL$_0$ 亮

当 C10[1] 计数到 2 时，C10[3]= 2，比较触点[3]闭合——

→ 将 3 送入 K2Y0，K2Y0=0000 0011，即 Y0 = Y1 = 1→HL$_0$、HL$_1$ 亮

当 C10[1] 计数到 4 时，C10[4]= 4，比较触点[4]闭合——

→ 将 7 送入 K2Y0，K2Y0=0000 0111，即 Y0 = Y1 = Y2 = 1→HL$_0$～HL$_2$ 亮

......

当 C10[1] 计数到 12 时，C10[8]=12，比较触点[8]闭合——

→ 将 31 送入 K2Y0，K2Y0=0001 1111，即 Y0 = Y1 = Y2 = Y3 = Y4 = 1→HL$_0$～HL$_4$ 亮

当 C10[1] 计数到 14 时，C10[9]=14，比较触点[9]闭合——

→ 将 15 送入 K2Y0，K2Y0=0000 1111，即 Y0 = Y1 = Y2 = Y3 = 1→HL$_0$～HL$_3$ 亮

......

当 C10[1] 计数到 22 时，C10[13]=22，比较触点[13]闭合——

→ 将 0 送入 K2Y0，K2Y0=0000 0000，即 Y0 = Y1 = Y2 = Y3 = Y4 = Y5 = 0→HL$_0$～HL$_5$ 灭

## 【例 6-1-9】 彩灯控制电路

### 1. 控制要求

彩灯电路共有 A、B、C、D 四组彩灯（用 HL$_1$ ～ HL$_4$ 表示），控制要求为：

① B、C、D 暗，A 组亮 2 s（时段 1）；

② A、C、D 暗，B 组亮 2 s（时段 2）；

③ A、B、D 暗，C 组亮 2 s（时段 3）；

④ A、B、C 暗，D 组亮 2 s（时段 4）；

⑤ B、D 两组暗，A、C 两组同时亮 1 s（时段 5）；

⑥ A、C 两组暗，B、D 两组同时亮 1 s（时段 6）。

然后按①～⑥反复循环，要求用一个输入开关控制开关闭合彩灯电路工作。

### 2. PLC 的 I/O 接线和梯形图

控制 A、B、C、D 四组彩灯亮灭的定时器为 T37 ～ T42。

PLC 的 I/O 接线如图 6-1-11 所示，梯形图如图 6-1-12 所示。

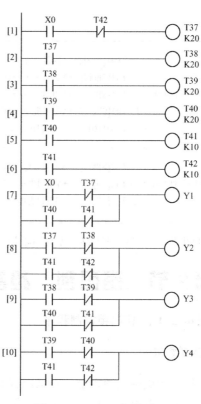

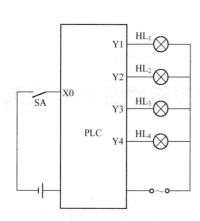

图 6-1-11　PLC 的 I/O 接线

图 6-1-12　PLC 的梯形图

## 3. 电路工作过程

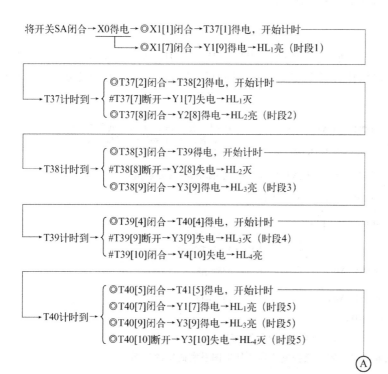

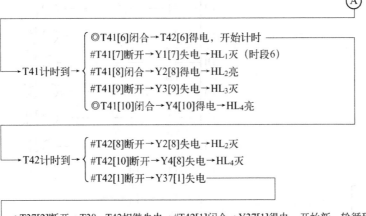

Ⓐ

→T41计时到→
- ◎T41[6]闭合→T42[6]得电，开始计时
- #T41[7]断开→Y1[7]失电→HL$_1$灭（时段6）
- #T41[8]闭合→Y2[8]得电→HL$_2$亮
- #T41[9]断开→Y3[9]失电→HL$_3$灭
- ◎T41[10]闭合→Y4[10]得电→HL$_4$亮

→T42计时到→
- #T42[8]断开→Y2[8]失电→HL$_2$灭
- #T42[10]断开→Y4[8]失电→HL$_4$灭
- #T42[1]断开→Y37[1]失电

→T37[2]断开→T38～T42相继失电→#T42[1]闭合→Y37[1]得电，开始新一轮循环

# 第 2 节　密码锁、抢答器和报时器的 PLC 控制

## 【例 6-2-1】 密码锁控制程序

### 1. 控制要求

用比较器构成密码锁系统。密码锁有 12 个按键，分别接入 X0 ～ X13。其中，X0 ～ X3 代表第 1 个十六进制数，X4 ～ X7 代表第 2 个十六进制数，X10 ～ X13 代表第 3 个十六进制数。根据设计要求，每次同时按 4 个键，分别代表 3 个十六进制数，共按 4 次，若与密码锁设定值都相符合，3s 后可开锁，10s 后重新锁定。

### 2. 梯形图

密码锁的密码由程序设定。假定为 H2A4、H1E、H151、H18A，从 K3X0 上送入的数据应分别和它们相等，这可以用比较指令实现判断。密码锁控制程序的梯形图及密码锁的说明如图 6-2-1 所示。

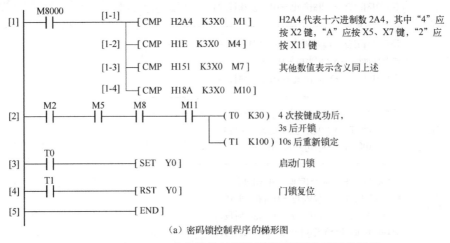

（a）密码锁控制程序的梯形图

图 6-2-1　密码锁控制程序的梯形图及密码锁的说明

| K3 X0 | X13 | X12 | X11 | X10 | X7 | X6 | X5 | X4 | X3 | X2 | X1 | X0 |
|---|---|---|---|---|---|---|---|---|---|---|---|---|
| H2 A4 | | | 2 | | 8 | | 2 | | 4 | | | |
| | H2=2 | | | | HA=8+2 | | | | H4=4 | | | |
| H1E | | | | | | | | 1 | 8 | 4 | 2 | |
| | | | | | H1=1 | | | | EH=8+4+2 | | | |
| H151 | | | | 1 | | 4 | | 1 | | | | 1 |
| | H1=1 | | | | H5=4+1 | | | | H1=1 | | | |
| H18A | | | | 1 | 8 | | | | 8 | | 2 | |
| | H1=1 | | | | H8=8 | | | | HA=8+2 | | | |

(b) 密码锁的说明

图 6-2-1  密码锁控制程序的梯形图及密码锁的说明（续）

### 3. 电路工作过程

（1）PLC 上电后，◎M8000[1]闭合，开始执行比较指令。

（2）若第 1 次按 X11、X7、X5、X3 四键，则 K3X0 = "H2A4"，执行比较指令[1-1]。由于 K3X0 = H2A4，因此 M2 得电，◎M2[2]闭合。

（3）若第 2 次按 X4、X3、X2、X1 四键，则 K3X0 = H1E，执行比较指令[1-2]。由于 K3X0 = H1E，因此 M5 得电，◎M5[2]闭合。

（4）同样，第 3 次和第 4 次按键，应使◎M8[2]、◎M11[2]闭合。

（5）由于◎M2[2]、◎M5[2]、◎M8[2]、◎M11[2]闭合，使 T0[2]、T1[2]得电，开始计时。

（6）T0[2]的 3s 计时时间到，◎T0[3]闭合，使 Y0[3]得电并保持，启动门锁，开门。

（7）T1[2]的 10s 计时时间到，◎T1[4]闭合，使 Y0[4]复位，门锁复位，关门。

（8）若有 1 次按键错误，则不能开锁。

### 【例 6-2-2】 用计数器指令与比较指令编程的密码锁的 PLC 控制

#### 1. 控制要求

密码锁控制系统有 5 个按键 $SB_1 \sim SB_5$，其控制要求如下。

（1）$SB_1$ 为开锁键，按下 $SB_1$ 键，才可进行开锁工作。

（2）$SB_2$、$SB_3$ 为可按压键。开锁条件为：$SB_2$ 设定按压次数为 3 次，$SB_3$ 设定按压次数为两次；同时，按压 $SB_2$、$SB_3$ 是有顺序的，先按压 $SB_2$，后按压 $SB_3$。如果按上述规定按压，则密码锁自动打开。

（3）$SB_5$ 为不可按压键，一但按压，报警器就发出报警。

（4）$SB_4$ 为复位键，按下 $SB_4$ 键后，可重新进行开锁作业。如果按错键，则必须进行复位操作，所有的计数器都被复位。

### 2. PLC 的 I/O 接线和梯形图

密码锁 PLC 控制的 PLC 的 I/O 接线如图 6-2-2 所示。密码锁 PLC 控制的梯形图如图 6-2-3 所示。

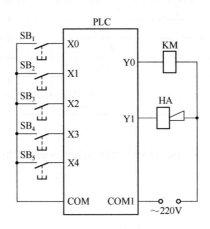

图 6-2-2　密码锁 PLC 控制的 PLC 的 I/O 接线

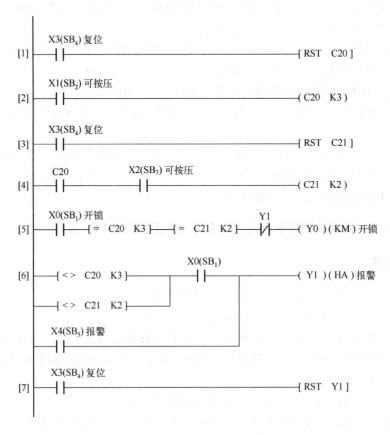

图 6-2-3　密码锁 PLC 控制的梯形图

## 3. 电路工作过程

### 1）正常开锁

按下可按压键 SB₂→X1 得电→◎X1[2]闭合→C20[2]开始计数→按 SB₂ 共 3 次，C20[2]计数 3 次→C20[2]的当前值为 3→C20[2]的状态位置 1 ——

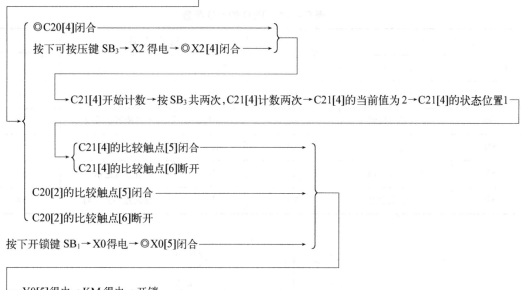

├→Y0[5]得电→KM 得电→开锁

### 2）不能开锁，报警

按下可按压键 SB₂ 不是 3 次，或者按下可按压键 SB₃ 不是两次，C20[2]或 C21[4]的比较触点 [6]闭合——

按下开锁键 SB₁→X0 得电→◎X0[6]闭合——

└→Y1[6]得电→HA 得电，报警

### 3）复位

按下复位键 SB₃→X3 得电→⎰◎X3[1]闭合→C20[1]复位
　　　　　　　　　　　　　⎨◎X3[3]闭合→C21[3]复位
　　　　　　　　　　　　　⎩◎X3[7]闭合→Y1[7]复位并保持→HA 失电，解除报警

## 【例 6-2-3】 简单的 3 组抢答器的 PLC 控制之一

### 1. 控制要求

（1）参赛者共分 3 组，每组桌上设有一个抢答按钮。当主持人按下开始抢答按钮后，如果在 10s 内有人抢答，则先按下的抢答按钮信号有效，相应桌上的抢答指示灯亮。

（2）当主持人按下开始抢答按钮后，如果在 10s 内无人抢答，则撤销抢答指示灯亮，表示抢答器自动撤销此次抢答信号。

（3）当主持人再次按下开始抢答按钮后，所有抢答指示灯熄灭。

### 2. PLC 的 I/O 配置、PLC 的 I/O 接线和梯形图

PLC 的 I/O 配置如表 6-2-1 所示。简单的 3 组抢答器 PLC 控制之一的 PLC 的 I/O 接线如图 6-2-4 所示。简单的 3 组抢答器 PLC 控制之一的梯形图如图 6-2-5 所示。

表 6-2-1　PLC 的 I/O 配置

| 输入设备 | | 输入继电器 | 输出设备 | | 输出继电器 |
|---|---|---|---|---|---|
| 代　号 | 功　能 | | 代　号 | 功　能 | |
| SA | 启停转换开关 | X0 | HL₅ | 启动指示灯 | Y0 |
| SB₁ | 1 组抢答按钮 | X1 | HL₁ | 1 组抢答指示灯 | Y1 |
| SB₂ | 2 组抢答按钮 | X2 | HL₂ | 2 组抢答指示灯 | Y2 |
| SB₃ | 3 组抢答按钮 | X3 | HL₃ | 3 组抢答指示灯 | Y3 |
| SB₄ | 开始抢答按钮 | X4 | HL₄ | 撤销抢答指示灯 | Y4 |

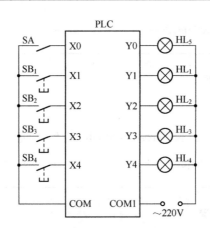

图 6-2-4　简单的 3 组抢答器 PLC 控制之一的 PLC 的 I/O 接线

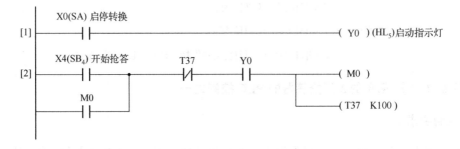

图 6-2-5　简单的 3 组抢答器 PLC 控制之一的梯形图

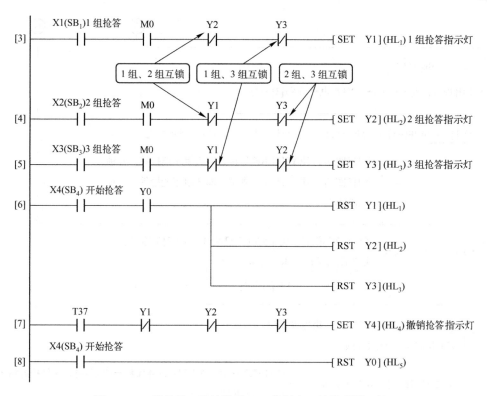

图 6-2-5　简单的 3 组抢答器 PLC 控制之一的梯形图（续）

## 3. 电路工作过程

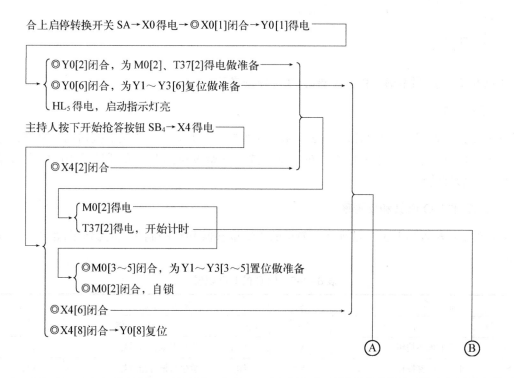

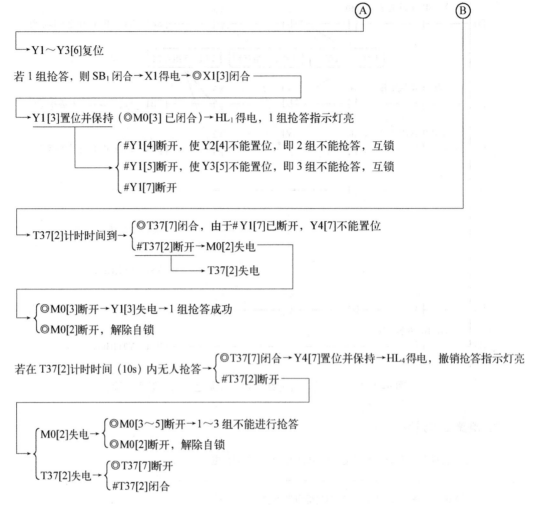

## 【例 6-2-4】 简单的 3 组抢答器的 PLC 控制之二

### 1. 控制要求

儿童 2 人、青年学生 1 人和老师 2 人组成 3 组抢答。儿童任一人按下按钮均可抢答，老师需要二人同时按下按钮才可抢答。在主持人按下开始按钮同时宣布开始后 10s 内有人抢答，则幸运彩灯转动。

### 2. PLC 的 I/O 配置和梯形图

PLC 的 I/O 配置如表 6-2-2 所示。简单的 3 组抢答器 PLC 控制之二的梯形图如图 6-2-6 所示。

表 6-2-2 PLC 的 I/O 配置

| 输入设备 | | 输入继电器 | 输出设备 | | 输出继电器 |
|---|---|---|---|---|---|
| 代号 | 功能 | | 代号 | 功能 | |
| SB$_1$ | 儿童 1 抢答按钮 | X1 | HL$_1$ | 儿童组抢答指示灯 | Y11 |
| SB$_2$ | 儿童 2 抢答按钮 | X2 | HL$_2$ | 学生组抢答指示灯 | Y12 |

续表

| 输入设备 | | 输入继电器 | 输出设备 | | 输出继电器 |
| --- | --- | --- | --- | --- | --- |
| 代号 | 功能 | | 代号 | 功能 | |
| SB₃ | 学生抢答按钮 | X3 | HL₃ | 老师组抢答指示灯 | Y13 |
| SB₄ | 老师1抢答按钮 | X4 | HL₄ | 幸运彩灯 | Y14 |
| SB₅ | 老师2抢答按钮 | X5 | | | |
| SB₆ | 主持人开始按钮 | X11 | | | |
| SB₇ | 主持人复位按钮 | X12 | | | |

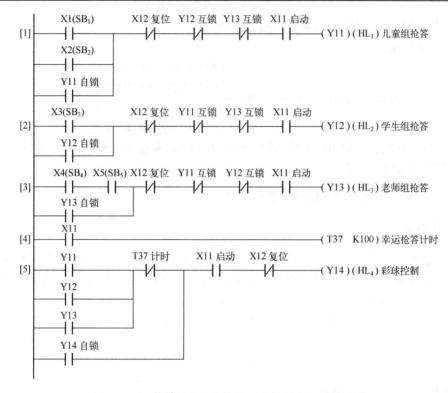

图6-2-6 简单的3组抢答器PLC控制之二的梯形图

## 3. 电路工作过程

### 1) 允许抢答

主持人按下开始按钮SB₆→X11得电

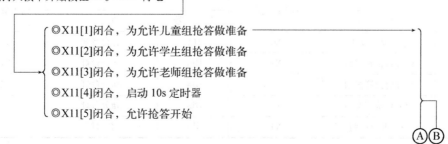

◎X11[1]闭合，为允许儿童组抢答做准备

◎X11[2]闭合，为允许学生组抢答做准备

◎X11[3]闭合，为允许老师组抢答做准备

◎X11[4]闭合，启动10s定时器

◎X11[5]闭合，允许抢答开始

Ⓐ Ⓑ

2）各组正常抢答

若儿童组开始抢答，SB$_1$ 或 SB$_2$ 闭合→X1 或 X2 得电→◎X1[1]或◎X2[1]闭合────────→Ⓐ Ⓑ

└→Y11[1]得电→HL$_1$ 亮，儿童组抢答指示灯亮

┌ #Y11[2]断开，使 Y12[2]不能得电，即互锁，学生组不能抢答
└→┤ #Y11[3]断开，使 Y13[3]不能得电，即互锁，老师组不能抢答
   └ ◎Y11[5]闭合→Y14[5]得电→HL$_4$ 亮，幸运彩灯转动
        └→Y14[5]闭合，自锁

学生组抢答和老师组抢答与儿童组抢答类似。

3）抢答复位或无效

有人抢答后，主持人按下复位按钮 SB$_7$→X12 得电→

┌ #X12[1]断开→Y11[1]失电
│ #X12[2]断开→Y12[2]失电
┤ #X12[3]断开→Y13[3]失电
└ #X12[5]断开→Y14[5]失电

当允许抢答开始，启动 10s 定时器后，而在 10s 内无人抢答，则#T37[5]断开，此时抢答无效，不会使 Y14[5]得电。

## 【例 6-2-5】 较复杂的 3 组抢答器的 PLC 控制

### 1. 控制要求

主持人总台设有总台灯及总台音响，分台设有分台灯及分台抢答按钮。抢答在主持人给出题目、宣布开始并按下总台开始按钮后的 10s 内进行。若提前，则总台灯及分台灯亮，总台音响发声，表示违例抢答。10s 内无抢答，总台灯亮，总台音响发声，表示抢答时间到，该题作废。正常抢得时，分台灯亮，总台音响发声。抢得答题需要在 30s 内完成，30s 到时，总台灯亮，总台音响发声，表示答题超时。一个题目终了，主持人按下总台复位按钮，抢答器恢复为原始状态，为下一轮抢答做好准备。

### 2. PLC 的 I/O 配置、梯形图

PLC 的 I/O 配置如表 6-2-3 所示。较复杂的 3 组抢答器 PLC 控制的梯形图如图 6-2-7 所示。

表 6-2-3　PLC 的 I/O 配置

| 输 入 设 备 | | 输入继电器 | 输 出 设 备 | | 输出继电器 |
| --- | --- | --- | --- | --- | --- |
| 代　号 | 功　能 | | 代　号 | 功　能 | |
| SB$_{01}$ | 总台复位按钮 | X0 | HA | 总台音响 | Y0 |
| SB$_1$ | 1#分台抢答按钮 | X1 | HL$_1$ | 1#分台灯 | Y1 |
| SB$_2$ | 2#分台抢答按钮 | X2 | HL$_2$ | 2#分台灯 | Y2 |
| SB$_3$ | 3#分台抢答按钮 | X3 | HL$_3$ | 3#分台灯 | Y3 |
| SB$_{02}$ | 总台开始按钮 | X4 | HL$_4$ | 总台灯 | Y4 |

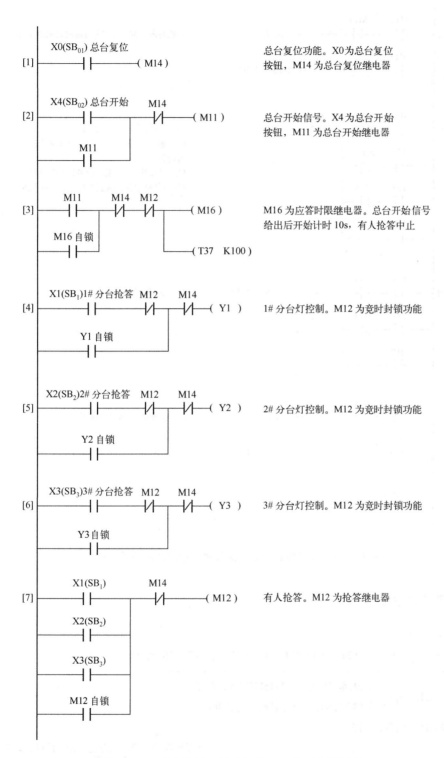

图 6-2-7　较复杂的 3 组抢答器 PLC 控制的梯形图

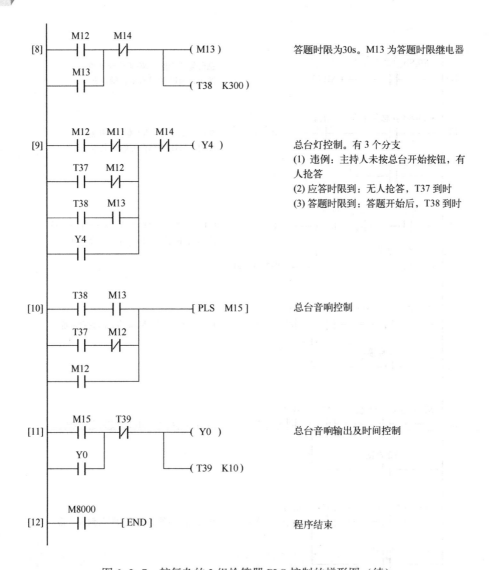

图 6-2-7　较复杂的 3 组抢答器 PLC 控制的梯形图（续）

## 3. 电路工作过程

### 1）正常抢答

主持人按下总台开始按钮 SB₀₂→X4 得电→◎X4[2]闭合→M11[2]得电

◎M11[3]闭合→ ⎰ M16[3]得电→◎M16[3]闭合，自锁
　　　　　　⎱ T37[3]得电，开始计时，抢答开始
◎M11[2]闭合，自锁

若 2#分台抢先按下 2 #分台抢答按钮 SB₂→X2 得电→ ⎰ ◎X2[5]闭合→Y2[5]得电→HL₂得电，2#分台灯亮
　　　　　　　　　　　　　　　　　　　　　　　　　　　　　　　　→◎Y2[5]闭合，自锁
　　　　　　　　　　　　　　　　　　　　　　　　　⎱ ◎X2[7]闭合→M12[7]得电

Ⓐ

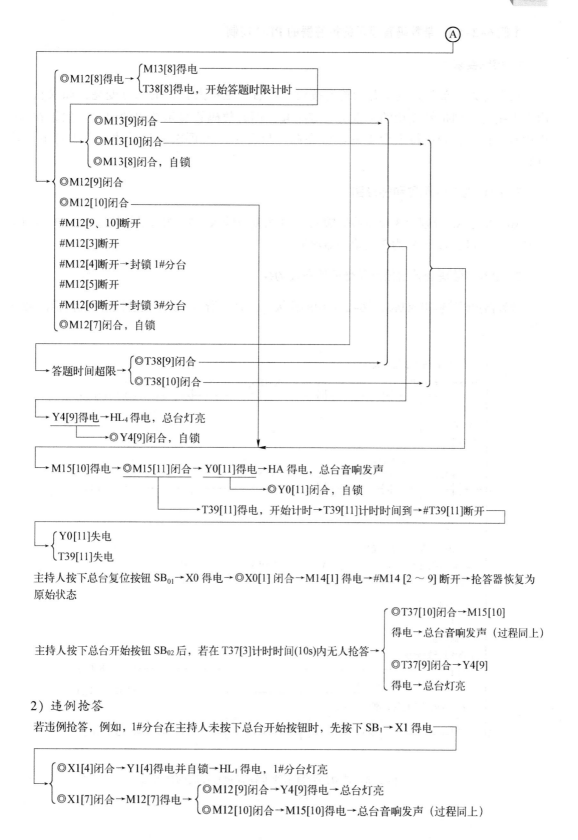

主持人按下总台复位按钮 SB₀₁→X0 得电→◎X0[1] 闭合→M14[1] 得电→#M14 [2 ~ 9] 断开→抢答器恢复为原始状态

主持人按下总台开始按钮 SB₀₂ 后，若在 T37[3] 计时时间(10s)内无人抢答→
{
◎T37[10]闭合→M15[10] 得电→总台音响发声（过程同上）
◎T37[9]闭合→Y4[9] 得电→总台灯亮
}

2）违例抢答

若违例抢答，例如，1#分台在主持人未按下总台开始按钮时，先按下 SB₁→X1 得电—

{
◎X1[4]闭合→Y1[4]得电并自锁→HL₁ 得电，1#分台灯亮
◎X1[7]闭合→M12[7]得电→
{
◎M12[9]闭合→Y4[9]得电→总台灯亮
◎M12[10]闭合→M15[10]得电→总台音响发声（过程同上）
}
}

## 【例 6-2-6】 带数码管显示的抢答器的 PLC 控制

### 1. 控制要求

在主持人宣布开始按下开始抢答按钮 SB$_5$ 后，主持人台上的绿灯变亮，如果在 10s 内有人抢答，则抢答成功的组也会有灯亮起，同时数码管显示该组的组号；如果在 10s 内没有人抢答，则主持人台上的红灯亮起。只有主持人再次复位后才可以进行下一轮抢答。

### 2. PLC 的 I/O 配置和梯形图

X0、X1、X2 分别为 3 组抢答器输入，X3 为复位输入，X4 为开始抢答输入；T37 为 10s 定时；Y0、Y1、Y2 分别为 3 组抢答器输出。

### 3. 抢答器数码管输出控制及数码管各段的控制

抢答器数码管输出控制如图 6-2-8 中的梯级 [6-11] 所示。数码管各段的控制如图 6-2-9 所示。

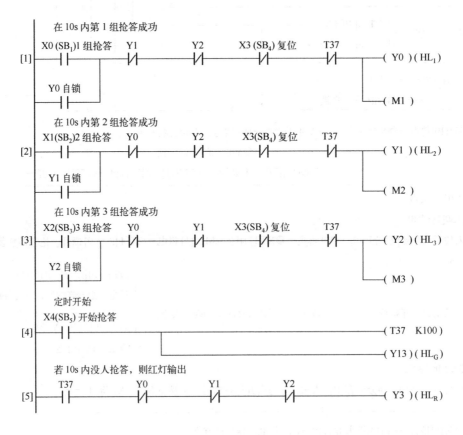

图 6-2-8 带数码管显示的抢答器 PLC 控制的梯形图

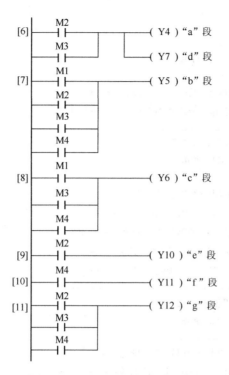

图 6-2-8　带数码管显示的抢答器 PLC 控制的梯形图（续）

| 7 段显示的组成 | 用于 7 段显示的 8 位数据 | | | | | | | | 7 段显示 |
|---|---|---|---|---|---|---|---|---|---|
| | / | g | f | e | d | c | b | a | |
| | 0 | 0 | 1 | 1 | 1 | 1 | 1 | 1 | 0 |
| | 0 | 0 | 0 | 0 | 0 | 1 | 1 | 0 | 1 |
| | 0 | 1 | 0 | 1 | 1 | 0 | 1 | 1 | 2 |
| | 0 | 1 | 0 | 0 | 1 | 1 | 1 | 1 | 3 |
| | 0 | 1 | 1 | 0 | 0 | 1 | 1 | 0 | 4 |
| | 0 | 1 | 1 | 0 | 1 | 1 | 0 | 1 | 5 |
| | 0 | 1 | 1 | 1 | 1 | 1 | 0 | 1 | 6 |
| | 0 | 0 | 0 | 0 | 0 | 1 | 1 | 1 | 7 |
| | 0 | 1 | 1 | 1 | 1 | 1 | 1 | 1 | 8 |
| | 0 | 1 | 1 | 0 | 1 | 1 | 1 | 1 | 9 |
| | 0 | 1 | 1 | 1 | 0 | 1 | 1 | 1 | A |
| | 0 | 1 | 1 | 1 | 1 | 1 | 0 | 0 | b |
| | 0 | 0 | 1 | 1 | 1 | 0 | 0 | 1 | C |
| | 0 | 1 | 0 | 1 | 1 | 1 | 1 | 0 | d |
| | 0 | 1 | 1 | 1 | 1 | 0 | 0 | 1 | E |
| | 0 | 1 | 1 | 1 | 0 | 0 | 0 | 1 | F |

图 6-2-9　数码管各段的控制

## 4. 识读要求

若第 1 组抢答成功，则 Y0[1]、M1[1] 得电

$\left\{\begin{array}{l}\text{◎M1[7]闭合→Y5[7]得电→数码管"b"段亮} \\ \text{◎M1[8]闭合→Y6[8]得电→数码管"c"段亮}\end{array}\right.$

↳数码管显示"1"

若第 2 组抢答成功，则 Y1[2]、M2[2] 得电

$\left\{\begin{array}{l}\text{◎M2[6]闭合→Y4[6]得电→数码管"a"段亮} \\ \qquad\qquad\quad\rightarrow\text{Y7[6]得电→数码管"d"段亮} \\ \text{◎M2[7]闭合→Y5[7]得电→数码管"b"段亮} \\ \text{◎M2[9]闭合→Y10[9]得电→数码管"e"段亮} \\ \text{◎M2[11]闭合→Y12[11]得电→数码管"g"段亮}\end{array}\right.$

↳数码管显示"2"

若第 3 组抢答成功，则 Y2[3]、M3[3] 得电

$\left\{\begin{array}{l}\text{◎M3[6]闭合→Y4[6]得电→数码管"a"段亮} \\ \qquad\qquad\quad\rightarrow\text{Y7[6]得电→数码管"d"段亮} \\ \text{◎M3[7]闭合→Y5[7]得电→数码管"b"段亮} \\ \text{◎M3[8]闭合→Y6[8]得电→数码管"c"段亮} \\ \text{◎M3[11]闭合→Y12[11]得电→数码管"g"段亮}\end{array}\right.$

↳数码管显示"3"

## 5. 电路工作过程

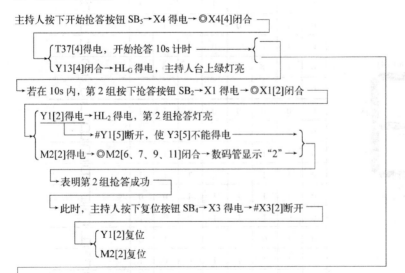

主持人按下开始抢答按钮 SB_5→X4 得电→◎X4[4]闭合

$\left\{\begin{array}{l}\text{T37[4]得电，开始抢答 10s 计时} \\ \text{Y13[4]闭合→HL_G 得电，主持人台上绿灯亮}\end{array}\right.$

↳若在 10s 内，第 2 组按下抢答按钮 SB_2→X1 得电→◎X1[2]闭合

$\left\{\begin{array}{l}\text{Y1[2]得电→HL_2 得电，第 2 组抢答灯亮} \\ \qquad\quad\rightarrow\text{#Y1[5]断开，使 Y3[5]不能得电} \\ \text{M2[2]得电→◎M2[6、7、9、11]闭合→数码管显示"2"}\end{array}\right.$

↳表明第 2 组抢答成功

↳此时，主持人按下复位按钮 SB_4→X3 得电→#X3[2]断开

$\left\{\begin{array}{l}\text{Y1[2]复位} \\ \text{M2[2]复位}\end{array}\right.$

↳若在 10s 内无人抢答，即 T37[4]计时时间到→◎T37[5]闭合→Y3[5]得电→HL_R 得电，主持人台上红灯亮，表明无人抢答 → 主持人松开 SB_5→◎X4[4]断开→T37[4]失电→◎T37[5]断开→Y3[5]复位→HL_R 失电，红灯灭→开始下一轮抢答

## 【例 6-2-7】 定时报时器的 PLC 控制

### 1. 控制要求

应用计数器与比较指令构成 24h 可设定定时时间的控制器，每 15min 为一设定单位，24h（24h×60min/h÷15min＝96）共有 96 个时间单位。

现将此控制器进行如下控制：① 6：30，电铃（Y0）每秒响 1 次，6 次后自动停止；② 9：00～17：00，启动住宅报警系统（Y1）；③ 18：00，开园内照明（Y2）；④ 22：00，关园内照明（Y2）；⑤ 0：00 时启动定时器。

### 2. 编程元件配置、PLC 的 I/O 接线及梯形图

（1）PLC 的 I/O 配置

输入：启停开关 SA - X0；15min 快速调整与试验开关 SA1 - X1；

　　　格数试验开关 SA2 - X2。

输出：蜂鸣器 HA - Y0；报警系统 KM1 - Y1；园内照明 KM2 - Y2。

（2）根据 I/O 配置，可得如图 6-2-10 所示 PLC 的 I/O 接线。

（3）梯形图如图 6-2-11 所示

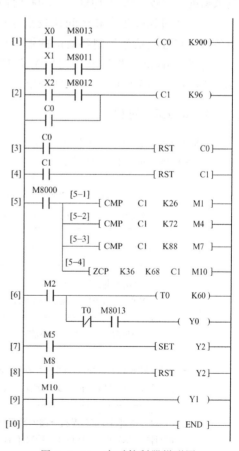

图 6-2-11 定时控制器梯形图

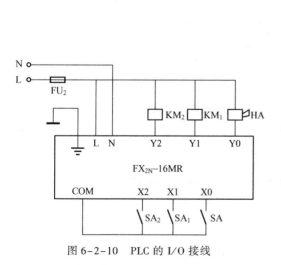

图 6-2-10 PLC 的 I/O 接线

### 3. 识读要点

（1）利用 M8011 提供 10ms 时钟脉冲，M8012 提供 100ms 时钟脉冲，M8013 提供 1s 时

钟脉冲，再通过计数器 C0、C1 对时钟脉冲进行计数形成 15min 和 24h 信号。

（2）15min 时钟脉冲的形成。由计数器 C0 对 M8013 的 1s 时钟脉冲进行计数，由于 15min × (60s/min) ÷ 1ms = 900，因此 C0 的设定值为 900。

24h 时钟脉冲的形成：由计数器 C1 对 C0 提供的 15min 时钟脉冲进行计数，由于 24h × (60min/h) ÷ 15min = 96，因此 C1 的设定值为 96。

（3）各时间点控制信号的形成，通过比较指令对 C1 计数 15min 时钟脉冲形成。

① 6:30 相当于 6.5h，6.5h × (60min/h) ÷ 15min = 26，因此通过 C1 的当前值对 K26 进行比较，形成 6:30 时间点。

② 18:00 相当于 19h，18h × (60min/h) ÷ 15min = 72，因此通过 C1 的当前值对 K72 进行比较，形成 18:00 时间点。

③ 22:00 相当于 22h，22h × (60min/h) ÷ 15min = 88，因此通过 C1 的当前值对 K88 进行比较，形成 22:00 时间点。

④ 9:00 相当于 9h，9h × (60min/h) ÷ 15min = 36；17:00 相当于 17h，17h × (60min/h) ÷ 15min = 68。因此，通过区间比较指令，将 C1 的当前值与上源操作数 K36 和下源操作数 K68 间的数据进行比较，形成 9:00 ~ 17:00 时间点。

（4）通过比较指令和区间比较指令得到由辅助继电器 M 提供的各时间点控制信号，再由各时间点控制信号控制各对应的输出继电器，

为了在 6:30 时控制电铃（Y0）每秒响 1 次，6 次后自动停止，为此采用 100ms 定时器 T0 控制 M8013 提供 1s 时钟脉冲产生铃响，T0 的设定值 $K = 6s ÷ 100ms = 60$。

### 4. 电路工作过程

当 X0 由 OFF 变为 ON 时→◎X0[1]闭合→计数器 C0[1]对 M8013 提供 1s 时钟脉冲进行计时→当 C0[1]
计时到 K900(15min)时→C0[1]动作 ————

- ◎C0[2]闭合，C1[1]开始计数 ————
- ◎C0[3]闭合→C0[3]复位→C0[1]继续计数，因此 C0 提供 15min 时钟脉冲

→当 C1[2]计数到 K26[6:30]时，通过比较指令[5-1]，使 M2 动作→◎M2[6]闭合 ————

- T0[6]得电，开始计时
- Y0[6]在 M8013 的 1s 时钟脉冲控制下，每隔 1s 鸣响 1 次，共鸣响 6 次

→计时 6s 时间到，#T0[6]断开→Y0[6]失电，鸣响 6 次结束

→当 C1 计数到 K27 时→M2 为 OFF→◎M2[6]断开→Y0[2]为 OFF

→当 C1 计数到 K72[18:00]时，通过比较指令[5-2]，使 M5 动作→◎M5[7]闭合

→Y2[7]置位并保持→园内照明灯开启

→当 C1 计数到 K73 时→M5 OFF→◎M5[7]断开

→当 C1 计数到 K88[22:00]，通过比较指令[5-3]，使 M8 动作→◎M8[8]闭合

→Y2[7]复位，园内照明灯灭

Ⓐ

Ⓐ
→ 当 C1 计数到 K89 时 → M8 OFF → ◎M8[8] 断开
→ 当 C1 计数到 K36 ~ K68 之间时，M10 动作 → ◎M10[9] 闭合 → Y1[9] 得电，报警系统开启，
　当 X0 由 ON 变为 OFF 时 → ◎X1[1] 断开，C0[1] 停止计数，整个系统停止工作

# 第 3 节　饮料自动售货机和洗衣机的 PLC 控制

## 【例 6-3-1】　饮料自动售货机的 PLC 控制

### 1. 控制要求

饮料自动售货机中有两种已经配制好的饮料储液桶，一种为汽水，另一种为橙汁，分别由两个电磁阀控制放入杯中的饮料品种。控制要求如下。

（1）可向饮料自动售货机投入 1 角、5 角、1 元的硬币。当投入的硬币总值超过 2 元时，汽水指示灯亮；当投入的硬币总值超过 3 元时，汽水指示灯及橙汁指示灯亮。

（2）当汽水指示灯亮时，按下放汽水按钮，则排出汽水，8s 后，自动停止。在这段时间内，汽水指示灯闪烁。

（3）当橙汁指示灯亮时，按下放橙汁按钮，则排出橙汁，8s 后，自动停止。在这段时间内，橙汁指示灯闪烁。

（4）若投入的硬币总值超过购买某饮料所需的钱数（汽水 2 元、橙汁 3 元）时，找钱执行机构动作，找出多余的钱。

### 2. PLC 的 I/O 配置和梯形图

PLC 的 I/O 配置如表 6-3-1 所示。饮料自动售货机 PLC 控制的梯形图如图 6-3-1 所示。

表 6-3-1　PLC 的 I/O 配置

| 输入设备 | | 输入继电器 | 输出设备 | | 输出继电器 |
|---|---|---|---|---|---|
| 代　号 | 功　能 | | 代　号 | 功　能 | |
| SA₁ | 1 角投入行程开关 | X1 | HL₁ | 汽水指示灯 | Y0 |
| SA₂ | 5 角投入行程开关 | X2 | HL₂ | 橙汁指示灯 | Y1 |
| SA₃ | 1 元投入行程开关 | X3 | YV₁ | 放汽水电磁阀 | Y2 |
| SB₁ | 放汽水按钮 | X4 | YV₂ | 放橙汁电磁阀 | Y3 |
| SB₂ | 放橙汁按钮 | X5 | YA | 找钱执行机构 | Y4 |
| SA₄ | 找钱行程开关 | X6 | | | |

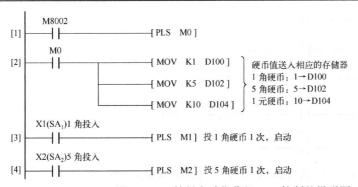

图 6-3-1　饮料自动售货机 PLC 控制的梯形图

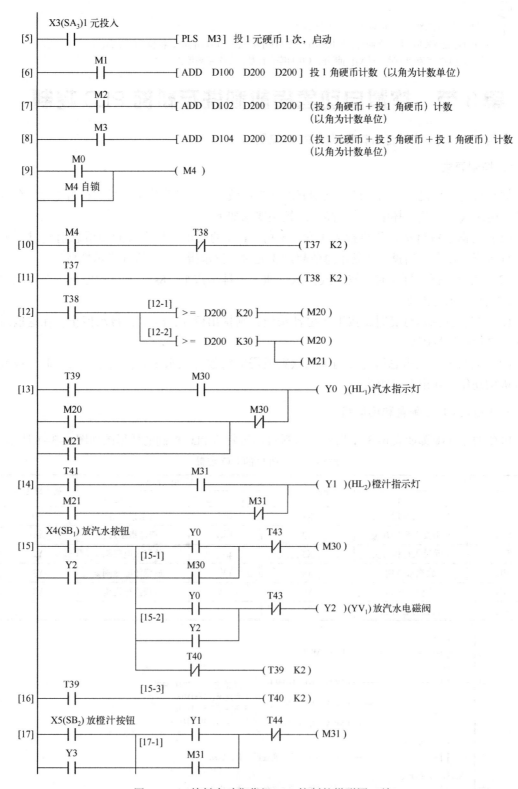

图 6-3-1　饮料自动售货机 PLC 控制的梯形图（续）

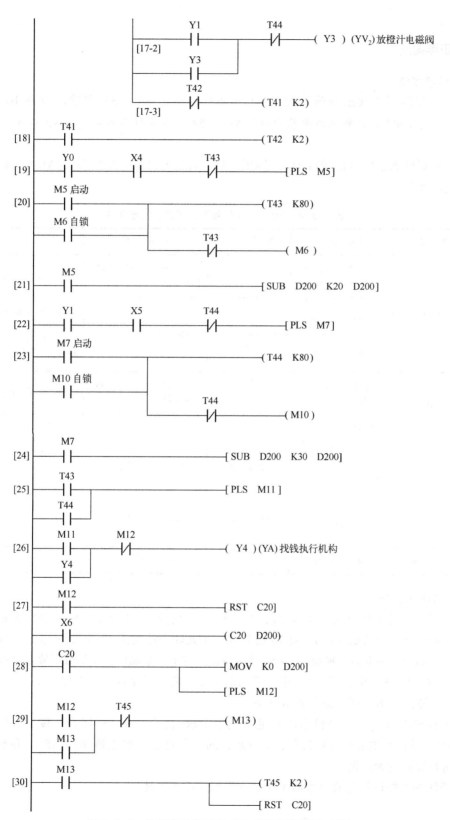

图 6-3-1 饮料自动售货机 PLC 控制的梯形图（续）

### 3. 识读要点

1）识读方法

（1）在梯形图中找出与输入设备 $SA_1 \sim SA_3$、$SB_1$、$SB_2$、$SA_4$ 和输出设备 $HL_1$、$HL_2$、$YV_1$、$YV_2$、$YA$ 相对应的输入继电器的触点 X1 ～ X6 和输出继电器的线圈 Y0 ～ Y4，并做出标记。

（2）根据控制要求、PLC 的 I/O 配置和梯形图，可得出如表 6-3-2 所示的 Y0 ～ Y4 的得电、保持、失电条件。

表 6-3-2　Y0 ～ Y4 的得电、保持、失电条件

| 输出继电器 | 得电条件 | 保持条件 | 失电条件 | 功　能 |
|---|---|---|---|---|
| Y0[13]（HL₁） | ◎ T39［13］与 ◎M30[13]均闭合 | | ◎ T39［13］或 ◎ M30[13]断开 | 汽水指示灯闪烁 |
| | ◎ M20[13]闭合 | | #M30［13］断开 | 满足购汽水要求，汽水指示灯亮 |
| | ◎ M21[13]闭合 | | | 满足购橙汁要求，汽水指示灯亮 |
| Y1[14]（HL₂） | ◎ T41［14］与 M31[14]均闭合 | | ◎ T41［14］或 ◎ M31[14]断开 | 橙汁指示灯闪烁 |
| | ◎ M21[14]闭合 | | #M31 断开 | 橙汁指示灯亮 |
| Y2[15-2]（YV₁） | ◎X4［15］与 ◎Y0[15-2]均闭合 | ◎Y2[15]闭合 | #T43［15-2］断开 | |
| Y3[17-2]（YV₂） | ◎X5［17］与 ◎Y1[17-2]均闭合 | ◎Y3[17]闭合 | #T44［17-2］断开 | |
| Y4[26]（YA） | ◎ M11[26]闭合 | ◎Y4［26］闭合 | #X12［26］断开 | |

2）程序结构分析

（1）投入各种硬币值的累加为梯级［2 ～ 8］。梯级［2］将 1 送 D100（1 角硬币的角值），将 5 送 D102（5 角硬币的角值），将 10 送 D104（1 元硬币的角值）。梯级［3 ～ 5］为标记投各种硬币 1 次的辅助继电器。梯级［6 ～ 8］计算投各种硬币的累加值，累加值存放在 D200 中。

（2）在梯级［12］中，将 D200 中的累加值与给定值进行比较，当满足比较条件时，通过 M20、M21 使汽水指示灯、橙汁指示灯亮。

（3）在梯级［15］中，当投币值满足购汽水要求时，◎ Y0［15］闭合，按下放汽水按钮 $SB_1$（X4），放汽水电磁阀 $YV_1$ 打开，放汽水，同时通过辅助继电器 M30［15］，使汽水指示灯 $HL_1$ 由常亮转变为闪烁。

放橙汁的工作过程与放汽水的工作过程类似，不再赘述。

#### 4. 电路工作过程

1) 初始状态

PLC 上电后，M8002 得电→◎M8002[1]闭合→通过上升沿触发指令，使 M0[1]得电 1 个扫描周期

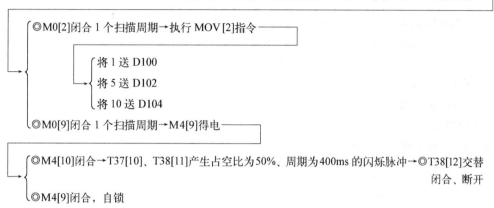

◎M0[2]闭合 1 个扫描周期→执行 MOV [2]指令

将 1 送 D100
将 5 送 D102
将 10 送 D104

◎M0[9]闭合 1 个扫描周期→M4[9]得电

◎M4[10]闭合→T37[10]、T38[11]产生占空比为50%、周期为400ms 的闪烁脉冲→◎T38[12]交替闭合、断开

◎M4[9]闭合，自锁

2) 投币

当顾客投入 1 角硬币时，$SA_1$闭合→X1 得电→◎X1[3]闭合→通过上升沿触发指令，使 M1[3]得电 1 个扫描周期→◎M1[6]闭合 1 个扫描周期→执行 ADD[6]指令，将（D100 + D200）送 D200，由于此时 D100 = 1，D200 = 0，因此指令执行结果使 D200 = 1。

当顾客投入 5 次 1 角硬币后，则使 D200 = 5。

当顾客又投入 5 角硬币时，$SA_2$闭合→X2 得电→◎X2[4]闭合→通过上升沿触发指令，使 M2[4]得电 1 个扫描周期→◎M2[7]闭合 1 个扫描周期→执行 ADD[7]指令，将（D102 + D200）送 D200，由于此时 D102 = 5，而 D200 = 5，因此指令执行结果使 D200 = 10。

当顾客投入两次 5 角硬币后，则使 D200 = 15。

当顾客又投入 1 元硬币时，$SA_3$闭合→X3 得电→◎X3[5]闭合→通过上升沿触发指令，使 X3[5]得电 1 个扫描周期→◎M3[8]闭合 1 个扫描周期→执行 ADD[8]指令，将（D104 + D200）送 D200，由于此时 D104 = 10，而 D200 = 15，因此指令执行结果使 D200 = 25。

当顾客投入两次 1 元硬币后，则使 D200 = 35。

3) 将 D200 中的投币累加值与给定值（20 或 30）进行比较

T37[10]与 T38[11]组成脉冲振荡器→◎T38[12]闭合时→执行比较指令，由于此时 D200=35

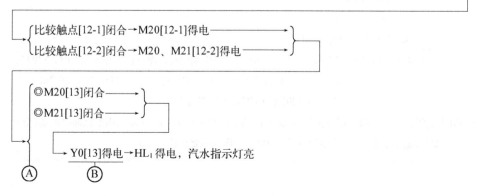

比较触点[12-1]闭合→M20[12-1]得电
比较触点[12-2]闭合→M20、M21[12-2]得电

◎M20[13]闭合
◎M21[13]闭合

Y0[13]得电→$HL_1$得电，汽水指示灯亮

Ⓐ　　　Ⓑ

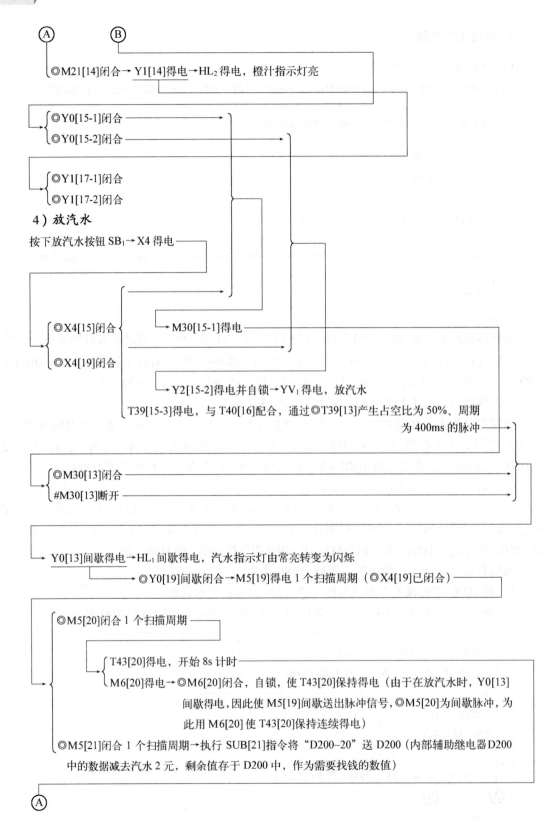

Ⓐ　　　Ⓑ

◎M21[14]闭合→ Y1[14]得电→HL$_2$得电，橙汁指示灯亮

{ ◎Y0[15-1]闭合 ——————

{ ◎Y0[15-2]闭合 ——————

{ ◎Y1[17-1]闭合

{ ◎Y1[17-2]闭合

**4）放汽水**

按下放汽水按钮 SB$_1$→X4 得电 ——

{ ◎X4[15]闭合 { → M30[15-1]得电

{ ◎X4[19]闭合

→ Y2[15-2]得电并自锁→YV$_1$得电，放汽水

T39[15-3]得电，与 T40[16]配合，通过◎T39[13]产生占空比为 50%、周期
为 400ms 的脉冲 ——

{ ◎M30[13]闭合 ——————

{ #M30[13]断开 ——————

→ Y0[13]间歇得电→HL$_1$ 间歇得电，汽水指示灯由常亮转变为闪烁

→ ◎Y0[19]间歇闭合→M5[19]得电 1 个扫描周期（◎X4[19]已闭合）——

{ ◎M5[20]闭合 1 个扫描周期 ——

{ ┌ T43[20]得电，开始 8s 计时 ——

{ └ M6[20]得电→◎M6[20]闭合，自锁，使 T43[20]保持得电（由于在放汽水时，Y0[13]
间歇得电，因此使 M5[19]间歇送出脉冲信号，◎M5[20]为间歇脉冲，为
此用 M6[20]使 T43[20]保持连续得电）

{ ◎M5[21]闭合 1 个扫描周期→执行 SUB[21]指令将"D200-20"送 D200（内部辅助继电器 D200
中的数据减去汽水 2 元，剩余值存于 D200 中，作为需要找钱的数值）

Ⓐ

Ⓐ
└→ T43[20]的 8s 计时时间到 ─────────┐

　　　┌ #T43[15-1]断开→M30[15-1]失电
　　　│ #T43[15-2]断开→Y2[15-2]失电→YV₁ 失电，停止放汽水
　　　│ 　　　　　　　　　　　　　　　┌ ◎M5[20]断开→T43[20]失电
　　　┤ #T43[19]断开→M5[19]失电→┤
　　　│ 　　　　　　　　　　　　　　　└ ◎M5[21]断开→不再执行 SUB[21]指令
　　　│ #T43[20]断开→M6[20]失电
　　　└ ◎T43[25]闭合 ──────────────────────────┐

　　　┌ ◎M30[13]断开→Y0[13]失电→HL₁ 失电，汽水指示灯停止闪烁
　　　┤
　　　└ #M30[13]闭合→若梯级[12]的比较指令使比较触点闭合，则 Y0[13]得电，汽水指示灯 HL₁ 常亮

　　　└→ M11[25]得电 1 个扫描周期→◎M11[26]闭合→Y4[26]得电并自锁→YA 得电，找钱执行机构动作
　　　　　　　　　　　　　　　　　　　　　　　　　　　　　　　　　　　　　　　　准备找钱

**5）找钱**

当找钱时，每找一角钱找钱行程开关 SA₄ 闭合一次→X6 得电→◎X6[27]闭合→C20[27]加 1 计数，当 C20[27]的计数当前值=D200时→C20[27]动作→◎C20[28]闭合 ──────┐

　　　┌ 执行 MOV[28]指令，将 0 送 D200，为下次饮料自动销售做准备
　　　┤
　　　└ M12[28]得电 1 个扫描周期 ───────────┐

　　　┌ ◎M12[29]闭合→M13[29]得电并自锁→◎M13[30]闭合 ────────┐
　　　│
　　　│ 　　┌ T45[30]得电，开始 200ms 计时→T45[30]计时时间到 ───────┐
　　　┤ 　　┤
　　　│ 　　└ C20[30]复位并保持
　　　│ #M12[26]断开→Y4[26]失电→YA 失电，停止找钱
　　　└ ◎M12[27]闭合→C20[27]复位

　　　└→ #T45[29]断开→M13[29]失电→◎M13[30]断开→T45[30]失电

## 【例 6-3-2】　全自动洗衣机的 PLC 控制

全自动洗衣机的洗衣桶（外桶）和脱水桶（内桶）是以同一中心安放的。外桶固定，作盛水用。内桶可以旋转，作脱水（甩干）用。内桶的四周有很多小孔，使内、外桶的水流相通。

### 1. 控制要求

该种洗衣机的进水和排水分别由进水电磁阀和排水电磁阀来执行。进水时，通过电控系统使进水电磁阀打开，经进水管将水注入外桶。排水时，通过电控系统使排水电磁阀打开，将水由外桶排到机外。洗涤正转、反转由洗涤电动机驱动波盘正、反转来实现，此时脱水桶

并不旋转。脱水时，通过电控系统将脱水电磁离合器合上，由洗涤电动机带动内桶正转进行甩干。高、低水位开关分别用来检测高、低水位。启动按钮用来启动洗衣机工作。停止按钮用来实现手动停止进水、排水、脱水及报警。排水按钮用来实现手动排水。

PLC 投入运行，系统处于初始状态，准备好启动。启动时开始进水。水满（即水位达到高水位）时停止进水并开始洗涤正转。正转洗涤 15s 后暂停。暂停 3s 后又开始反转洗涤。反转洗涤 15s 后暂停。3s 后若正、反转未满 3 次，则返回从正转洗涤开始；若正、反转满 3 次，则开始排水。水位下降到低水位时开始脱水并继续排水。脱水 10s 后即完成一次从进水到脱水的大循环过程。若未完成 3 次大循环，则返回从进水开始的全部动作，进行下一次大循环；若完成了 3 次大循环，则进行洗完报警。报警 10s 后结束全部过程，自动停机。

此外，还可以按下排水按钮以实现手动排水，按下停止按钮以实现手动停止进水、排水、脱水及报警。

## 2. PLC 的 I/O 配置、PLC 的 I/O 接线、顺序功能图和梯形图

PLC 的 I/O 配置如表 6-3-3 所示。全自动洗衣机 PLC 控制的 PLC 的 I/O 接线如图 6-3-2 所示。全自动洗衣机 PLC 控制的顺序功能图和梯形图分别如图 6-3-3 和图 6-3-4 所示。

表 6-3-3　PLC 的 I/O 配置

| 输 入 设 备 | | 输入继电器 | 输 出 设 备 | | 输出继电器 |
| --- | --- | --- | --- | --- | --- |
| 代　号 | 功　能 | | 代　号 | 功　能 | |
| SB₁ | 启动按钮 | X0 | YV₁ | 进水电磁阀 | Y0 |
| SB₂ | 停止按钮 | X1 | KM₁ | 洗涤电动机正转接触器 | Y1 |
| SB₃ | 排水按钮 | X2 | KM₂ | 洗涤电动机反转接触器 | Y2 |
| SQ₁ | 高水位开关 | X3 | YV₂ | 排水电磁阀 | Y3 |
| SQ₂ | 低水位开关 | X4 | YV₃ | 脱水电磁离合器 | Y4 |
| | | | HA | 报警蜂鸣器 | Y5 |

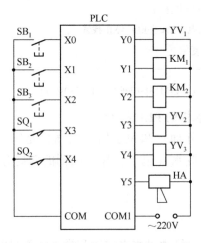

图 6-3-2　全自动洗衣机 PLC 控制的 PLC 的 I/O 接线

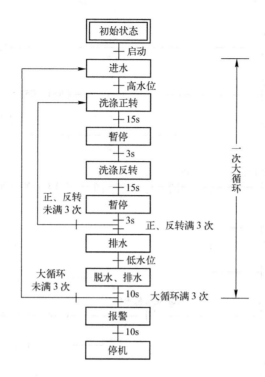

图 6-3-3　全自动洗衣机 PLC 控制的顺序功能图

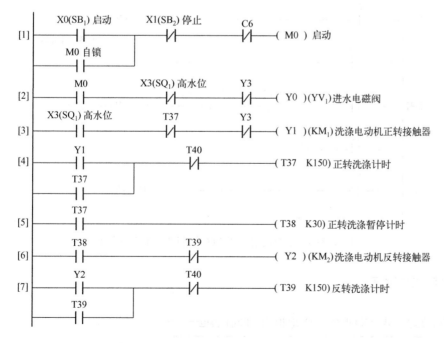

图 6-3-4　全自动洗衣机 PLC 控制的梯形图

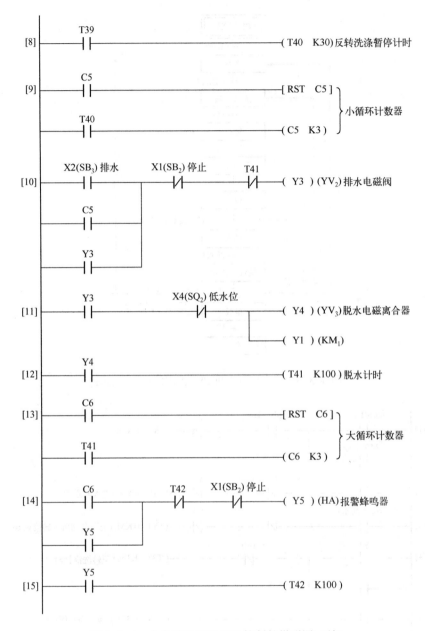

图 6-3-4  全自动洗衣机 PLC 控制的梯形图（续）

## 3. 电路工作过程

按下启动按钮 SB$_1$→X0 得电→◎X0[1]闭合→M0[1]得电──┐

┌────────────────────────────────────────────────┘

└→ { ◎M0[2]闭合→Y0[2]得电→YV$_1$ 得电，进水电磁阀打开→开始进水───┐

　　 ◎M0[1]闭合，自锁

(A)

进水达到高水位时，SQ₁ 闭合→X3 得电

- #X3[2]断开→Y0[2]失电→YV₁ 失电，进水电磁阀关闭→停止进水
- ◎X3[3]闭合→Y1[3]得电→KM₁ 得电→洗涤电动机正转运行
  - ◎Y1[4]闭合→T37[4]得电，开始正转洗涤计时

正转洗涤计时时间到

- ◎T37[5]闭合→T38[5]得电，开始正转洗涤暂停计时
- #T37[3]断开→Y1[3]失电→KM₁ 失电→洗涤电动机正转停止
- ◎T37[4]闭合，自锁

正转洗涤暂停计时时间到→◎T38[6]闭合→Y2[6]得电

- ◎Y2[7]闭合→T39[7]得电，开始反转洗涤计时
- KM₂ 得电→洗涤电动机反转运行

反转洗涤计时时间到

- ◎T39[8]闭合→T40[8]得电，开始反转洗涤暂停计时→反转洗涤暂停计时时间到
- #T39[6]断开→Y2[6]失电→KM₂ 失电→洗涤电动机反转停止
- ◎T39[7]闭合，自锁

- ◎T40[9]闭合→洗涤用小循环计数器 C5[9]加 1
- #T40[4]断开→T37[4]失电→
  - ◎T37[5]断开→T38[5]失电
  - #T37[3]闭合
  - ◎T38[6]断开→确保 Y2[6]失电
- #T40[7]断开→T39[7]失电→◎T39[8]断开→T40[8]失电

Y1[3]再次得电→重复进行以上从正转洗涤开始的全部动作

直到 C5[9]计满 3 次时，C5[9]动作

(A)

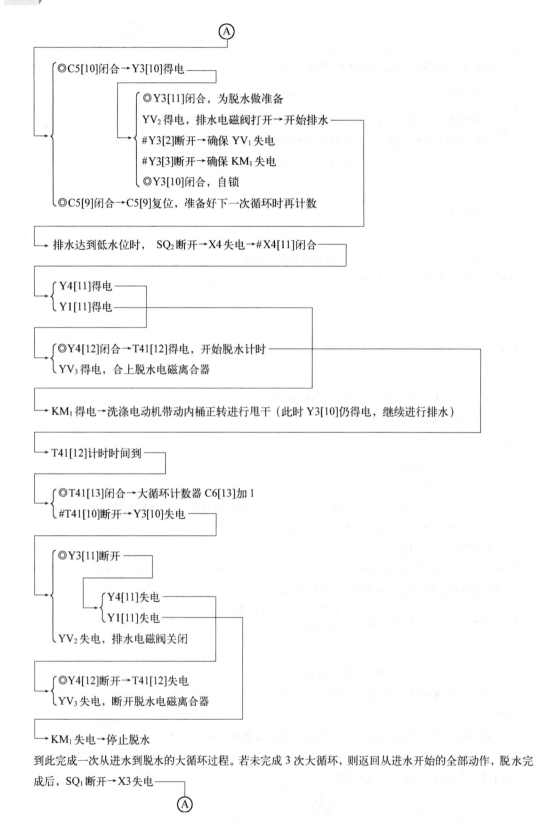

Ⓐ

◎C5[10]闭合→Y3[10]得电

◎Y3[11]闭合，为脱水做准备
YV$_2$ 得电，排水电磁阀打开→开始排水
#Y3[2]断开→确保 YV$_1$ 失电
#Y3[3]断开→确保 KM$_1$ 失电
◎Y3[10]闭合，自锁

◎C5[9]闭合→C5[9]复位，准备好下一次循环时再计数

排水达到低水位时， SQ$_2$ 断开→X4 失电→#X4[11]闭合

Y4[11]得电
Y1[11]得电

◎Y4[12]闭合→T41[12]得电，开始脱水计时
YV$_3$ 得电，合上脱水电磁离合器

KM$_1$ 得电→洗涤电动机带动内桶正转进行甩干（此时 Y3[10]仍得电，继续进行排水）

T41[12]计时时间到

◎T41[13]闭合→大循环计数器 C6[13]加 1
#T41[10]断开→Y3[10]失电

◎Y3[11]断开

Y4[11]失电
Y1[11]失电

YV$_2$ 失电，排水电磁阀关闭

◎Y4[12]断开→T41[12]失电
YV$_3$ 失电，断开脱水电磁离合器

KM$_1$ 失电→停止脱水

到此完成一次从进水到脱水的大循环过程。若未完成 3 次大循环，则返回从进水开始的全部动作，脱水完成后，SQ$_1$ 断开→X3 失电

Ⓐ

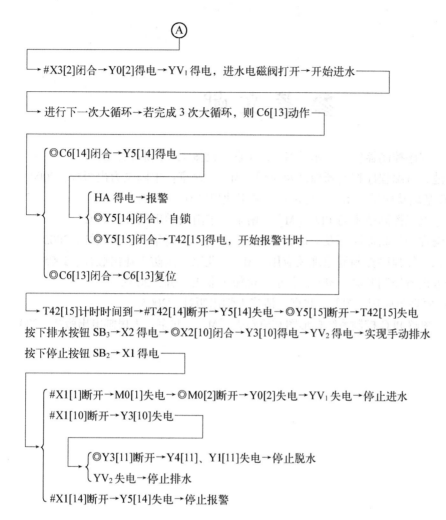

Ⓐ

→#X3[2]闭合→Y0[2]得电→YV₁得电，进水电磁阀打开→开始进水——

→进行下一次大循环→若完成3次大循环，则C6[13]动作——

◎C6[14]闭合→Y5[14]得电——

⎰ HA 得电→报警
⎨ →◎Y5[14]闭合，自锁
⎱ ◎Y5[15]闭合→T42[15]得电，开始报警计时——

◎C6[13]闭合→C6[13]复位

→T42[15]计时时间到→#T42[14]断开→Y5[14]失电→◎Y5[15]断开→T42[15]失电
按下排水按钮 SB₃→X2 得电→◎X2[10]闭合→Y3[10]得电→YV₂得电→实现手动排水
按下停止按钮 SB₂→X1 得电——

#X1[1]断开→M0[1]失电→◎M0[2]断开→Y0[2]失电→YV₁失电→停止进水
#X1[10]断开→Y3[10]失电——

⎰ ◎Y3[11]断开→Y4[11]、YI[11]失电→停止脱水
⎨ →
⎱ YV₂失电→停止排水
#X1[14]断开→Y5[14]失电→停止报警

# 参 考 文 献

［1］王也仿. 可编程序控制器应用技术［M］. 北京：机械工业出版社，2001.

［2］郁汗琪，郭健. 可编程序控制器原理及应用［M］. 北京：中国电力出版社，2004.

［3］廖常初. PLC 基础及应用［M］. 北京：机械工业出版社，2004.

［4］邓志良，等. 电气控制技术与 PLC［M］. 南京：东南大学出版社，2002.

［5］孙振强. 可编程序控制器原理及应用教程［M］. 北京：清华大学出版社，2005.

［6］王廷有，等. 可编程序控制器原理及应用［M］. 北京：国防工业出版社，2005.

［7］王本轶. 机电设备控制基础［M］. 北京：机械工业出版社，2005.

［8］俞国亮. PLC 原理与应用［M］. 北京：清华大学出版社，2005.

［9］郑凤翼，等. 图解 PLC 控制系统梯形图和语句表［M］. 北京：人民邮电出版社，2006.

# 反侵权盗版声明

电子工业出版社依法对本作品享有专有出版权。任何未经权利人书面许可，复制、销售或通过信息网络传播本作品的行为；歪曲、篡改、剽窃本作品的行为，均违反《中华人民共和国著作权法》，其行为人应承担相应的民事责任和行政责任，构成犯罪的，将被依法追究刑事责任。

为了维护市场秩序，保护权利人的合法权益，我社将依法查处和打击侵权盗版的单位和个人。欢迎社会各界人士积极举报侵权盗版行为，本社将奖励举报有功人员，并保证举报人的信息不被泄露。

举报电话：(010) 88254396；(010) 88258888

传　　真：(010) 88254397

E-mail：dbqq@ phei. com. cn

通信地址：北京市万寿路 173 信箱

　　　　　电子工业出版社总编办公室

邮　　编：100036